普通高等教育"十二五"规划教材
普通高等教育"十一五"国家级规划教材

画法几何及土建工程制图

（第二版）

西北农林科技大学　蒋允静　主编

U0217553

中国水利水电出版社
www.waterpub.com.cn

内 容 提 要

本书以土建工程为对象，首先对常用的投影（正投影、轴测投影、标高投影和阴影透视）原理作了全面讲解，然后按不同专业的需要，结合工程实例，分别对水利水电、房屋建筑、给水排水工程的图示特点和读图方法作了详细讲述。

本书可作为高等工科院校水利水电、水土保持、工业与民用建筑、给水排水、阴影透视等土建类专业的教材，亦可供函授大学、电视大学、职工大学等有关专业选用，还可作为有关工程技术人员的参考书。本书有与之配套的《画法几何及土建工程制图习题集》，可供选用。

图书在版编目（ＣＩＰ）数据

画法几何及土建工程制图 / 蒋允静主编. -- 2版
-- 北京 ：中国水利水电出版社，2012.7(2020.6重印)
普通高等教育"十二五"规划教材　普通高等教育"
十一五"国家级规划教材
ISBN 978-7-5084-9968-0

Ⅰ．①画… Ⅱ．①蒋… Ⅲ. ①画法几何－高等学校－
教材②建筑制图－高等学校－教材 Ⅳ．①TU204

中国版本图书馆CIP数据核字(2012)第155405号

书　　　名	普通高等教育"十二五"规划教材 普通高等教育"十一五"国家级规划教材 **画法几何及土建工程制图 （第二版）**
作　　　者	西北农林科技大学　蒋允静　主编
出 版 发 行	中国水利水电出版社 （北京市海淀区玉渊潭南路 1 号 D 座　100038） 网址：www. waterpub. com. cn E - mail：sales@waterpub. com. cn 电话：（010）68367658（营销中心）
经　　　售	北京科水图书销售中心（零售） 电话：（010）88383994、63202643、68545874 全国各地新华书店和相关出版物销售网点
排　　　版	中国水利水电出版社微机排版中心
印　　　刷	清淞永业（天津）印刷有限公司
规　　　格	184mm×260mm　16 开本　22.25 印张　528 千字
版　　　次	2008 年 3 月第 1 版　2008 年 3 月第 1 次印刷 2012 年 7 月第 2 版　2020 年 6 月第 3 次印刷
印　　　数	5001—7000 册
定　　　价	**50.00 元**

凡购买我社图书，如有缺页、倒页、脱页的，本社营销中心负责调换

第二版前言

今年 5 月，中国水利水电出版社根据市场反馈信息，建议将本教材再版并列为《普通高等教育"十二五"规划教材》，因此，编者对原"普通高等教育'十一五'国家级规划教材《画法几何及土建工程制图》（第一版）"作了较细致的修订。

近 20 年来，本教材始终坚守面向土建类多个不同专业且便于有关技术人员自学的目标，历经多次修订，其整体框架现已成熟，没有变动。第二版的修订工作主要在如下三个方面：

（1）按现行水利、房建的行业规范补充了少量内容，例如，给水排水（第十九章）中的设备及符号。

（2）纠正了工程实例图中线型不规范、标注不清晰甚或有误之处。

（3）调整了多处图文的编排，特别是工程实例中插图的位置，以方便读者的阅读。

本书的着力点是理论紧密联系实际。随着计算机绘图的蓬勃发展，技法日臻完美，但对本科生培养而言，编者认为各种投影的基本理论和图示要求仍不应放松。做到"知其然，亦知其所以然"，对计算机技术的应用，必更得心应手。

再版的修订工作细碎繁杂，且难以分工协作，均由主编一人承担；虽耗时半年，不当之处，仍恐难免，欢迎读者批评指正。

编　者

2011 年 11 月

新一版前言

20世纪80年代后，随着改革开放的推进，拓宽办学与专业面的大方向势在必行。1987年秋，西北农林科技大学制图课组在所编《画法几何》（1988年）和《土建工程制图》（1994年）讲义的基础上，增加了阴影与透视作图的内容，1996年3月由陕西科技出版社出版了国内第一本水利、土木两类专业共用的《画法几何及土建工程制图》教材。此后随着工程制图国家与行业规范的修编，该教材又于2001年、2003年，两度修订再版。

20年以来的教学实践表明，以水利、房建为主的土建类专业采用同一本制图教材，讲授内容由教师根据专业要求决定取舍，这一教材改革是成功的，能有效地提高教学效率，有利于拓宽师生的专业技能。目前，除西北农林科技大学及山东农业大学、甘肃农业大学的水利与房建各专业使用该教材外，还被园林等一些涉及建筑阴影与透视的专业选用。

2006年本教材核准列入普通高等教育"十一五"国家级规划，编者结合"适当压缩学时"的教改新精神，对2003年版再次作了全面的整理与修订，主要包括：

（1）精减第四章（投影变换）内容，仅围绕4个基本作图（线面的一次变换）讲述。

（2）新列第六章（立体），集中平面立体与回转体的内容，减少重复、降低难度。

（3）取消原第八章（轴测投影）中常用轴测坐标系的讨论。

（4）撤销原第十三章，重组建筑形体表达的内容，列为新第十四章（组合体）、第十五章（建筑形体的图示方法），使之更加符合循序渐进的认知规律。

（5）重编原第十四章（水利工程图），新列第十六章（水工图）。撤换阅读实例2，并将该例的水闸结构图作为学生抄绘工程图的作业，使教材与习题集紧密配合，减少重复学时。

此外，还添加了第三角投影简介（第一章）及画法几何各章的复习思考题；更新了部分图例；并采用微机绘制了书中全部图样。

修订后的新版，全书共十九章，由蒋允静教授任主编，裴金萍、贾生海、颜锦秀副教授任副主编，蒲亚锋、王志刚参编。具体分工如下：西北农林科技大学蒋允静（第四、五、七、十一、十二、十五、十六、十七章）、裴金萍（第二、六、十四、十八章）、蒲亚锋（第三章）、王志刚（第十九章）；甘肃农业大学贾生海（第一、十、十三章）、山东农业大学颜锦秀（第八、九章）。

本教材自1996年的初版到这次的新一版，一直得到西北农林科技大学沙际德教授的指导与支持，审定了全书的图文。在此，对沙教授长期以来所付出的辛勤劳动表示衷心感谢。

因时间、人力、水平所限，书中难免有不当之处，热忱欢迎读者批评指正。

编　者

2007 年 9 月

第一版前言

　　工程建设中，图纸是反映设计思想、指导施工作业最主要的工具。因此，它被誉"工程技术界的语言"，而且是一种国际通用语言。

　　本书包括画法几何与专业制图两大部分。该课程是一门技术基础课，学习时将会遇到的困难，在于缺乏空间概念。培养和发展同学的空间想象与构思能力，是本课程的一个重要任务。实践证明，良好的空间能力，对于工科大学生理论学习与实践设计都十分必要。而且，今后要成为一个优秀的工程技术人员，这种能力也是绝不可缺少的。

　　画法几何的主要内容是研究空间形体在平面上的投影规律，它是工程制图的理论基础，包括图示与图解两方面的技能训练：图示法——空间几何元素（点、线、面、体）在平面上的表示法；图解法——用平面作图方法解决空间几何问题。学习时，应特别注意空间几何关系的分析及空间形体与平面图形之间的联系，努力掌握"从空间形体到平面图形，再由平面图形想象空间形体"的方法，对于投影规律切不可死记硬背，必须充分理解后，再作记忆。画法几何虽以初等几何原理来研究问题，但要学好它并不容易，有所谓"课文易懂，习题难作"的特点。学习本门课程，不能只停留在阅读教材上，投影作图的能力和绘图技巧，只有通过大量的练习才能获得。由于学时的限制，练习的机会不可能很多，所以，我们应珍惜每一次练习的机会，严格要求自己，独立完成作业，并培养作图准确和图面整洁的好习惯。

　　工程制图的任务是运用投影知识，阅读和想象建筑形体；学习如何根据制图的"语言"把设计者所想象的形体在图纸上准确、清晰的表达出来。鉴于图示建筑形体还必须有一些专业常识，所以，本书在编写时也适当注意了这个问题。工程图样是评价工程方案、估算工程材料用量以及建筑物施工的依据，无论是方案的规划图、设计图或施工图，都必须按相应的技术要求，把应该反映的内容交代清楚；图纸上的疏忽和遗漏都可能使工程受到麻烦与损失。所以每位同学都应利用本课程的学习机会，及早培养自己一丝不苟，力求规范、严谨、负责、不怕麻烦的良好素质。

　　本书是为土建类各专业编写的。全书共分 18 章，由于各专业学习略有差异，故具体讲授内容，可由任课教师根据教学大纲和学时取舍。

　　本书由蒋允静同志主编、沙际德同志主审，参加编写的还有裴金萍（第 5、12、16 章和第 17 章的给排水部分）、李荼青（第 7、8、9 章）、辛全才（第 18 章）、王庆玺（第 17 章的电气设备）。另外，在编写过程中还得到席丁民、张新平、辛仲强、牛文全和王海燕等同志的大力协助，在此表示深切的感谢。

编　者

1996 年 3 月

目 录

第二版前言

新一版前言

第一版前言

第一章　投影的基本知识 ·· 1

　　第一节　投影及其特性 ·· 1

　　第二节　常用的投影方法 ·· 3

　　第三节　三面视图 ·· 5

　　第四节　基本形体的视图 ·· 7

　　第五节　第三角投影简介 ·· 9

　　复习参考题 ··· 10

第二章　点、直线、平面 ·· 11

　　第一节　点的二面投影 ··· 11

　　第二节　点的三面投影 ··· 13

　　第三节　空间两点的相对位置 ··· 15

　　第四节　直线的投影 ··· 16

　　第五节　直线上的点 ··· 20

　　第六节　两直线的相对位置 ··· 23

　　第七节　平面的投影 ··· 27

　　第八节　平面内的点与直线 ··· 31

　　复习参考题 ··· 36

第三章　直线、平面的相对关系 ·· 37

　　第一节　平行关系 ··· 37

　　第二节　直线与平面相交、两平面相交 ································· 40

　　第三节　直线与平面垂直、两平面垂直 ································· 45

　　第四节　综合问题举例 ··· 49

　　复习参考题 ··· 53

第四章　投影变换 ··· 54

　　第一节　概述 ··· 54

　　第二节　换面法 ………………………………………………………………… 55

　　第三节　旋转法 ………………………………………………………………… 63

　　复习参考题 …………………………………………………………………… 68

第五章　曲线与曲面 ……………………………………………………………… 69

　　第一节　曲线 …………………………………………………………………… 69

　　第二节　曲面 …………………………………………………………………… 75

　　第三节　回转面 ………………………………………………………………… 76

　　第四节　直线面 ………………………………………………………………… 77

　　第五节　圆移曲面 ……………………………………………………………… 84

　　复习参考题 …………………………………………………………………… 86

第六章　立体 ……………………………………………………………………… 87

　　第一节　平面立体 ……………………………………………………………… 87

　　第二节　回转体 ………………………………………………………………… 91

　　复习参考题 …………………………………………………………………… 96

第七章　形体表面的交线 ………………………………………………………… 97

　　第一节　截交线 ………………………………………………………………… 97

　　第二节　贯穿点 ………………………………………………………………… 105

　　第三节　平面体相贯线 ………………………………………………………… 109

　　第四节　曲面体相贯线 ………………………………………………………… 112

　　复习参考题 …………………………………………………………………… 121

第八章　立体的表面展开 ………………………………………………………… 123

　　第一节　平面立体的表面展开 ………………………………………………… 123

　　第二节　可展曲面的表面展开 ………………………………………………… 126

　　第三节　不可展曲面的近似展开 ……………………………………………… 128

　　第四节　应用举例 ……………………………………………………………… 130

　　复习参考题 …………………………………………………………………… 132

第九章　轴测投影 ………………………………………………………………… 133

　　第一节　轴测投影的基本知识 ………………………………………………… 133

　　第二节　正等测投影 …………………………………………………………… 134

　　第三节　斜轴测投影 …………………………………………………………… 141

　　第四节　常用轴测图的比较 …………………………………………………… 145

　　第五节　轴测图上交线的画法 ………………………………………………… 147

　　复习参考题 …………………………………………………………………… 150

第十章　标高投影 ………………………………………………………………… 151

　　第一节　概述 …………………………………………………………………… 151

　　第二节　直线、平面的标高投影 ……………………………………………… 151

第三节　曲面的标高投影 ··· 157

第四节　土石方工程的交线 ··· 160

第五节　地形剖面图 ··· 163

复习参考题 ·· 165

第十一章　正投影图中的阴影 ·· 166

第一节　概述 ··· 166

第二节　点和直线的落影 ··· 167

第三节　平面图形的阴影 ··· 172

第四节　基本立体的阴影 ··· 175

第五节　建筑细部的阴影 ··· 181

复习参考题 ·· 186

第十二章　透视投影 ··· 187

第一节　概述 ··· 187

第二节　直线的透视 ··· 189

第三节　基面图形的透视 ··· 195

第四节　画面与视点 ··· 197

第五节　建筑形体的透视 ··· 201

复习参考题 ·· 210

第十三章　制图的基本知识 ·· 211

第一节　制图的基本规定 ··· 211

第二节　制图工具及其使用 ·· 222

第三节　基本作图 ·· 226

第四节　平面图形的绘制 ··· 231

第十四章　组合体 ··· 234

第一节　概述 ··· 234

第二节　组合体视图的画法 ·· 235

第三节　组合体的尺寸标注 ·· 240

第四节　组合体视图的阅读 ·· 243

第十五章　建筑形体的图示方法 ····································· 254

第一节　基本视图和特殊视图 ··· 254

第二节　剖面图与剖视图 ··· 257

第三节　其他表达方法 ·· 265

第四节　视图综合运用举例 ·· 268

第十六章　水工图 ··· 274

第一节　水工图的一般分类 ·· 274

第二节　水工图的表达方法 ·· 276

第三节　水工图的尺寸注法 …………………………………………………… 280

第四节　水工图的阅读 ……………………………………………………… 283

第五节　绘制水工图的一般步骤 …………………………………………… 299

第十七章　建筑施工图 …………………………………………………… 301

第一节　概述 ………………………………………………………………… 301

第二节　施工总说明与总平面图 …………………………………………… 302

第三节　建筑平面图 ………………………………………………………… 304

第四节　建筑立面图 ………………………………………………………… 308

第五节　建筑剖面图 ………………………………………………………… 310

第六节　建筑详图 …………………………………………………………… 312

第十八章　结构施工图 …………………………………………………… 318

第一节　概述 ………………………………………………………………… 318

第二节　钢筋混凝土结构图 ………………………………………………… 318

第三节　基础图 ……………………………………………………………… 323

第十九章　设备施工图 …………………………………………………… 327

第一节　概述 ………………………………………………………………… 327

第二节　室内给水排水设备施工图 ………………………………………… 327

第三节　水泵房设备图 ……………………………………………………… 332

第四节　电气设备施工图 …………………………………………………… 335

参考文献 …………………………………………………………………… 343

第一章 投影的基本知识

第一节 投影及其特性

一、概述

土建与机械工程中，为了能在平面图纸上全面、准确地表达结构物或构件、零件的形状，通常采用投影的方法。

把三棱锥放在光源与承影面之间，承影面上就出现三棱锥的影子，如图 1-1（a）所示。这影子与物体的形状及方位有一定的关系，投影法就是根据这一现象，经过科学总结和几何抽象建立起来的。

把光源 S 称为投射中心，通过三棱锥表面上某点的光线称为投射线，承受投影的面称为投影面，而过三棱锥 A 点的投射线 SA 与投影面的交点 a，称为 A 点的投影，如图 1-1（b）所示。应该指出，影子与投影是有区别的：前者只反映物体的轮廓，后者则要求将其每一棱线都表示出来。

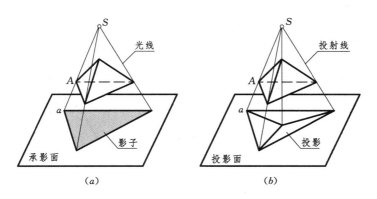

（a）　　　　　　　　　　（b）

图 1-1　影子与投影

绘制物体投影图的方法简称投影法，一般可分作中心投影法与平行投影法。

1. 中心投影法

当投射中心距形体较近时，投射线发自一点，这种投影法叫中心投影法，见图 1-1（b）。中心投影法所得投影的大小，与形体距投影面的远近有关，肉眼观察、照相、放电影都与此法类似。

2. 平行投影法

当投射中心移至无限远，投射线相互平行，这种投影法叫平行投影法，如图 1-2 所示。显然，这时所得投影的大小，就与物体距投影面的远近无关了。

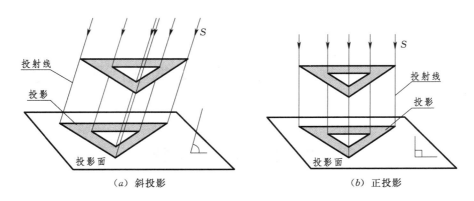

（a）斜投影　　　　　　　　　　　　（b）正投影

图1-2　平行投影的分类

按投射线与投影面间的夹角，平行投影法又可分为：

（1）斜投影：投射方向倾斜于投影面，见图1-2（a）。

（2）正投影：投射方向垂直于投影面，见图1-2（b）。

工程上最常用的是平行投影，尤其是平行投影中的正投影。

二、平行投影的基本性质

在平行投影中，直线和平面等几何元素的投影，都具有如下的基本性质：

（1）实形性：平行于投影面的直线（或平面），其投影反映实长（或实形）。图1-3所示的直线AB平行于平面P，其投影$ab=AB$；平面CDE平行于投影面P，则投影$\triangle cde \cong \triangle CDE$。

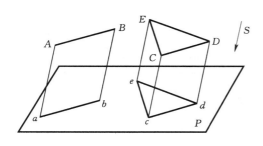

图1-3　实形性

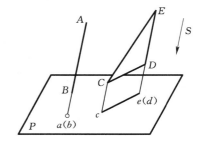

图1-4　积聚性

（2）积聚性：平行投射线的直线（或平面），其投影积聚成点（或直线）。图1-4所示平行投射线的直线AB，其投影积聚成一点$a(b)$；而平行投射线的平面CED，其投影积聚成一直线$ce(d)$。

（3）类似性：倾斜于投影面的平面，它在投影面上的投影既不反映实形，也无积聚性，而是原形的类似形，即多边形的投影仍为边数相同的多边形，如图1-5所示。

（4）从属性：某直线上的点，其投影也必在该直线的投影上。如图1-6所示点C在直线AB上，则点的投影c也在该直线的投影ab上。

（5）等比性：直线上各线段间的比例，投影前后保持不变，见图1-6。这是因为平面上两直线AB和ab，被一组平行线（$Aa /\!/ Cc /\!/ Bb$）所截，截得的各对应段成比例，即

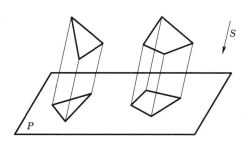

图 1-5 类似性

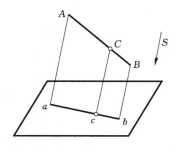

图 1-6 从属性

$AC：CB = ac：cb$。

（6）平行性：空间两直线平行，其投影也相互平行，如图 1-7 所示。这是因为通过两平行线 AB、CD 的投射线所形成的平面 $ABba$、$CDdc$ 平行，那么，它们与第三平面（投影面）的交线也一定平行，即 $ab /\!/ cd$。

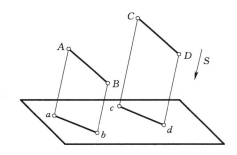

图 1-7 平行性

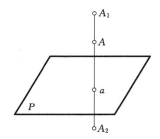

图 1-8 一个投影不能确定点的位置

必须指出，工程图必须能确切地、唯一地反映出形体的空间几何关系。由图 1-8 可以看出，当投射线与投影面确定后，空间 A 点在投影面 P 上只有唯一的投影 a；但反过来说，投影面上的 a，却可以同时是投射线上所有点（如 A_1、A_2、…）对该面的投影。因此，仅由点在某投影面上的一个投影，不能确定该点的空间位置。

任何立体都可看作是点的集合，所以，如何从点的投影反过来确定该点的空间位置，是投影图从理论走向实用的关键所在。对不同的工程要求，这个问题可用不同的投影方法来解决。

第二节　常用的投影方法

工程制图中常用的投影方法有：正投影、轴测投影、标高投影及透视投影，简介如下。

一、正投影

正投影是将物体放在两个或两个以上相互垂直的投影面中，分别按正投影法绘制的投影图。图 1-9（a）就是物体向三个投影面 V、H、W 作正投影的立体图，为了将处于三个投影面上的图形画在同一平面内，需按一定规则将各投影面展开摊平，从而得到如图

1-9（*b*）所示的正投影图。

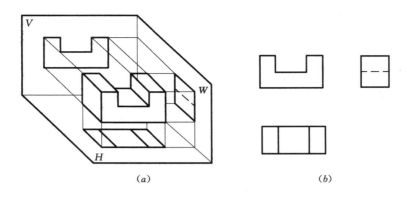

（*a*）　　　　　　　　　　　（*b*）

图 1-9　正投影

正投影法具有作图简便、度量性好的优点，是工程制图中广为应用的基本方法，它的缺点是立体感差，读图前必须掌握一定的投影知识才行。

二、标高投影

标高投影是单面正投影，即在形体水平投影上加注高度数值的方法。土建工程用它来表达地形面或不规则曲面。图 1-10 是一小山头的标高投影图，它是用一组想象的等高差水平面切割形体，绘出它们交线（等高线）的水平投影并加注高程数值（字头应为上坡方向），本书将在第十章讨论这种图示法。

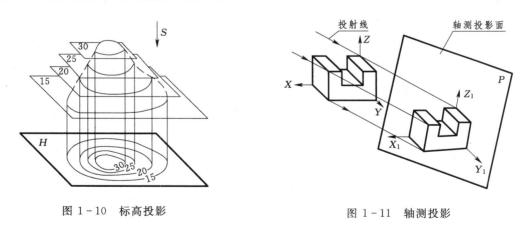

图 1-10　标高投影　　　　　　　　　　图 1-11　轴测投影

三、轴测投影

轴测投影是采用平行投影法绘制的单面投影图，如图 1-11 为一槽形体的轴测图（亦称直观图）。不难想象，当投影面不动时，若改变投射线的方向或转动物体的方位，就有不同的图形效果。

轴测投影的直观性强，但作图复杂，度量性差，在工程中常用作辅助手段，以弥补正投影的不足。本书将在第九章讨论这种图示法。

四、透视投影

透视投影是采用中心投影法绘制的单面投影图。通常，投影面（画面）是铅垂面，处于投射中心（视点）与实体之间，如图 1-12 所示。透视图与人眼"近大远小"的视觉映像是一致的，所以，它的空间表达力很强，有逼真感。但是，这种图绘制比较复杂，且不易直接度量，当需要专门突出建筑物（或整机）造型的效果时，设计者就需在透视图的基础上加以渲染。本书将在第十二章讨论这种图示法。

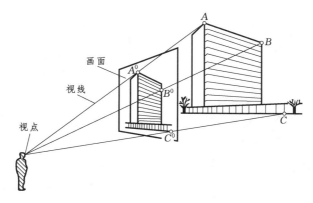

图 1-12 透视投影

上述四种投影，除正投影是多面投影外，其余都是单面投影。由于单面投影只反映物体的可见面，这就促成正投影法在工程中广为应用。以后若无特别说明，均指正投影法。

第三节 三 面 视 图

一、三面视图的形成及配置

图 1-13 中投影面上的矩形，可以是几种不同形体的投影，可见，仅有物体的一个投影，不能确定物体的形状。为了能把物体的形状、尺寸全面、准确地表达出来，必须采用两个或两个以上相互垂直的投影面。

图 1-14 是由三个相互垂直的投影面组成的体系，称为三面体系：正立投影面（简称正面）V、水平投影面（简称水平面）H、侧立投影面（简称侧面）W。三面体系把空间隔成了 8 个部分，每一部分称为一个分角，它们的顺序为：W 面左侧的分角编为①、②、③、④；W 面右侧的分角则编为⑤、⑥、⑦、⑧。两投影面的交线称为投影轴：H、V 的交线为 X 轴，H、W 的交线为 Y 轴，V、W 的交线为 Z 轴，三轴的交点 O 称为原点。

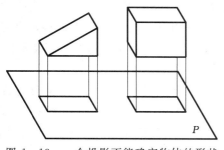

图 1-13 一个投影不能确定物体的形状

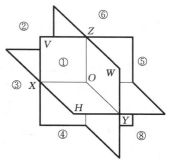

图 1-14 三面体系的分角

5

正投影是国际通用绘制工程图的方法，物体在坐标系中的位置，习惯上有两种放置方法，将物体放在第一分角称为第一角画法，放在第三分角则为第三角画法。我国采用的是第一角画法，如图 1-15 所示；而美欧一些国家多采用第三角画法，将在第四节简述。

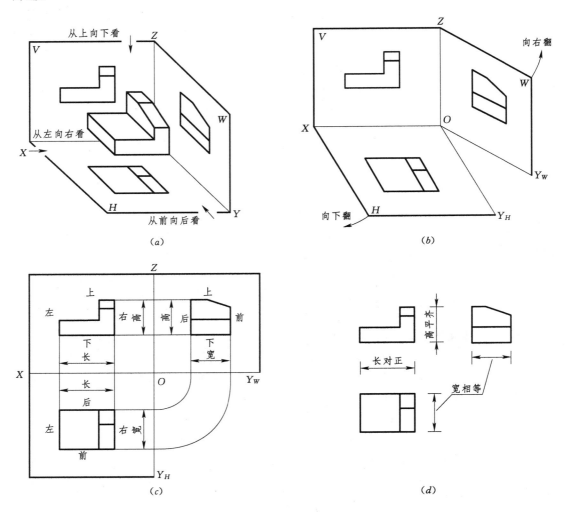

图 1-15 三视图的形成与配置

在第一分角中，使物体的主要表面平行于投影面，然后从其前、上、左方分别向相应投影面作正投影，如图 1-15（a）所示；为了把各投影图画在同一平面上，将水平面 H 绕 OX 轴下转 90°，侧面 W 绕 OZ 轴右转 90°，如图 1-15（b）所示；这样，即得如图 1-15（c）所示物体的三视图配置形式。

物体在 V 面的投影称正视图；在 H 面的投影称俯视图；在 W 面的投影称左视图。视图中规定，用粗实线（线宽 b 约为 0.6mm）表示形体可见轮廓线；用虚线（线宽为 b/2，线段长为 2～6mm，间隔约为 1mm）表示不可见轮廓线；用点划线（线宽约 b/3，线段长约 15～30mm，间隔约为 3～5mm）画出对称体的轴线或圆的中心线。

　　为简便起见，坐标及投影面的边框线均不必画出，视图间的距离亦可酌定，如图 1-15（d）所示。

二、三视图的对应关系

1. 三视图的位置关系

　　俯视在主视的正下方，左视在主视的正右方，按这种关系配置视图，可不必标注图名。

2. 投影对应关系

　　通常将视图中物体左右方向尺寸叫做长，前后方向尺寸叫做宽，上下方向尺寸叫做高，那么：主视反映物体的长（X）和高（Z），俯视反映其长（X）和宽（Y），左视反映其宽（Y）和高（Z）。

　　由于三视图所反映的是同一物体的长、宽、高，故三视图之间的投影关系为："正、俯视图之间长对正；正、左视图之间高平齐；俯、左视图之间宽相等"。

　　"长对正、高平齐、宽相等"，这是三视图绘制与阅读必须遵循的基本原则；不仅对整个物体的投影是这样，物体的每一个局部的投影也是如此，必须熟练地掌握。

3. 视图与物体方位的对应关系

　　正视反映物体的左右和上下；俯视反映物体的前后和左右；左视反映物体的前后和上下。因此，按各视图的位置关系，在俯视和左视图中，远离正视图的那一边都是物体的前面；在以"宽相等"作图时，要特别注意量取的起点和方向，否则很容易出错。

第四节　基本形体的视图

　　工程建筑物或构配件的形体统称为建筑形体，一般情况下，建筑形体可看作是由某些基本形体叠加或切割而成的组合体。例如，图 1-16 为一现代化机场的候机厅，它用预应力钢筋混凝土，以多个曲面壳体组成了飞鸟形结构；而图 1-17 为一由棱柱、棱台和棱锥叠加成的方尖形纪念碑。

图 1-16　某机场的候机厅

　　常见的基本形体有：由平面围成的平面立体，如棱柱、棱锥；以回转面和平面围成的曲面立体，如圆柱、圆锥、圆球等回转体，它们的三视图和立体图如表 1-1 所示。

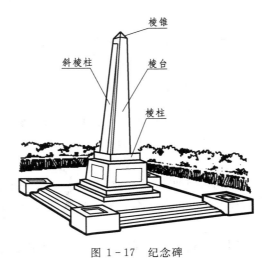

图 1-17 纪念碑

表 1-1   基本形体的三视图和立体图

平面立体		曲面立体	
三视图和立体图	说　明	三视图和立体图	说　明
三棱柱	正视图为三角形，其余视图均为矩形	圆柱	圆柱轴垂直于 H 面，俯视图为圆，正视图和左视图为矩形
四棱柱	三个视图为矩形	圆锥	圆锥轴垂直于 H 面，俯视图为圆，正视图和左视图为三角形
四棱锥	俯视图为带对角线的矩形，其余视图均为三角形	圆球	圆球无论怎样放置，三个视图都是大小相等的圆

　　需要指出的是形体的视图与其摆放位置有关，画图时，应先摆正形体，然后画正视图，最后再根据"长对正、高平齐、宽相等"画俯视图和左视图；对回转体则先画投影为圆的视图，再画其余视图。

第五节　第三角投影简介

第三角投影就是"隔着玻璃看物体"，投射线是视线，投影面是透明的，且在观察者与物体之间。从上向下看在 H 面上得顶视图；从前向后看在 V 面得前视图；从右向左看在 W 面上得右视图，如图 1-18（a）所示。

第三角投影与第一角投影的主要不同之处在于：

（1）第三角投影的平行光线（视线）先碰到投影面再到物体，每个视图都可看作平行视线与投影面的交点。

（2）展开时，假定 V 面不动，将 H 面向上翻转 $90°$、W 面向前翻转 $90°$，如图 1-18（b）所示；从而得到三视图的规范配置：顶视图在前视图的正上方，右视图在前视图的正右方；它与第一角投影的配置不同，在顶视和右视图中，远离前视图的那一侧是物体的后面，如图 1-18（c）所示。

（3）第一角投影和第三角投影都是以正投影法绘制的，所以两者的基本原理完全相

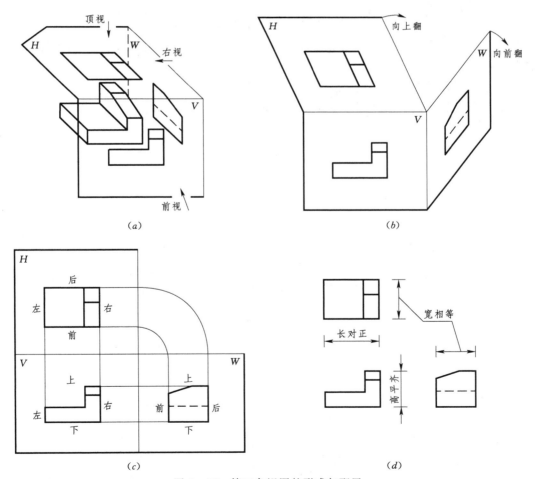

图 1-18　第三角视图的形成与配置

同，且都符合"长对正、宽相等、高平齐"的投影规律，如图 1－18（d）所示。读者只要熟练地掌握了第一角投影，若需绘制或阅读第三角投影只是个习惯问题。

工程图样上，为了区分第一角和第三角投影，国际标准规定：可在图纸的适当位置，画出第一角、第三角的投影标记，如图 1－19 所示。

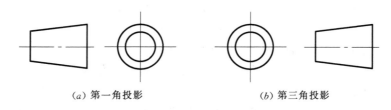

（a）第一角投影　　　　　　　　　（b）第三角投影

图 1－19　ISO 标准的投影法标记

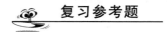 **复习参考题**

1. 简述投影的形成及其分类。

2. 在平行投影中，直线、平面等几何元素都有哪些基本性质？

3. 在土建工程制图中，常用的投影图有哪 4 种？为什么说正投影是工程图样最基本的表达方法？

4. 国际通用绘制投影图的方法有哪两种？它们有哪些不同之处？

5. 试从三视图的位置、投影对应和与物体方位等三方面简述其对应关系。

第二章　点、直线、平面

任何形体的表面都可看成由点、线、面所组成；任何复杂的空间几何问题都可抽象成点、线、面的相互关系问题。因此，点、线、面的表示方法与投影性质是画法几何的基础。本章仅限于点、直线、平面投影规律的讨论，而曲线与曲面，将在第五章再作介绍。

第一节　点的二面投影

物体虽要求置于第一分角，但其表面上任意两条直线的交点并不都在该分角内；有时，需以其他分角的点为辅助点作图求解，所以，仍有必要了解点在二面体系内的投影规律。

由相互垂直的两个投影面组成的投影体系称为二面体系，通常采用正面 V 和水平面 H，其交线 OX 称为投影轴。OX 轴将 V 面分成上、下两半，把 H 面分成前、后两半，从而形成了四个分角，一般规定，这四个分角在空间的顺序如图 2-1 所示。

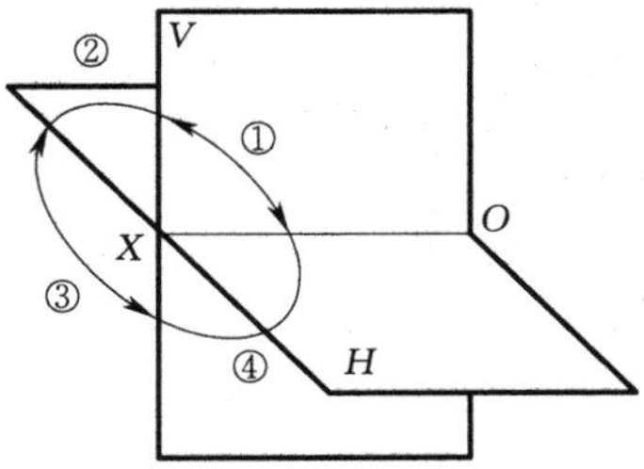

图 2-1　二面体系的分角

一、点的投影规律

按第一分角投影法，A 点的 V 面投影 a' 和 H 面投影 a，如图 2-2 所示。由图可以看出：

　　因为：$Aa \perp H$ 面，$Aa' \perp V$ 面；

　　故有：$Aaa_X a' \perp H$ 面，$Aaa_X a' \perp V$ 面；

　　所以：$a'a_X \perp OX$ 轴，$aa_X \perp OX$ 轴。

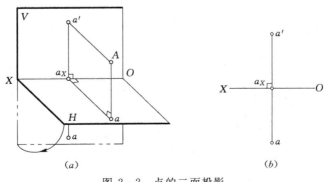

(a)　　　　　　　　　　　　(b)

图 2-2　点的二面投影

投影面旋转后得：$aa' \perp OX$ 轴；

又因：Aaa_Xa' 是一矩形；

故：$aa_X = Aa' = A$ 点至 V 面的距离；$a'a_X = Aa = A$ 点至 H 面的距离。

因此，点的二面投影规律可归纳为：

（1）点的正面投影和水平投影的连线 aa' 垂直于 OX 轴。

（2）点的正面投影 a' 到 OX 轴的距离，等于空间点 A 到水平面的距离；水平投影 a 到 OX 轴的距离，等于空间点 A 到正面的距离。

上述规律，不仅适用于第一分角，也适用于其他分角。

二、二面体系中，各种位置点的投影

点在二面体系的位置，概括起来有三种情况，即在分角内、投影面上或投影轴上。

1. 在分角内的点

图 2-3（a）、（b）分别画出了①、②、③、④分角内 A、B、C、D 点的直观图与投影图。由图可以看出，分角内点的投影与 OX 轴的相对位置有如下规律：

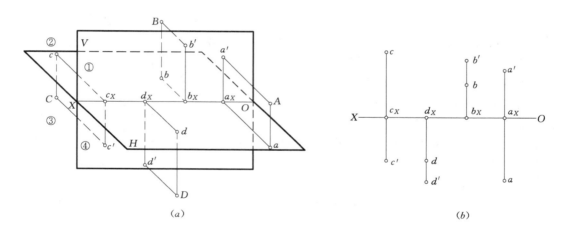

图 2-3　点在各分角的投影

（1）H 面上方的点，应属于①、②分角，其正面投影必在 OX 轴的上方，如 a'、b'；H 面下方的点，则属于③、④分角，其正面投影必在 OX 轴的下方，如 c'、d'。

（2）V 面前方的点，应属于①、④分角，其水平投影必在 OX 轴的下方，如 a、d；V 面后方的点，则属于②、③分角，其水平投影必在 OX 轴的上方，如 b、c。

2. 处于特殊位置的点

图 2-4（a）、（b）分别画出了 $H_前$、$V_上$、$H_后$ 和 $V_下$ 投影面上的点 E、F、G、J 以及投影轴 OX 上的 K 点的直观图与投影图。由图可以看出，特殊位置点的投影与 OX 轴相对位置有如下规律：

（1）投影面上的点，在该投影面上的投影与自身重合，而另一投影一定在 OX 轴上。

（2）投影轴上的点，其两个投影都与自身重合，均重合在 OX 轴上。

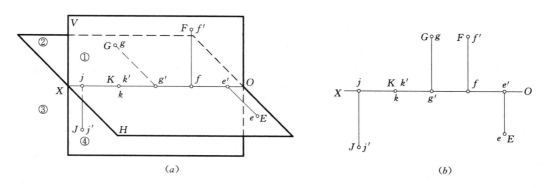

图 2-4　点在投影面或投影轴上的投影

第二节　点 的 三 面 投 影

下面，讨论三面体系中第一分角内点的投影规律。

图 2-5 (a) 中，A 点在 V、H、W 面的投影分别为 a'、a、a''。显然，按上节点在二面体系的投影规律，对于 V、W 所组成的二面体系，也有 $a'a'' \perp OZ$ 轴；且点的正面投影 a' 到 OZ 轴的距离，等于空间点 A 到侧面的距离，见图 2-5 (b)。由图还可以看出：

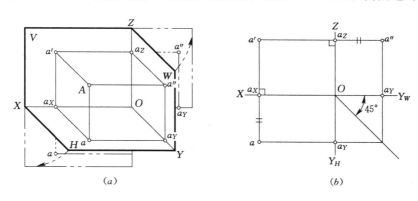

图 2-5　点在三面体系中的投影

点 A 到 W 面的距离　　　　$Aa'' = aa_Y = a'a_Z = Oa_X$

点 A 到 V 面的距离　　　　$Aa' = aa_X = a''a_Z = Oa_Y$

点 A 到 H 面的距离　　　　$Aa = a'a_X = a''a_Y = Oa_Z$

在直角坐标系中，点 A 的空间位置可用一组坐标值 (X, Y, Z) 来确定，即：

$$X = Oa_X; \quad Y = Oa_Y; \quad Z = Oa_Z$$

因而，点 A 的三个投影与其坐标的关系如下：

　　　　a' 的坐标是 (X, O, Z)；a 的坐标是 (X, Y, O)；a'' 的坐标是 (O, Y, Z)

由此可以看出：若已知点的任意两个投影，就能确定该点的三个坐标值；已知点的三个坐标值，同样也可作出该点的投影。

点的三面投影规律归纳如下：

（1）点的正面投影与水平投影的连线垂直于 OX 轴（$a'a \perp OX$ 轴）。

（2）点的正面投影与侧面投影的连线垂直于 OZ 轴（$a'a'' \perp OZ$ 轴）。

（3）点的水平投影到 OX 轴的距离等于侧面投影到 OZ 轴的距离（$aa_X = a''a_Z$）。

为了加深点的空间位置与平面图形之间的认识，应熟悉根据点的投影画出该点的直观图。下面，以空间点 $A(18,8,15)$ 为例，说明这种图的画法，见图 2-6。

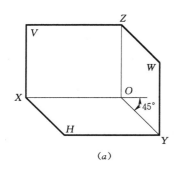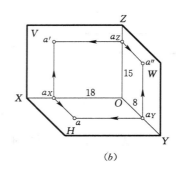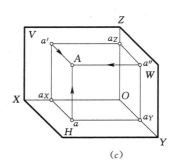

图 2-6　点的直观图画法

为方便起见，采用三个方向单位长度相等的直观图。

（1）任选一点 O，并过 O 作水平线 OX、铅垂线 OZ 及与 OX 轴夹角为 $45°$ 的 OY，得直观图坐标系；并以略大于点坐标值分别画三轴的平行线，得投影面 V、H、W 的边框线，见图 2-6（a）。

（2）自原点起在 X、Y、Z 轴上分别量取（18,8,15）得 a_X、a_Y、a_Z，再过它们分别作三轴的平行线，两两的交点即为 A 点的三面投影 a、a' 和 a''，见图 2-6（b）。

（3）由投影 a、a'、a'' 分别作 Z、Y、X 轴的平行线，其汇交点即空间点 A，见图 2-6（c）。

【例 2-1】　已知 A 点的坐标为（24,12,18），求作 A 点的三面正投影图。

分析：因点 A 的三个坐标均为正值，所以 A 点在第一分角内。

作图：见图 2-7。

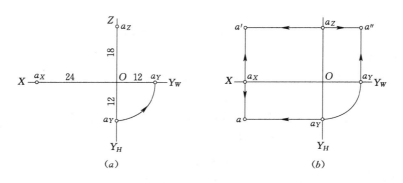

图 2-7　根据点的坐标作其投影图

（1）画投影轴，再自 O 点在 X、Y、Z 轴上分别量取 24，12，18，得 a_X、a_Y、a_Z，见图 2-7（a）。

（2）过 a_X、a_Y、a_Z 分别作 Y、X、Z 轴的垂线，它们两两的交点 a、a'、a'' 就是空间点 A 的三个投影，见图 2-7（b）。

【例 2-2】　已知 A 点的两个投影 a'、a''，求第三面投影 a。

分析：水平投影 a 一定在 OX 轴的垂线 $a'a_X$ 的延长线上，且水平投影 a 到 OX 轴的距离等于侧面投影 a'' 到 OZ 轴的距离。

作图：见图 2-8。

（1）过 a' 作 OX 轴的垂线，交 OX 轴于 a_X。

（2）在 $a'a_X$ 的延长线上量取 $aa_X = a''a_Z$，即得 a，如图 2-8（a）所示。

除直接量取外，亦可采用圆规或 45° 斜线作图确定 a，如图 2-8（b）、（c）所示。

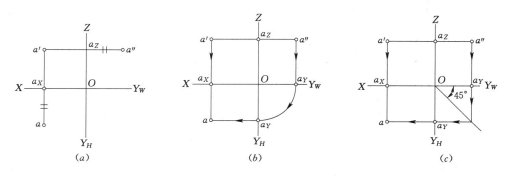

图 2-8　补画点的第三面投影

第三节　空间两点的相对位置

一、两点相对位置的判定

空间两点的相对位置，可根据它们同面投影的坐标关系来判定。点的 X 坐标值反映点到 W 面的距离，因此，由两点坐标差 ΔX 就可以判定它们的左右位置；同理，由 ΔZ 可以判定它们的高低位置；而由 ΔY 就可以判定它们的前后位置。

由图 2-9（a）所示 A、B 点可以看出：由于 $X_A > X_B$、$Y_A > Y_B$、$Z_A > Z_B$，所以，A 点在 B 点的左、前、上方，见图 2-9（b）。

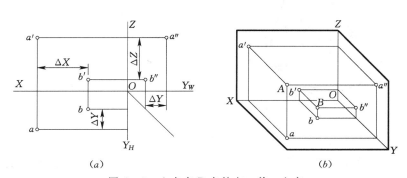

图 2-9　A 点在 B 点的左、前、上方

二、重影点及其可见性

处于同一投射线上的两点，其投影重合，称为投影面的重影点，如图 2-10 中 A、B 为对 H 面的重影点，C、D 为对 V 面的重影点。

空间两点在某投影面重影时，其中必有一点挡住了另一点，出现可见性问题。由图 2-10 (a) 可以看出，A、B 在 H 面重影，由于 A 点高于 B 点，向下投射时，A 点挡住了 B 点，H 面上的投影 a 可见，b 不可见，记作 $a(b)$；而 C、D 在 V 面重影，因 C 在前 D 在后，向后投射时，V 面上的投影 c' 可见，d' 不可见，记作 $c'(d')$。

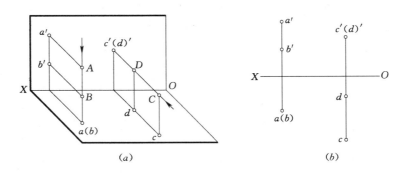

图 2-10　重影点可见性的判别

由图 2-10 (b) 不难看出，重影的可见性也可按另一不重影面上点的坐标值判别，值大的可见，值小的不可见。

第四节　直线的投影

直线的投影仍为直线，所以只要画出直线上任意两点的投影，再把同面投影连接起来，即得直线的投影，如图 2-11 所示。

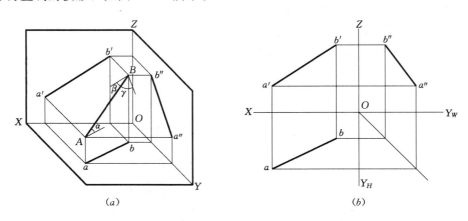

图 2-11　直线 AB 的三面投影

按直线对投影面的相对位置，直线可分为三类：一般位置直线、投影面的平行线、投影面的垂直线。后两类统称为特殊位置线。

直线与其投影的夹角，称为直线对投影面的倾角，对 H、V、W 三个投影面的倾角分别用 α、β、γ 表示，见图 2-11（a）。线段的投影长度为：

$$ab = AB\cos\alpha; \quad a'b' = AB\cos\beta; \quad a''b'' = AB\cos\gamma$$

不同类型的直线，其投影特点分述如下。

一、投影面的平行线

凡平行于一个投影面，倾斜于其他两个投影面的直线统称为投影面的平行线。平行于 V 面的称正平线；平行于 H 面的称水平线；平行于 W 面的称侧平线。

下面以水平线 AB 为例，分析投影面平行线所具有的投影特点：

（1）水平线平行于 H 面，其水平投影反映线段的实长，即 $ab=AB$。

（2）水平线上的点到 H 面的距离处处相等，所以，它的正面投影平行于 OX 轴，即 $a'b'//OX$；同理：$a''b''//OY_W$。

（3）水平投影 ab 与 OX 轴的夹角，反映该直线对 V 面的倾角 β；水平投影与 OY_H 轴的夹角，反映该直线对 W 面的倾角 γ。由于 β 与 γ 均不为零，故 $a'b'$ 与 $a''b''$ 均小于实长 AB。

对于正平线和侧平线，也可作同样的分析，得出相似的特点，见表 2-1。

表 2-1　　　　　　　　　　　　　投影面平行线的投影特点

	水 平 线	正 平 线	侧 平 线
立体图			
投影图			
投影特点	① //H 面，倾斜于 V、W 面；② 水平投影反映实长及与 V、W 面的倾角 β、γ；③ 正面投影 //OX 轴，侧面投影 //OY_W 轴，且都变短了	① //V 面，倾斜于 H、W 面；② 正面投影反映实长及与 H、W 面的倾角 α、γ；③ 水平投影 //OX 轴，侧面投影 //OZ 轴，且都变短了	① //W 面，倾斜于 V、H 面；② 侧面投影反映实长及与 V、H 面的倾角 β、α；③ 正面投影 //OZ 轴，水平投影 //OY_H 轴，且都变短了

概括起来，可以这样说：投影面平行线的投影，在所平行的投影面上反映实长，以及对另两投影面的倾角；而在另两个投影面上的投影平行于相应的投影轴，且小于实长。

二、投影面的垂直线

凡垂直于一个投影面，平行于其他两投影面的直线统称为投影面的垂直线。垂直于 V 面的称正垂线；垂直于 H 面的称铅垂线；垂直于 W 面的称侧垂线。

下面以铅垂线 AB 为例，分析投影面垂直线所具有的投影特点：

（1）铅垂线垂直于 H 面，其水平投影积聚为一点 $a(b)$。

（2）铅垂线平行于 V、W 面，故其正面和侧面投影均平行于 OZ 轴，且反映线段的实长，即：$a'b'=AB$、$a''b''=AB$。

对于正垂线和侧垂线也可作同样的分析，得出类似的特点，见表 2-2。

表 2-2　　　　　　　　　　　　投影面垂直线的投影特点

	铅 垂 线	正 垂 线	侧 垂 线
立体图			
投影图			
投影特点	① $\perp H$ 面，$/\!/ V$ 面，$/\!/ W$ 面； ② 水平投影积聚成一点； ③ 正面投影和侧面投影都平行于 OZ 轴，且反映实长	① $\perp V$ 面，$/\!/ H$ 面，$/\!/ W$ 面； ② 正面投影积聚成一点； ③ 水平投影和侧面投影都平行于 OY 轴，且反映实长	① $\perp W$ 面，$/\!/ V$ 面，$/\!/ H$ 面； ② 侧面投影积聚成一点； ③ 水平投影和正面投影都平行于 OX 轴，且反映实长

概括起来，可以这样说：投影面垂直线的投影，在所垂直的投影面上积聚成一点；其余投影平行于相应投影轴，且反映线段的实长。

三、一般位置线

对各投影面都倾斜的直线，称一般位置线，见图 2-11。其投影具有如下特点：

（1）由于两端点到每个投影面的距离都不等，所以，投影图上各投影都倾斜于投影轴。

（2）线段的投影长度是由线段对各投影面倾角决定的。由于 α、β、γ 在 $0 \sim 90°$ 间，故线段的三个投影均小于实长。

一般位置线的倾斜状态虽然千变万化。但按其指向即以线段一端到另一端的方向来归纳，不外乎图 2-12 所示的 4 种（为简明起见，采用二面体系的投影图）。直线的指向可根据两端点的相对位置来判定。

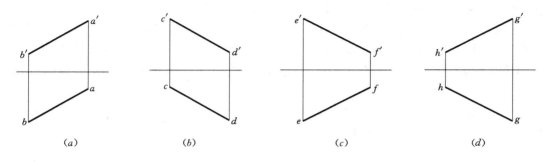

图 2-12 一般位置直线的指向

由图 2-12（a）所示 AB 线的正面投影可以看出，A 点在 B 点的上方、右方，由水平投影可以看出，A 点在 B 点的后方，所以，AB 线是由右后上方指向左前下方；同理可知，图 2-12（b）所示的 CD 线是由左后上方指向右前下方；图 2-12（c）所示的 EF 线是由左前上方指向右后下方；图 2-12（d）所示的 GH 线是由右前上方指向左后下方。

现在，再进一步讨论一般位置线的实长及倾角问题。

当线段的两投影已知时，它的空间位置就唯一的确定了。因此，从投影给出的几何关系就可求出一般位置线的实长及倾角。

由图 2-13（a）可以看出，若过 A 作 $AB_0 \mathbin{/\mkern-5mu/} ab$，得直角三角形 ABB_0，其斜边 AB 就是线段的实长，$\angle BAB_0$ 就是线段对 H 面的倾角 α，直角边 AB_0 等于水平投影 ab，另一直角边 BB_0 等于 A、B 两点的高差 $|Z_A - Z_B|$，也就是正面投影 a'、b' 到 OX 轴的距离差。

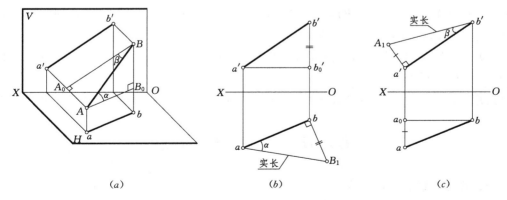

图 2-13 一般位置线段的实长与倾角

因此，当已知线段的二面投影 ab 与 $a'b'$，欲求线段实长和倾角 α 时，只需作一个与 $\triangle ABB_0$ 全等的三角形即可。如图 2-13（b）是以水平投影 ab 为一直角边，$|Z_A - Z_B|$ 为另一直角边，作出的 $\triangle abB_1$ 称为实长三角形，其斜边 aB_1 就是 AB 的实长，水平投影

ab 与实长的夹角，即为线段对 H 面倾角 α。

由图 2-13 (a) 还可看出，若需求 β 角，则不能利用 $\triangle ABB_0$，而应改用 $\triangle ABA_0$。如图 2-13 (c) 是以 $a'b'$ 为一直角边，$|Y_A - Y_B|$ 为另一直角边，作三角形 $a'b'A_1$，斜边 $b'A_1$ 也是 AB 的实长，而正面投影 $a'b'$ 与实长的夹角，则为线段对 V 面的倾角 β。

上述利用直角三角形求实长与倾角的方法，称为直角三角形法。用此法求线段对投影面的倾角时，应特别注意，线段对某一投影面的倾角，必须是实长与线段在该投影面上投影之间的夹角，不得误用其他面的投影；同时，直角三角形有两个锐角，也不能误取另一锐角。至于所作实长三角形的位置，以图面清晰为准，既可放在投影图内，也可在图外单独作。

【例 2-3】　已知图 2-14 (a) 所示线段 AB 的实长 L、投影 ab 和 a'，求作其正面投影 $a'b'$。

分析：求 AB 的正面投影，也就是确定 b' 的点位。而 b' 一定在由 b 引出的 OX 轴垂线上，只需再用实长三角形求出 A、B 两点高差的绝对值即可，本题应有两解。

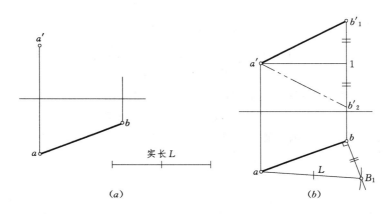

图 2-14　补画线段 AB 的正面投影

作图：见图 2-14 (b)。

(1) 过 b 作 ab 的垂线，再以 a 为圆心，以 L 为半径画弧交垂线与 B_1，则实长三角形的直角边 bB_1 即为 AB 两点高差的绝对值。

(2) 过 b 作 OX 轴的垂线，过 a' 作 OX 轴的平行线，两线相交于 1 点；再由 1 向上量取 $1b_1' = bB_1$，得 b_1'，连接 $a'b_1'$ 即为所求。

注意：图中还用双点划线示出了由 1 向下量取 $1b_2' = bB_1$，得另一解 $a'b_2'$ 的投影。

第五节　直线上的点

一、点与直线的相对位置

点与直线的相对位置，可分点在线上和点不在线上两种情况。

按前述投影性质可知，若点在线上，则点的投影必在线的同面投影上，且符合线段分割比例不变的投影规律，如图 2-15。反之，若点的投影都在线的同面投影上，且保持线段间的分割比例关系，则该点必在此直线上。

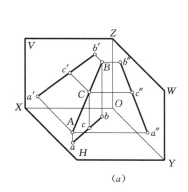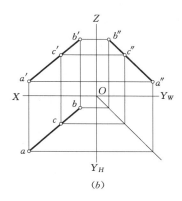

图 2-15　直线上的点

图 2-16（a）、（b）中，c' 在 $a'b'$ 上，c 又在 ab 上，所以 C 点在直线 AB 上；而 d 虽在 ab 上，但 d' 却不在 $a'b'$ 上，所以 D 不在直线 AB 上；显然 E 点就不在直线 AB 上。

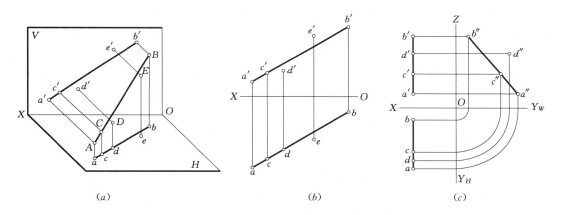

图 2-16　判别点是否在直线上

一般情况下，用二面投影就可直接确定点是否在直线上。而当直线为某投影面的平行线时，二面投影中须包含平行投影面的投影才行，如图 2-16（c）中侧平线 AB，若仅知点 C、D 的正面投影和水平投影在直线的同面投影上，还不易直接看出点是否在直线上。如果补出侧面投影，就可清楚地看到，C 点在线上，而 D 点并不在线上。

二、点分割线段成定比

图 2-15 中的 C 点将 AB 线分成 AC、CB 两段，根据等比性，则有：

$$AC : CB = ac : cb = a'c' : c'b' = a''c'' : c''b''$$

【例 2-4】　已知图 2-17（a）所示 AB 线上 E 点的正面投影 e'，试以定比关系求作其水平投影 e。

分析：因 E 点在 AB 上，必有 $a'b' : b'e' = ab : be$，可根据等比性直接作图。

作图：见图 2-17（b）。

（1）过 a 任作一射线并量取 $aB_0 = a'b'$，$B_0E_0 = b'e'$，再连接 bB_0。

（2）过 E_0 作 B_0b 的平行线，与 ab 延长线的交点 e 即为所求。

21

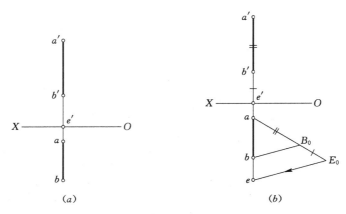

图 2-17　求 E 点的另一投影 e

三、直线的迹点

直线与投影面的交点，称为直线在该面的迹点。一般位置线倾斜于三个投影面，故有三个迹点，分别是与 H 面的水平迹点，以 M 标记；与 V 面的正面迹点，以 N 标记；与 W 面的侧面迹点，以 S 标记。而对特殊位置线来说，投影面垂直线只与本投影面相交，只有一个迹点，如图 2-18（a）中正垂线 AB 只有正面迹点 N；而投影面平行线则与另外两投影面相交，故有两个迹点，如图 2-18（b）的正平线 CD 就有水平（M）和侧面（S）两个迹点。

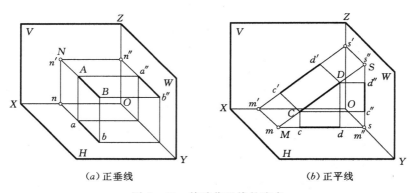

（a）正垂线　　　　　　　　　　　　（b）正平线

图 2-18　特殊位置线的迹点

下面讨论迹点的作图方法：

因迹点是直线与投影面的公有点，所以，它的投影必有以下特点：

（1）点在直线上，则迹点的各面投影也在该直线的对应投影上。

（2）点在投影面上，则迹点的本面投影必与自身重合，而另面投影必在投影轴上。

从图 2-19（a）可以看出，水平迹点 M 是直线 AB 上的点，就有 m' 在 $a'b'$ 上，m 在 ab 上；而 M 又是 H 面上的点，则 m' 在 OX 轴上，m 与 M 重合。

由以上分析，就可得出迹点的作图方法如图 2-19（b）所示。延长 $b'a'$ 与 OX 轴交于 m'，即为水平迹点的正面投影 m'；再由 m' 作 OX 轴的垂线，与该线水平投影 ba 的延长线相交，交点则为水平迹点 M 及其水平投影 m。用类似方法可确定直线 AB 的正面迹点 N 及 n'、n。

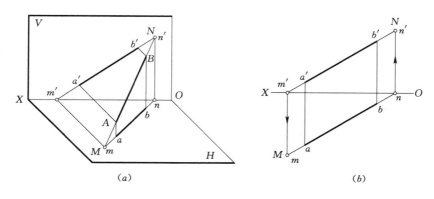

（a）　　　　　　　　　　　　　　　　（b）

图 2-19　直线的迹点及作图

第六节　两直线的相对位置

空间两直线的相对位置，通常包括平行、相交、交叉三种，下面分别讨论它们的投影特点。需要说明的是，两直线垂直（相交垂直与交叉垂直）虽属相交与交叉的特例，但它是图解工程设计中距离问题的基础，本节中将列为专题来讨论。

一、两直线平行

空间两直线平行，则两直线的各同面投影一定也相互平行。如图 2-20 所示 $AB /\!/ CD$，则 $ab /\!/ cd$、$a'b' /\!/ c'd'$、$a''b'' /\!/ c''d''$。

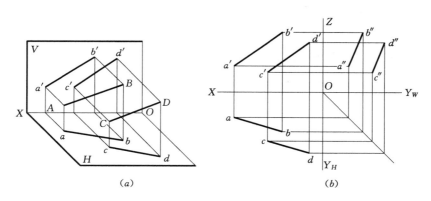

（a）　　　　　　　　　　　　　　　　（b）

图 2-20　空间两直线平行

反之，若两直线的同面投影两两平行，那么，这两直线在空间也一定是相互平行的。

根据上述逆定理，很容易由投影图判别空间两直线是否平行。一般情况下，根据这两直线的两对同面投影是否平行，就可判定它们在空间是否平行；但当两直线同为某投影面的平行线时，两对同面投影中则须包含平行投影面的投影才行。图 2-21 中的 AB、CD 均为侧平线，可直接从它们的侧面投影看出：判定图 2-21（a）中 AB 平行于 CD，而图 2-21（b）中 AB 不平行于 CD。

23

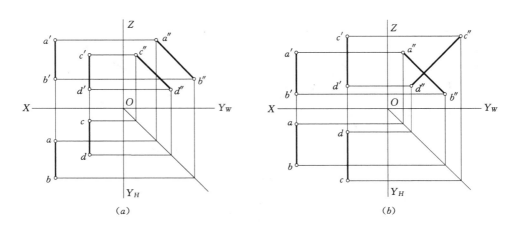

图 2-21 两侧平线平行的判定

二、两直线相交

空间两直线相交，它们的同面投影也一定相交，且交点的投影符合点的投影规律。如图 2-22 所示 K 是直线 AB 与 CD 的交点，它的投影 k、k'、k″ 必符合点的投影规律。

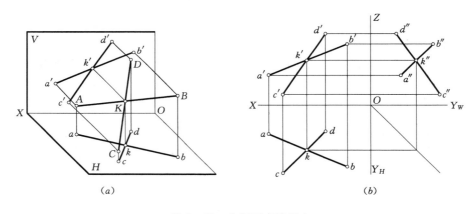

图 2-22 空间两直线相交

反之，若两直线的同面投影都相交，且交点符合点的投影规律，那么，它们在空间也必定相交。

根据上述逆定理，就很容易从投影图判别空间直线是否相交。当两直线是一般位置线时，只要两对同面投影相交且交点符合点的投影规律即可判定；但若有一直线为某投影面的平行线时，两同面投影中必须包含平行于投影面的投影才行，如图 2-23 所示，AB 为一侧平线，它是否与 CD 相交，仅从 H、V 面不易看出；但若改用 V、W 面或 H、W 面，就可明显看出，各投影的交点对不上，故 AB、CD 不是相交直线。

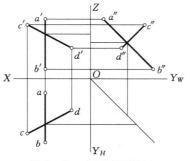

图 2-23 两直线不相交

三、两直线交叉

空间既不平行又不相交的两直线，称为交叉直线。它们的投影既不具有平行直线的投影特点，也不符合相交直线的投影特性。

交叉直线可能有两组同面投影是平行的，但第三面投影绝不会平行，如图 2-21（b）所示；同样，也可能有三组同面投影都相交，但三个交点绝不会符合点的投影规律，如图 2-23 所示。

交叉两直线同面投影的"交点"，是两直线上对该投影面的重影点。由图 2-24（a）可见，点 I、II 在 H 面重影，由于 I 高 II 低，该点的水平投影标记为 1(2)；同样，点 III、IV 在 V 面重影，III 后 IV 前，其正面投影记为 $4'(3')$，如图 2-24（b）所示。

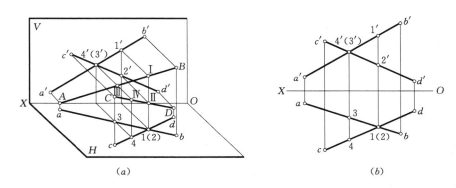

图 2-24　交叉直线重影点及其可见性

四、两直线垂直

图 2-25（a）中等腰直角 $\triangle ABC$ 平行于 H 面，其水平投影反映实形，$\angle bac = \angle BAC = 90°$；若将 $\triangle ABC$ 绕斜边 BC 上翻至 $\triangle A_1BC$，H 面上的投影则不反映实形，且 $\angle ba_1c \neq 90°$。

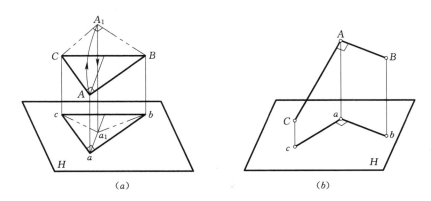

图 2-25　直角的投影特点

有关两直线垂直的主要投影规律如下：

(1) 垂直两直线都平行于投影面时，该面的投影反映其直角关系。

(2) 垂直两直线都不平行于投影面时，该面的投影不反映直角关系。

（3）若垂直两直线之一平行于投影面时，该面的投影仍保持直角关系。如图 2-25 （b）中 $AB /\!/ H$，故 $AB /\!/ ab$；又因 AB 垂直于 AC，也垂直于 Aa，则必垂直平面 $ACca$，所以，$ab \perp$ 平面 $ACca$，则有 $ab \perp ac$，即两投影垂直。

上述（3）称为直角投影定理。它的逆定理也是正确的，即当两直线在某投影面上的投影垂直时，其中有一直线平行于该投影面，则此两直线在空间必相互垂直。

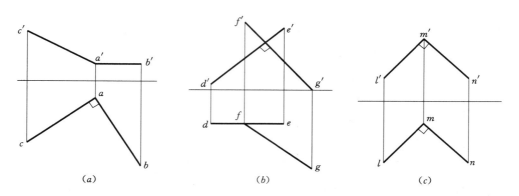

图 2-26　用直角投影定理判别两直线是否垂直

在图 2-26 （a）中 $AB /\!/ H$ 面，且 $ab \perp ac$ 且相交，根据直角定理可知 AB、AC 垂直相交；图 2-26 （b）中 $DE /\!/ V$ 面，且 $d'e' \perp f'g'$ 但不交，故 DE、FG 垂直交叉；而图 2-26 （c）中尽管 $l'm' \perp m'n'$，$lm \perp mn$，但 LM、MN 都是一般位置线，故两直线不垂直。

【例 2-5】　求图 2-27 （a）所示 C 点到直线 AB 的距离。

分析：点到直线的距离是指该点到垂足的线段长。图中 AB 是正平线，过 C 向 AB 作的垂线 CD，其正面投影反映直角关系；又因 CD 为一般位置线，故还需用实长三角形法求实长。

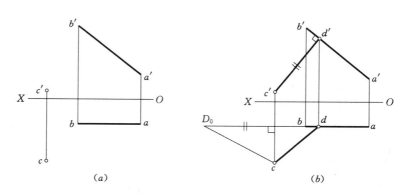

图 2-27　求点到直线的距离

作图：见图 2-27 （b）。

（1）作 $c'd' \perp a'b'$ 得到垂足的正面投影 d'，$c'd'$ 为垂线的正面投影；根据从属性在 ab 上定出垂足的水平投影 d 点，连接 cd，即垂线的水平投影。

（2）以 $c'd'$ 为一直角边，以 c、d 两点至 OX 轴的距离差为另一直角边，所作实长三角形的斜边 cD_0 长，即为距离的实长。

第七节　平面的投影

一、平面的表示法

1. 几何元素表示法

一个平面的空间位置，可由下列几何元素之一确定：

（1）不在同一直线上的三点，如图 2-28（a）中的点 A、B、C。

（2）直线和直线外一点，如图 2-28（b）中的直线 AB 和点 C。

（3）两相交直线，如图 2-28（c）中的直线 AB 和直线 BC。

（4）两平行直线，如图 2-28（d）中的直线 AB 和直线 CD。

（5）任意平面图形，如图 2-28（e）中的 $\triangle ABC$。

图 2-28 所示为同一个平面的五种表示方式。由图可以看出，它们之间的转换只是形式上的改变，每种表示法都包含最基本的几何元素——A、B、C 这三点的条件。

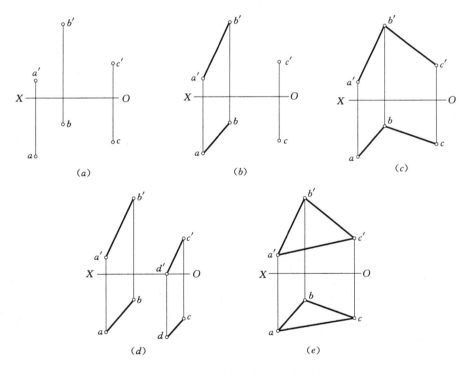

图 2-28　平面的几何元素表示法

2. 迹线表示法

平面与投影面的交线，称为迹线。平面 P 与 V、H 和 W 面的交线分别称正面迹线、水平迹线和侧面迹线，分别用 P_V、P_H、P_W 表示；平面 P 与 X、Y 和 Z 轴的交点，即两迹线的交点称为集合点，分别用 P_X、P_Y、P_Z 来表示。

由于迹线是平面上的线，所以，只需用两条迹线就可以确定该平面，这种用迹线表示的平面叫迹线面。图 2-29（a）中的平面 P 就可用它的正面迹线 P_V 和水平迹线 P_H，这两条相交直线来表示。

由于迹线又是投影面上的线，所以它的一个投影是自身，另面投影则在相应的投影轴上。如图 2-29（a）所示，正面投影 P_V 是迹线自身，水平投影为 OP_X，侧面投影为 OP_Z。通常，投影图中的迹线只需画出与自身重合的投影，并加以标注即可，如 P_V。

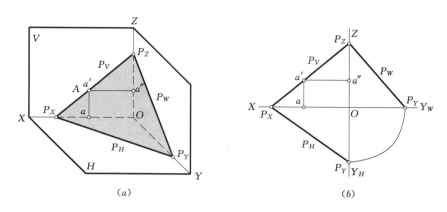

图 2-29 平面的迹线表示法

3. 平面图形的迹线面

平面图形和迹线面之间的关系讨论如下：

图 2-30（a）是以 △ABC 表示的平面，若将平面上线段 AB 两端延长，与投影面 H、V 相交，其交点 M_1、N_1 是投影面上的点，也是平面上的点，故其投影必在平面与投影面交线的同面投影——迹线 P_H、P_V 上，见图 2-30（b）。也就是说：平面图形上所有直线延长后的迹点，都在该面相应的迹线上。

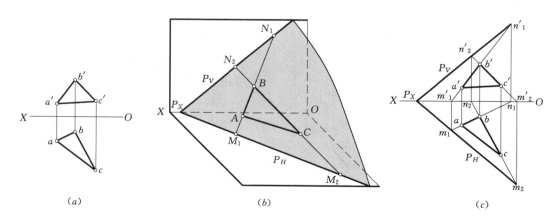

图 2-30 平面图形与迹线面的关系

对于几何元素表示的平面，只需求得该平面上任意两条直线的迹点，连接同面迹点即得迹线。图 2-30（c）示出了与 △ABC 相应的迹线面（两相交迹线 P_V、P_H）的求作方法。

从上面讨论不难看出：迹线面仅表达了平面所在的空间位置，而与面上几何图形的形状、大小无关，因此，迹线面主要用作图解时的辅助面。

二、各种位置平面的投影

平面与投影面的相对位置有三种：垂直、平行、倾斜。

垂直或平行某一投影面的平面，称为特殊位置平面；与三投影面都倾斜的平面，称为一般位置平面。平面与 H、V、W 面的二面角称为倾角，并分别用 α、β、γ 表示。

平面对投影面的相对位置不同，其投影特点不同，分述如下。

1. 投影面的平行面

平行于一个投影面，又同时垂直于另两个投影面的平面，称为投影面的平行面。平行于 H 面的称为水平面；平行于 V 面的称为正平面；平行于 W 面的称为侧平面。

上述三种平面的立体图、平面图形、迹线面及投影特点，如表 2-3 所示。

表 2-3　　　　　　　　　　　投影面平行面的投影特点

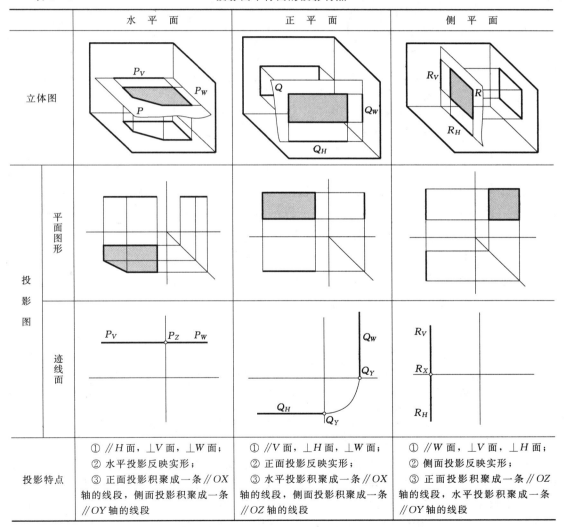

	水 平 面	正 平 面	侧 平 面
投影特点	① //H面，⊥V面，⊥W面； ② 水平投影反映实形； ③ 正面投影积聚成一条 //OX 轴的线段，侧面投影积聚成一条 //OY 轴的线段	① //V面，⊥H面，⊥W面； ② 正面投影反映实形； ③ 水平投影积聚成一条 //OX 轴的线段，侧面投影积聚成一条 //OZ 轴的线段	① //W面，⊥V面，⊥H面； ② 侧面投影反映实形； ③ 正面投影积聚成一条 //OZ 轴的线段，水平投影积聚成一条 //OY 轴的线段

投影面平行面的投影特点可以归纳如下：在所平行的投影面上投影反映实形，其他二投影则积聚成平行于相应投影轴的线段。

投影面平行面的迹线面，其特征是只有两条迹线和一个集合点，如表中的水平面 P 只有正面迹线 P_V、侧面迹线 P_W 和集合点 P_Z。

2. 投影面的垂直面

垂直于一个投影面，又同时倾斜于另两个投影面的平面，称为投影面的垂直面。垂直于 H 面的称为铅垂面；垂直于 V 面的称为正垂面；垂直于 W 面的称为侧垂面。

上述三种面的立体图、平面图形、迹线面及投影特点，如表 2-4 所示。

表 2-4　　　　　　　　投影面垂直面的投影特点

	铅 垂 面	正 垂 面	侧 垂 面
立体图			
投影图　平面图形			
投影图　迹线面			
投影特点	① ⊥H 面，倾斜于 V、W 面； ② 水平投影积聚成斜线，它与 OX、OY 轴的夹角分别反映平面与 V、W 面的倾角 β、γ； ③正面、侧面投影为类似形	① ⊥V 面，倾斜于 H、W 面； ② 正面投影积聚成斜线，它与 OX、OZ 轴的夹角分别反映平面与 H、W 面的倾角 α、γ； ③水平、侧面投影为类似形	① ⊥W 面，倾斜于 V、H 面； ② 侧面投影积聚成斜线，它与 OY、OZ 轴的夹角分别反映平面与 H、V 面的倾角 α、β； ③正面、水平投影为类似形

投影面垂直面的投影特点可以归纳如下：在所垂直的投影面上，积聚成一斜线，它与轴的夹角反映平面与其他二投影面的倾角；在其他二投影面上的投影均为类似形。

至于投影面垂直面的迹线面，其特征是有三条迹线和两个集合点，如表中的正垂面 Q 有正面迹线 Q_V、水平迹线 Q_H、侧面迹线 Q_W 和集合点 Q_X、Q_Z。

3. 一般位置平面

与投影面都倾斜的平面，称一般位置面。平面上的几何图形，其投影既不反映实形，

也没有积聚性，而是该图的类似形，如图2-31所示。至
于一般位置平面的迹线面，其特征是有三条迹线和三个
集合点，如图2-29（a）所示平面P有正面迹线P_V、水
平迹线P_H、侧面迹线P_W及集合点P_X、P_Y和P_Z。

综上述可知：在三面体系中，平行面的投影只有一个
平面图形，且为实形；垂直面的投影有二个平面图形，
都是原图的类似形；而一般位置面的投影有三个平面图
形，均为原图的类似形。熟记这些特征，对今后读图是
非常有益的。

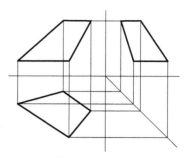

图2-31 一般位置平面的投影

第八节 平面内的点与直线

一、在平面内取点、取线

点与直线在平面内的几何条件是：

（1）若点位于平面上的一条直线上，则点在平面内。

（2）若直线通过平面上的两个点，则直线在平面内。

（3）若直线通过平面上的一点，同时又平行于平面内的已知直线，则该线在平面内。

以图2-32为例，相交直线AB、BC在平面P内，今在AB、BC上各取一点K、$Ⅰ$，
则$KⅠ$的连线一定在平面P内；若过平面上的已知点K作直线$KⅡ /\!/ BC$，则$KⅡ$一定也
在平面P内。

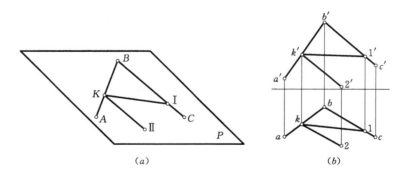

（a）   （b）

图2-32 平面内的点和直线

由以上分析可知，平面内取点、取线是相互依存的：若要在平面上取点，必须取自平
面内的已知直线；而要在平面内取直线，则必须利用平面上的点。换句话说，在投影图
上，如不利用点和直线的依存关系，直接从平面内取点、取线是不可能的。

如果不想在平面已知直线上取点，就必须依靠该平面内的其他直线——辅助线来
解决。

以图2-33（a）为例，若已知△ABC上K点的正面投影k'，而欲得其水平投影k，
就需用辅助线法解决。根据直线在平面内的条件，由k'先定出辅助线的正面投影，再确
定K点的水平投影就不难了。作辅助线的思路有二，其空间关系参看图2-33（b）：①连

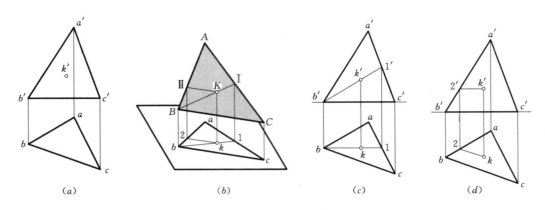

图 2-33　以辅助线法在平面上取点

接已知点 $b'k'$ 并延长交已知直线 $a'c'$ 于 $1'$，$b'1'$ 必在平面内，以 $B\mathrm{I}$ 为辅助线的作法见图 2-33 (c)；②过已知点 k' 作 $k'2'$ 平行于已知直线 $b'c'$，$k'2'$ 必在平面内，以 $K\mathrm{II}$ 为辅助线的作法见图 2-33 (d)。

【例 2-6】　判断图 2-34 (a) 中的 M 点是否在 A 点与 BC 线所确定的平面上。

分析：若点在平面 ABC 上，则该点与面上任一点的连线必与平面上已知直线平行或相交。

作图：连接 $a'm'$、am 并延长，由图 2-34 (b) 可以看出，AM 与 BC 不相交，AM 线不在平面 ABC 上，所以，M 点不在平面上。

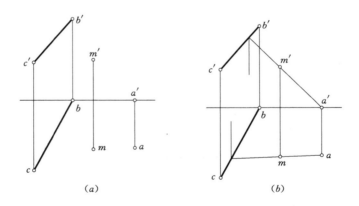

图 2-34　判断点是否在平面上

二、包含直线作特殊位置平面

如果没其他附加条件，包含直线可作无数多个平面。但只有特殊位置面在图解空间问题时，用作辅助面。所以，下面仅讨论包含各种位置直线所能作的特殊位置平面。

（1）包含一般位置线，只能作各投影面的垂直面。

作图时，必须利用垂直面的积聚性。图 2-35 所示为包含一般位置线 AB 所作的铅垂面，其中图 2-35 (a) 用几何元素表示，而图 2-35 (b) 用迹线面表示。因铅垂面的水平投影已由直线 AB 的水平投影所确定，所以，这样的平面只能有一个。

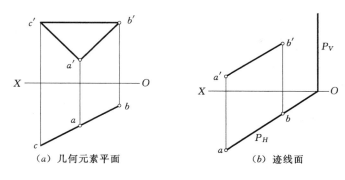

（a）几何元素平面   （b）迹线面

图 2-35　包含一般位置线 AB 作垂直面

（2）包含投影面的垂直线，可作该投影面的垂直面和其他投影面的平行面。

图 2-36 为包含铅垂线 AB 所作三种不同的迹线面：图 2-36（a）为铅垂面，图 2-36（b）为正平面，图 2-36（c）为侧平面。显然，铅垂面可作无数个，而正平面和侧平面只能各作一个。

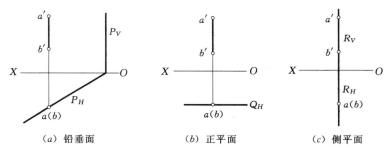

（a）铅垂面   （b）正平面   （c）侧平面

图 2-36　包含垂直线作迹线面

（3）包含投影面的平行线，只能作该投影面的垂直面和平行面。

图 2-37 为包含水平线 AB 所作的迹线面：图 2-37（a）P 为水平面，图 2-37（b）Q 为铅垂面。由图可知，水平面与铅垂面只能作一个。

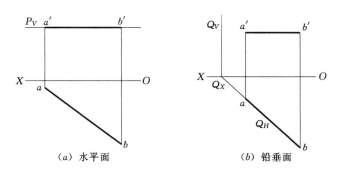

（a）水平面   （b）铅垂面

图 2-37　包含水平线作迹线面

三、平面内的特殊位置直线

平面内有两种位置线对解决空间几何问题有重要作用，这两种特殊位置线是投影面的平行线和与之垂直的最大斜度线，见图 2-38。分别讨论如下。

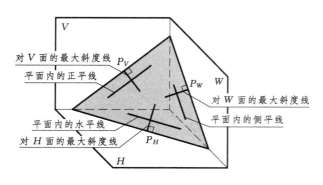

图 2-38　平面内的两种特殊位置线　　　　图 2-39　平面内的水平线

1. 平面内投影面的平行线

平面内分别平行于 H、V 和 W 面的直线，称为该平面内的水平线、正平线和侧平线。它们同时具有投影面平行线和平面内直线的投影特点。

现以图 2-39 所示 P 平面内的水平线 AB 为例，对其投影特点说明如下：

（1）因 AB 平行于 H 面，所以其正面投影 $a'b'$ 平行于 OX 轴。

（2）又因 AB 在平面 P 内，所以 P 面上所有的水平线（包括水平迹线 P_H）都相互平行，且 AB 线的正面迹点 A 一定在正面迹线 P_V 上，而无水平迹点。

同理，平面内正平线的水平投影平行于 OX 轴，平面内所有正平线都相互平行，且它们的水平迹点都在水平迹线上，而无正面迹点。

图 2-40（a）、（b）分别表示在平面 ABC 内作水平线 AD 和正平线 BE 的方法。显然，平面内所有与 AD 或 BE 平行的线都是水平线或正平线，这种线可作无数条。

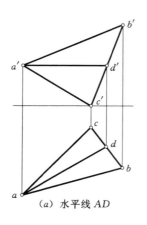 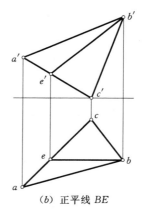

（a）水平线 AD　　　　　　　　（b）正平线 BE

图 2-40　平面内投影面平行线的作图

2. 平面内对投影面的最大斜度线

平面内对某投影面倾角最大的直线，称为对该投影面的最大斜度线。显然，这种线也有无数条。

过平面内的任一点，可在该面上作无数条倾斜于某投影面的直线，但每一条线的倾角是不同的，其中只有一条对该投影面倾角最大。图 2-41 中的 MN_1 是平面 P 内的任一直线，设它与 H 面的倾角为 α_1，MN 是垂直于平面 P 内水平线 AB 和水平迹线 P_H 的直线，它与 H 面倾角为 α，比较两直角 $\triangle MNm$ 和 $\triangle MN_1m$ 就可以看出：$\sin\alpha = Mm/MN$；$\sin\alpha_1 = Mm/MN_1$。因 MN 垂直于 P_H，在直角 $\triangle MNN_1$ 中，斜边 $MN_1 >$ 直角边 MN，故得 $\alpha > \alpha_1$。

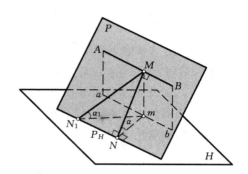

图 2-41　最大斜度线

由此可知：平面内垂直于水平线（或水平迹线）的直线，就是平面上对 H 面的最大斜度线。同理，平面内垂直于正平线（或正面迹线）的直线，就是对 V 面的最大斜度线。

下面仍以 MN 为例，讨论对 H 面最大斜度线的投影特点：

因 MN 垂直于平面内水平线 AB，亦垂直于水平迹线 P_H，根据直角投影定理：它的水平投影 mN 垂直于 ab 和水平迹线 P_H，故可知平面对 H 面最大斜度线的水平投影与平面内水平线的水平投影垂直；同理，对 V 面最大斜度线的正面投影与平面内正平线的正面投影垂直。

另外，由于 $MN \perp P_H$、$mN \perp P_H$，那么，$\angle MNm$ 就是平面 P 与水平投影面 H 所成二面角的平面角，因此，可以用最大斜度线测定一般位置平面对某投影面的倾角。

【例 2-7】　求图 2-42（a）所示 $\triangle ABC$ 对 H、V 面的倾角 α、β。

分析：由于 $\triangle ABC$ 是一般位置平面，欲求 α，应在该平面上任作一条对 H 面的最大斜度线，再求出该线对 H 的倾角 α 即可。根据该最大斜度线垂直于平面内水平线，故可以水平线为辅助线，作出最大斜度线的两投影，再用实长三角形求出它对 H 面的倾角，即倾角 α。

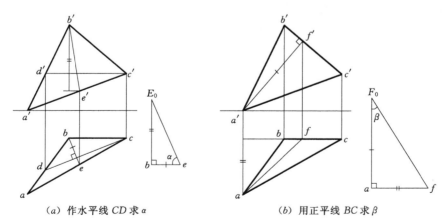

（a）作水平线 CD 求 α　　　　　　　（b）用正平线 BC 求 β

图 2-42　求 $\triangle ABC$ 对 V、H 面的倾角

作图：见图 2-42（a）。

（1）在 $\triangle ABC$ 内作水平线 CD，即过 c' 作 $c'd' // OX$ 轴，再根据从属性求得水平投影 cd。

（2）过 B 点作 $BE \perp CD$，即过 b 作 $be \perp cd$，再求 $b'e'$，即得对 H 面的最大斜度线 BE。

（3）用实长三角形求作 BE 对 H 面的倾角 α。

注意：作图时，为求 α 角，实长三角形必须以 BE 的水平投影 be 和正面投影 $b'e'$ 的高差为直角边，实长 eE。与水平投影 be 之间的夹角，就是△ABC 对 H 面的倾角 α。

同理，用类似方法在△ABC 内以正平线为辅助线，即可求得它对 V 面的最大斜度线，再用实长三角形求出其对 V 面的倾角 β，作图见图 2－42（b）。

复习参考题

1．点的二面投影规律是什么？点在二面体系的各分角内、投影面上及投影轴上的投影特点有哪些？

2．点的三面投影规律是什么？在投影图中如何量测点到各投影面的距离？

3．在投影图上，如何判定空间两点的相对位置及重影点的可见性？

4．试述投影面的平行线和投影面的垂直线的投影特点。

5．为什么一般位置线的三个投影均小于实长？如何用直角三角形法求线段的实长及对 V 面的倾角？

6．试述直线上点的投影特点。如何判定点是否在直线上？

7．在投影图上，如何判定两直线是平行、相交，还是交叉？

8．在什么情况下，直角的投影仍为直角？可用直角的投影定理图解哪些几何问题？

9．在投影图中可用哪些方式表示平面？

10．试述投影面平行面、投影面垂直面和一般位置平面的投影特点。

11．试分析包含一般位置线都可作哪些特殊位置平面？可作几个？

12．试述平面上投影面的平行线、最大斜度线的定义、投影特点及其作图方法。

第三章 直线、平面的相对关系

直线与平面或平面与平面之间的相对关系，可以是平行、相交和垂直。下面分别讨论它们的投影特点和基本作图方法。

第一节 平 行 关 系

一、直线与平面平行

由初等几何可知：平面外一直线只要与平面内的任一直线平行，这直线就和这平面平行。反之，若某直线平行于平面，则平面内必定存在一族线与该直线平行，见图 3-1。

据此，我们就能够在投影图上判别直线与平面是否平行，也可解决有关直线与平面平行的作图问题。

【例 3-1】 判别图 3-2（a）中直线 AB 与平面 CDE 是否平行？

分析：要判别直线 AB 是否与平面 CDE 平行，就要看在该平面内是否能作出与 AB 平行的直线。

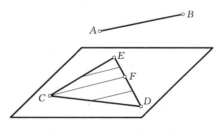

图 3-1 直线与平面平行

作图：过 c 及 c'分别作 ab 及 a'b'的平行线，并与 de 及 d'e'相交，因交点 f 及 f'在同一条铅直线上，符合点的投影规律，故知 CF 在平面 CDE 内且与 AB 平行，所以直线与平面平行，见图 3-2（b）。

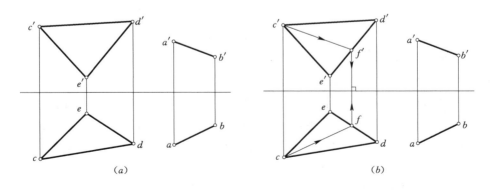

（a）   （b）

图 3-2 判别直线与平面是否平行

【例 3-2】 包含图 3-3（a）所示直线 AC 作一平面，使与直线 MN 平行。

分析：包含直线 AC 可以作无数多个平面，但其中只有一个平面与直线 MN 平行。

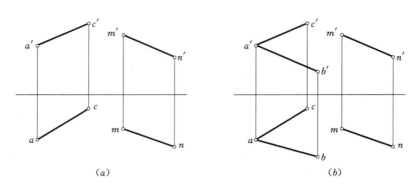

图 3-3　包含直线作平面与另一直线平行

在这个平面上必然存在一族平行于 MN 的直线，故只需过直线 AC 上的任一点，作一条平行于 MN 的直线即可。

作图：分别过 a、a'点作 ab∥mn、a'b'∥m'n'，则图 3-3（b）中由 AB、AC 所确定的平面即为所求。

值得注意的是：当直线的一个投影与平面的积聚性投影平行时，该直线就与此平面平行，如图 3-4（a）中的平面是以平面图形 ABC 表示，而图 3-4（b）的平面是以迹线面表示。

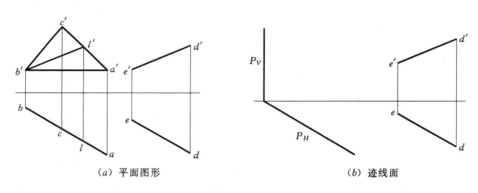

（a）平面图形　　　　　　　　　　　（b）迹线面

图 3-4　直线与投影面垂直面平行

二、平面与平面平行

由初等几何知：若某面内的两条相交直线分别与另一平面内的两条相交直线对应平行，则此两平面相互平行。如图 3-5（a）所示 P 平面内相交直线 AB、AC 与 Q 平面内相交直线 DE、DF 对应平行，则平面 P、Q 相互平行。需要强调的是，必须是两条相交直线，如图 3-5（b）所示 P 平面内两平行线 AB、CD 与 Q 平面上两平行线 CD、EF 也对应平行，但 P、Q 平面并不平行。

据此，就能够在投影图上判别两平面是否平行，并解决有关平面平行的作图问题。

【例 3-3】　判别图 3-6（a）所示的两平面是否平行。

分析：若两平面平行，必能在一平面内作相交两直线与另一平面内相交两直线对应平行。

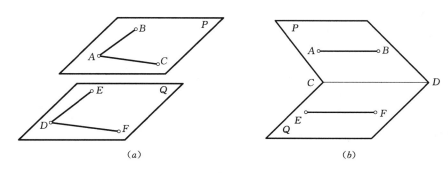

（a）　　　　　　　　　　　　　（b）

图 3-5　相交直线才能判别平面平行

作图：见图 3-6（b）。

（1）作 D Ⅰ∥AB，即 $d'1'\parallel a'b'$、$d1\parallel ab$；作 E Ⅱ∥AC，即 $e'2'\parallel a'c'$、$e2\parallel ac$。

（2）因直线 D Ⅰ和 E Ⅱ相交于 K 点（k'、k 在同一铅垂线上），故平面 ABC∥DEF。

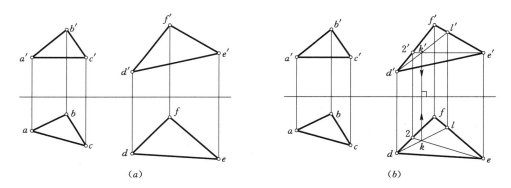

（a）　　　　　　　　　　　　　　（b）

图 3-6　判别两平面是否平行

【例 3-4】　包含图 3-7（a）中 K 点作一平面，使其与两平行直线 AB、CD 所确定的平面平行。

分析：根据两平面平行的条件，过 K 点作两直线分别与给定平面内的两相交直线平行即可。

作图：见图 3-7（b）。

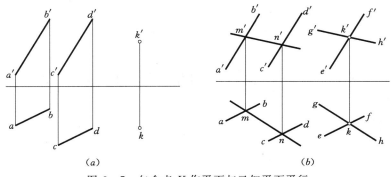

（a）　　　　　　　　　　　　　（b）

图 3-7　包含点 K 作平面与已知平面平行

（1）过 K 点作 $EF\parallel CD$，即 $e'f'\parallel c'd'$、$ef\parallel cd$。

（2）任作一条与两平行线相交的辅助线 MN，再过 K 作直线 $GH\parallel MN$，即 $g'h'\parallel m'n'$、$gh\parallel mn$，则相交直线 EF、GH 所确定的平面即为所求。

需要指出，当平面与平面平行时，还有下述两种情况值得注意：

（1）若两平面平行，它们与第三个平面的交线必定相互平行，故两平行平面的同面迹线相互平行，如图 3-8（a）所示；反之，若两平面所有同面迹线都平行，则两平面亦平行。对于一般位置面，只需根据两对同面迹线就可判定两平面是否平行，如图 3-8（b）所示。

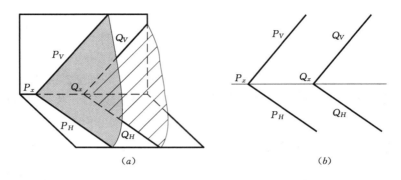

图 3-8　两迹线面平行

（2）当两平面同为某投影面的垂面时，可直接根据积聚性投影来判别它们是否平行。如图 3-9 所示两铅垂面 P、Q，因图 3-9（a）中两水平迹线平行，则两平面平行；而图 3-9（b）中两水平迹线不平行，故两平面不平行。

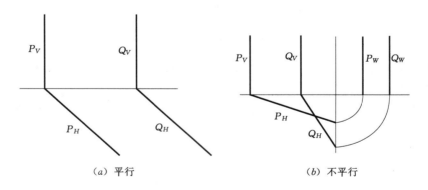

图 3-9　判别两铅垂面是否平行

第二节　直线与平面相交、两平面相交

由初等几何可知，直线与平面或平面与平面若不平行，则必定相交。

直线与平面相交于一点，该点是两者的共有点，既在直线上，又在平面上。所以，求直线与平面的交点，涉及在直线和平面上取点的问题。

平面与平面相交于一直线，它是两平面的共有线。因此，求两平面的交线，就要找出两平面上的两个共有点或确定一个共有点及交线的方向。

下面，分别讨论在投影图上求作交点及交线的方法。

一、直线与特殊位置平面相交

由于特殊位置平面至少有一个投影有积聚性，因此，在求它与某直线的交点时，就可利用积聚性投影直接作图。

图 3-10（a）表示直线 AB 与铅垂面 P 相交，由于交点 K 是铅垂面上的点，它的水平投影 k 一定在该面的积聚性投影上；同时，K 又是直线上的点，水平投影 k 一定在其水平投影 ab 上，故积聚性投影与 ab 的交点必为 k，再按线上取点的方法确定 k'。

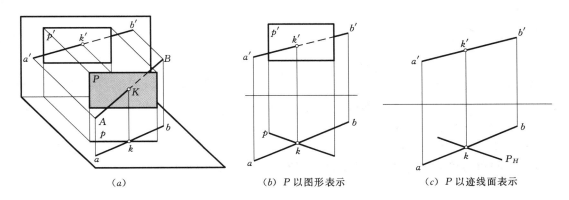

| （a） | （b）P 以图形表示 | （c）P 以迹线面表示 |

图 3-10　直线与铅垂面 P 相交

图 3-10（b）中直线与平面的正面投影重叠，因而就有可见性的判别问题，直线总是以交点为界，一端可见，则另一端不可见。由水平投影可以看出，AK 端在平面的前方，故 $a'k'$ 可见，用实线画；而 $k'b'$ 中与平面投影重叠的一段不可见，用虚线画。

图 3-10（c）中的铅垂面是以迹线面给出的，一般不画正面迹线，也不需讨论 $a'b'$ 的可见性。

二、一般位置平面与特殊位置平面相交

图 3-11 表示一般位置面与铅垂面相交的情况。今欲求其交线，只需定出交线上的两个共有点。因此，利用铅垂面的积聚性，先确定它与一般位置面上两条直线 EG、EF 交点 K、L 的水平投影 k、l，再用线上取点法求出其正面投影 k'、l'，连接 $k'l'$ 即可。

由此可见，求一般位置面与特殊位置面的交线，仍可归结为求一般位置直线与特殊位置面的交点问题。

在两平面的重叠部分，必然存在可见性的判别。可见性总是以交线为界，对某平面而言，一侧可见，另一侧必不可见，如图 3-11 中 e 点在铅垂面的前方，所以，正面投影中一般位置面的 $e'k'l'$ 部分可见，画实线，而其另侧与铅垂面重叠的部分画虚线；对于交线同侧的两平面而言，一个可见，另一个必不可见，如正面交线左侧 $e'k'l'$ 可见，则铅垂面与 $e'k'l'$ 重叠部分不可见。

若两相交平面都是特殊位置面，如图 3-12 所示铅垂面 $ABCD$ 和 EFG，它们的交线必为铅垂线，两平面积聚性投影的交点 $k(l)$ 就是交线 KL 的积聚性投影。交线的正面投影 $k'l'$ 垂直于 OX 轴，且在两平面投影的重叠部分之内。由水平投影可知：E 点在交线

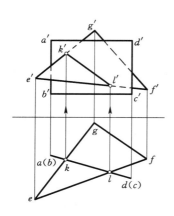

图 3-11　一般位置面与铅垂面相交

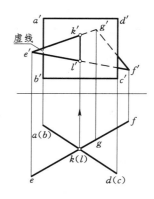

图 3-12　两铅垂面相交

KL 的前方，故正面投影中交线左侧的 $e'k'l'$ 可见，画实线；而交线右侧 $g'k'l'f'$ 被 $a'b'c'd'$ 遮挡的部分不可见，画虚线。对平面 $a'b'c'd'$ 而言，交线左侧与 $e'k'l'$ 重叠的部分画虚线，而其右侧应画实线。

三、直线与一般位置平面相交

此类问题的难易与直线对投影面的位置有关，根据直线有无积聚性分两种情况讨论。

1. 投影面的垂直线

当直线是投影面的垂直线时，交点的一个投影已知，可用面上取点的方法确定另一投影。图 3-13 中铅垂线 AB 与一般位置面 CDE 相交，因 AB 的水平投影积聚于 a (b)，所以，交点的水平投影 k 与 $a(b)$ 重影，正面投影可用辅助线 CF 直接求得。由水平投影可以看出，AB 在 CE 的前面，所以 AB 的正面投影中 $k'b'$ 段可见，画实线；而 $k'a'$ 中被平面 CDE 遮挡的部分不可见，画虚线。

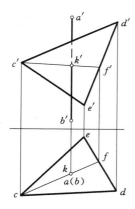

图 3-13　铅垂线与
　　　一般位置面相交

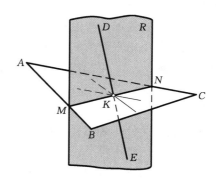

图 3-14　一般位置的线、面相交

2. 一般位置直线

一般位置线无积聚，不能直接确定它与一般位置面的交点。但是，由于直线与平面相交，则包含该线的任何辅助面与已知平面的交线必定都通过交点。如图 3-14 所示直线

DE 与平面 ABC 相交于 K 点，则含 DE 所作的辅助面 R 与 ABC 的交线 MN 必过 K 点。下面以图 3-15 （a）为例，说明求作此类线面相交问题的作图步骤：

（1）包含直线作辅助面。为作图简便，常以投影面垂直面为辅助面，如图 3-15 （b）的正垂面 R。

（2）求辅助面与已知平面的交线。利用辅助面的积聚性，可直接求出交线（辅助线）的投影。如图 3-15 （b）中交线的正面投影 $m'n'$ 已知，再按线上取点的方法求出交线的水平投影 mn。

（3）求交线与已知直线的交点，如图 3-15 （c）中交线 mn 和直线的水平投影 de 交于 k，再用线上取点法求出正面投影 k'，则 K 点即为所求。

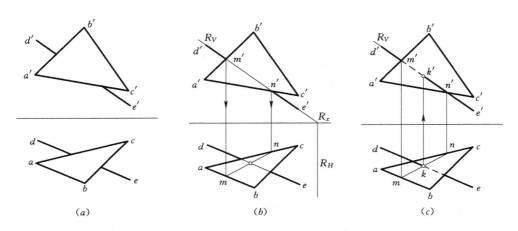

图 3-15　用辅助面法求直线与平面的交点

（4）根据线面重影判别可见性。由图 3-15 （c）左侧水平投影可以看出，de 在 ab 的后面，所以 $k'd'$ 被平面遮挡的部分画虚线；由右侧正面投影可以看出，$d'e'$ 在 $b'c'$ 的下方，所以 ke 被平面遮挡的部分画虚线。

顺便指出，包含直线所作的特殊位置辅助面，通常只需画出有积聚性的投影。如图 3-15 （b）以正垂面 R 为辅助面，只需画正面投影 R_V，而其水平迹线 R_H 和集合点 R_x 今后就不再示出了。

四、两一般位置平面相交

两平面相交，其交线为一直线，所以只要能找出交线上的两点，交线也就确定了，但是，由于一般位置平面的投影没有积聚性，不能直接得到交线的投影，而必须通过辅助作图才能求出。具体方法有以下两种。

1. 利用"线面相交"的方法

此法是在相交两平面内任选两条直线，分别求出它们对另一平面的交点，连接交点即得交线。下面以图 3-16 （a）为例，说明此法的作图步骤：

（1）求直线 DE 和平面 ABC 的交点 M，即包含 DE 作正垂面 P_V，先求 P_V 与平面 ABC 的交线（辅助线），再求辅助线与直线 DE 的交点 M，见图 3-16 （b）。

（2）以同样方法包含 DF 作正垂面 Q_V，先求 Q_V 与平面 ABC 的交线（辅助线），再求辅助线和直线 DF 的交点 N，连接 MN 即为交线，见图 3-16 （c）。

（3）判别可见性：由于两平面均处于一般位置，此时必须利用图形上的重影点，才能进一步作出可见性的判别。在图3-16（d）中交线 MN 右侧的 Ⅰ、Ⅱ 点在正面重影，由水平投影可知 DE 上的 Ⅰ 点在前，故正面投影中平面 d'e'f' 在交线 m'n' 右侧者 e'm'n'f' 可见，画实线；而交线左侧被平面 a'b'c' 遮挡的部分不可见，画虚线。对平面 ABC 来说，交线 m'n' 右侧与平面 DEF 重叠部分不可见，画虚线；而交线左侧可见，画实线。同样，水平投影中图形的可见性，则可利用水平重影点 3(4) 的可见性另行判别，不再赘述。

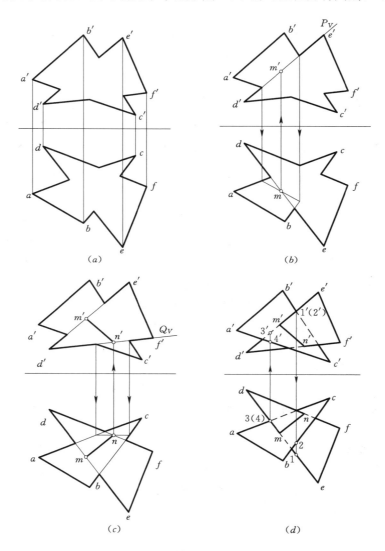

图 3-16　求两一般位置平面的交线

应该指出，求作两面交线的已知直线，可选自同一平面，也可分别来自两个平面；辅助面可以是正垂面，也可以是铅垂面，选择时，应以图面清晰，作图简捷、准确为原则。

2. 利用"三面共点"的方法

三个互交的平面有两条交线，这两条交线的交点就是这三面的共有点。此法的特点就是分别采用两个第三平面去切割已知的两平面，求出两个共有点，连接即得两平面的交线。图 3-17（a）中 P、Q 为已知平面，R、S 为第三平面（辅助面），两交点 K_1、K_2 的连线就是 P、Q 的交线。这一方法，特别适用于两平面在有限范围内不相交的情况。

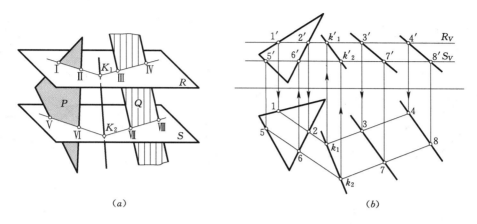

图 3-17　以三面共点法求两平面的交线

辅助面应取特殊位置面，即投影面的平行面或垂直面。以图 3-17（b）为例，用了两个水平面 R_V、S_V，求出交线 K_1K_2。由于交线在两已知平面投影的范围之外，不存在可见性的判别问题。

另外，当空间两平面均为迹线面时，同面迹线的交点就是三平面的共有点（第三平面为投影面），只要连接两共有点的同面投影，即得交线。图 3-18 所示迹线面的交线 MN，图 3-18（a）是两个一般位置面的交线；图 3-18（b）是一般位置面与铅垂面的交线；图 3-18（c）是一般位置面与水平面的交线。

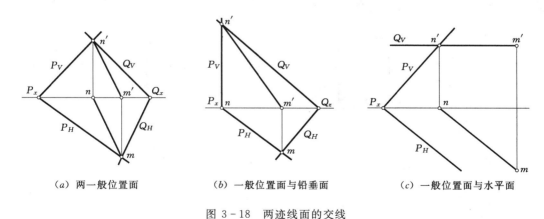

（a）两一般位置面　　　（b）一般位置面与铅垂面　　　（c）一般位置面与水平面

图 3-18　两迹线面的交线

第三节　直线与平面垂直、两平面垂直

一、直线与平面垂直

图 3-19（a）中直线 NK 垂直于平面 P。由立体几何可知：若直线垂直于平面，则

必垂直于平面内任何一条直线，那么，也就垂直于平面内的正平线 AB 和水平线 CD（一对相交直线）。根据直角投影定理，则有投影 $n'k'\perp a'b'$，$nk\perp cd$，见图 3-19（b）。由此可知，线面垂直的投影特点如下：

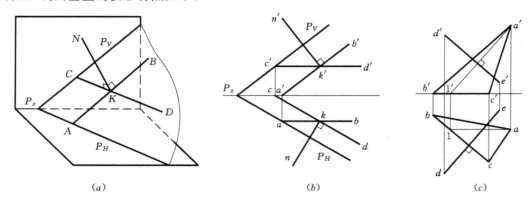

图 3-19　直线垂直于平面

若直线垂直于某平面，则它的水平投影必垂直于该面水平线的水平投影；同时，它的正面投影又垂直于该面正平线的正面投影。

反之，若直线的水平投影垂直于某面水平线的水平投影，同时，它的正面投影又垂直于该面正平线的正面投影，则此直线与该平面垂直。如图 3-19（c），由于 $d'e'\perp a'1'$（正平线），$de\perp bc$（水平线），故直线 $DE\perp$ 平面 ABC。

据此，就可以在投影图上解决有关直线与平面垂直的作图问题。

【例 3-5】　求图 3-20（a）所示 M 点到平面 $ABCD$ 的距离。

分析：由于平面 $ABCD$ 是铅垂面，过 M 点向它所作的垂线必然是水平线，水平投影反映实长（即距离），它的正面投影平行于 OX 轴。

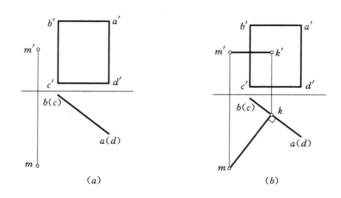

图 3-20　求点到铅垂面的距离

作图：见图 3-20（b）。

（1）过 m 作 mk 垂直于平面的积聚性投影 $a(d)(c)b$，交点 k 就是垂足的水平投影，mk 的线段长即为 M 点到平面 $ABCD$ 的距离。

（2）过 m' 作 $m'k'\parallel OX$ 轴，与自 k 引出的 OX 轴垂线交于 k'，$m'k'$ 即垂线的正面

投影。

【例 3 - 6】　求图 3 - 21（*a*）所示 *D* 点到△*ABC* 的距离。

分析：△*ABC* 是一般位置平面，所以与它垂直的线，通常也是一般位置线。为此，应先过 *D* 点作△*ABC* 的垂线，再根据一般位置线面相交法求出垂足 *K*，然后，再用直角三角形法确定距离 *DK* 长。

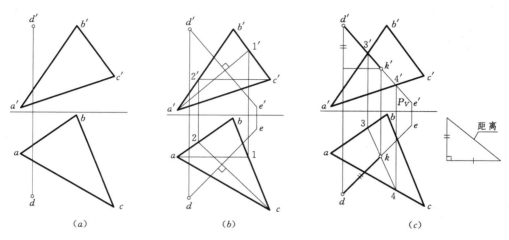

图 3 - 21　求点到一般位置平面的距离

作图：见图 3 - 21（*b*）、（*c*）。

（1）在△*ABC* 上作正平线 *A*Ⅰ和水平线 *C*Ⅱ，见图 3 - 21（*b*）。

（2）过 *D* 点作 *DE* 垂直于△*ABC*，即 *d'e'*⊥*a'1'*（正平线），*de*⊥*c2*（水平线），见图 3 - 21（*b*）。

（3）包含 *d'e'* 作正垂面 P_V，求 *DE* 与△*ABC* 的交点，得垂足 *K*；用粗线连 *d'k'*，*dk* 得垂线 *DK*；再以实长三角形求出 *DK* 实长，即 *D* 到△*ABC* 的距离，见图 3 - 21（*c*）。

【例 3 - 7】　过图 3 - 22（*a*）中的 *C* 点作直线与已知直线 *AB* 垂直且相交。

分析：因 *AB* 是一般位置线，与它垂直的直线 *CK* 也是一般位置线，它们的投影不反映直角关系，但是，*CK* 必然在包含 *C* 点且与 *AB* 垂直的平面上，如图 3 - 22（*b*）所示。所以，应先包含 *C* 点作与直线 *AB* 垂直的平面，再求 *AB* 与该平面的交点 *K*，连接 *CK* 即为所求。

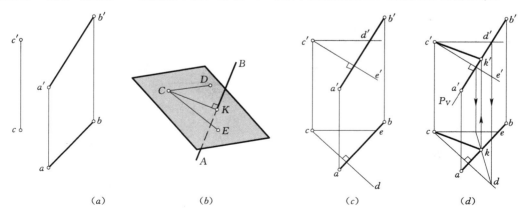

图 3 - 22　过 *C* 点与已知直线的垂线

47

作图：见图 3-22（c）、（d）。

（1）过 C 作正平线 CE（$c'e' \perp a'b'$、$ce /\!/ OX$ 轴）和水平线 CD（$cd \perp ab$、$c'd' /\!/ OX$ 轴），由这两条相交直线构成的平面 CDE 必与 AB 线垂直，见图 3-22（c）。

（2）求直线 AB 和平面 CDE 的交点 K（k、k'），连接 c'k 及 ck，即为所求，见图 3-22(d)。

由以上实例可知，利用线面的垂直关系，可求解点到平面或点到直线的距离，为此，应熟练掌握"过点作直线垂直于平面"及"过点作平面垂直于直线"这两个基本作图。

二、两平面相互垂直

由初等几何可知，若直线垂直某平面，则包含此直线的一切平面都与该平面垂直，如图 3-23（a）中直线 AB 垂直于平面 P，则包含 AB 所作的任何平面 R、S、…都与 P 平面垂直。由此可得：若两平面垂直，则由第一平面上任一点向第二平面所作的垂线，必定在第一平面上，如图 3-23（b）中平面 P 垂直于平面 Q，则过 P 平面上的 C 点向 Q 平面所作的垂线 CD 必在平面 P 上；反之，若垂线 CD 不在 P 平面上，则平面 P、Q 二者不垂直，如图 3-23（c）所示。

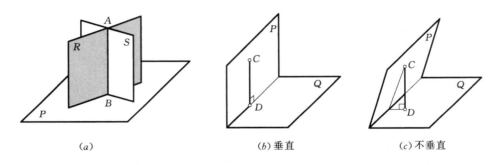

（a）　　　　　　　　　（b）垂直　　　　　　　（c）不垂直

图 3-23　两平面垂直的判据

按上述原理，就可根据投影图判别两平面是否垂直，以及解决有关两平面垂直的作图问题。

【例 3-8】　试判别图 3-24（a）中△ABC 与相交两直线 DE、FG 所确定的平面是否垂直。

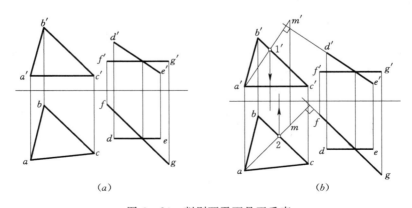

（a）　　　　　　　　　　　　　　　　　（b）

图 3-24　判别两平面是否垂直

分析：根据平面与平面垂直定理，可采用在第一平面上选点，向第二平面作垂线，再看该垂线是否在第一平面内的途径解决。图 3 - 24（a）所示两直线，DE 是正平线，FG 是水平线，故以△ABC 为第一平面作图。

作图：见图 3 - 24（b）。

（1）过 A 点作与 DE、FG 所确定平面的垂线 AM，即 $a'm' \perp d'e'$、$am \perp fg$。

（2）因正面投影 $a'm'$、$b'c'$ 的交点 1′ 与水平投影 am、bc 的交点 2 不在同一竖直线上，说明 AM 不在平面 ABC 内，故两平面不垂直。

【例 3 - 9】 包含点 M 作平面与△ABC 垂直，见图 3 - 25（a）。

分析：根据两平面垂直定理，该平面必须包含自 M 点向△ABC 所作的垂线。显然，满足题设条件的平面可有无数个，画出其中一个即可。

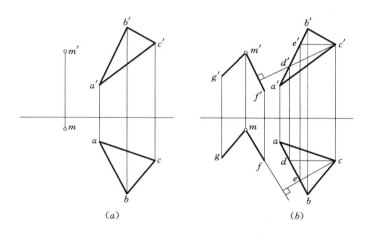

图 3 - 25 包含点 M 作平面与△ABC 垂直

作图：见图 3 - 25（b）。

（1）在△ABC 内作正平线 CD，即 $cd \parallel ox$ 轴，然后以面上取线法作出 $c'd'$；同理作出水平线 CE，即 $c'e' \parallel ox$ 轴，再以面上取线法作出 ce。

（2）过点 M 作 MF 垂直于△ABC，即使 $mf \perp ce$，$m'f' \perp c'd'$。

（3）过 M 再任作一直线 MG，则由相交直线 MF、MG 所确定的平面 MFG 必垂直于△ABC。

第四节　综 合 问 题 举 例

前面学过的基本作图方法可归纳如下：

（1）求线段的实长、对投影面的倾角以及在直线上取定长线段。

（2）在平面上取点、取线。

（3）求直线与平面的交点及两平面的交线。

（4）过点作直线（或平面）与已知直线（或平面）平行。

（5）过点作直线（或平面）与已知直线（或平面）垂直。

应用这些基本作图，就可以图解一些较复杂的空间几何问题。解题前应看清题意，明确已知条件及所需求解的问题，应特别注意挖掘那些隐含的条件；然后，分析空间情况，根据有关几何定理，确定解题的方法和步骤。

为了巩固和运用这些基本作图方法，下面举几个综合性实例。

【例 3 - 10】 已知矩形 AB 边的两投影及其邻边 BC 的正面投影，试完成矩形的投影，见图 3 - 26（a）。

分析： 关键是求出角点 C 的水平投影 c，然后再根据平行关系完成全图。因矩形的邻边 $BC \perp AB$，C 点必在过 B 点且与 AB 垂直的平面上，故应先作出此面，再根据面上取点的方法可定出 c。

作图： 见图 3 - 26（b）。

（1）过 B 点作垂直于 AB 的正平线 BM（即 $b'm' \perp a'b'$，$bm \,/\!/\, OX$ 轴）和水平线 BN（即 $bn \perp ab$，$b'n' \,/\!/\, OX$ 轴），则由 BM、BN 组成的平面 BMN 必定垂直于 AB。

（2）过 c' 作辅助线交 $b'n'$ 于 $1'$ 点，交 $b'm'$ 于 $2'$ 点，求出 I II 的水平投影 12，再根据从属性即可定出 c，连接 bc 即为 BC 线的水平投影。

（3）过 A、C 分别作直线平行于 BC、AB 交于 D，则 $ABCD$ 即为所求。

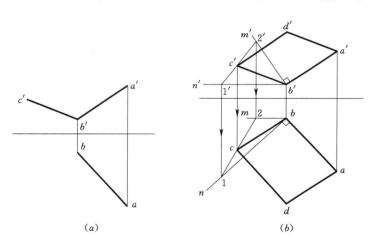

(a) $\qquad\qquad\qquad\qquad$ (b)

图 3 - 26 求作矩形 $ABCD$

【例 3 - 11】 试求以 AB 为底，顶点 C 在 DE 线上的等腰 $\triangle ABC$ 的投影，见图 3 - 27（a）。

分析： 等腰三角形顶点 C 与底边两端点 A、B 的距离相等，所以 C 点必定落在 AB 线段的中垂面上，因为 AB 线是一般位置线，故与之垂直的中垂面也是一般位置面；C 点又是直线 DE 上的点，则 C 点就是直线 DE 与中垂面的交点，可用求一般位置线面交点的方法得出。

作图： 见图 3 - 27（b）。

（1）过 AB 的中点 M 作平面 MNL 垂直于 AB，即 $m'l' \perp a'b'$，$ml \,/\!/\, OX$ 轴；$mn \perp ab$，$m'n' \,/\!/\, OX$ 轴。

（2）以含 DE 的正垂面 R_H 为辅助面，求出 DE 与中垂面 MNL 的交点 C，连接 AC、

BC 即得所求。

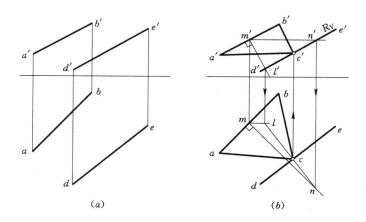

图 3-27 求作等腰△ABC

【例 3-12】 过 A 点作直线 AK 平行于△BCD，且与 EF 相交，见图 3-28（a）。

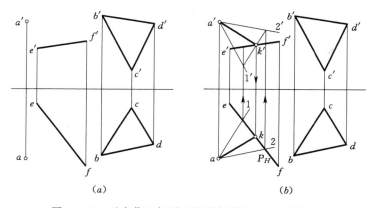

图 3-28 过点作已知平面的平行线且与另一线相交

分析：AK 在过 A 点且与△BCD 平行的平面上，因此，先过 A 点作与△BCD 平行的平面，再求该平面与直线 EF 的交点 K，连接 AK 即为所求。

作图：见图 3-28（b）。

（1）过 A 作平面 A Ⅰ Ⅱ平行于△BCD，即 $a'1'$∥$b'c'$、$a1$∥bc，$a'2'$∥$b'd'$、$a2$∥bd。

（2）以包含 EF 的铅垂面 P 为辅助面，求出平面 A Ⅰ Ⅱ与 EF 的交点 K，则 AK 即为所求。

【例 3-13】 求图 3-29（a）所示两交叉直线 AB、CD 的公垂线。

分析：公垂线是指与 AB、CD 都垂直相交的直线，它必然垂直包含 AB 且与 CD 平行的平面 P，见图 3-29（b）；同时，公垂线 KL 又在包含 CD，且与平面 P 垂直的平面 Q 上。所以，应先求出直线 AB 与平面 Q 的交点 K（垂足之一），再过 K 作 P 面的垂线交 CD 于 L（垂足之二）。

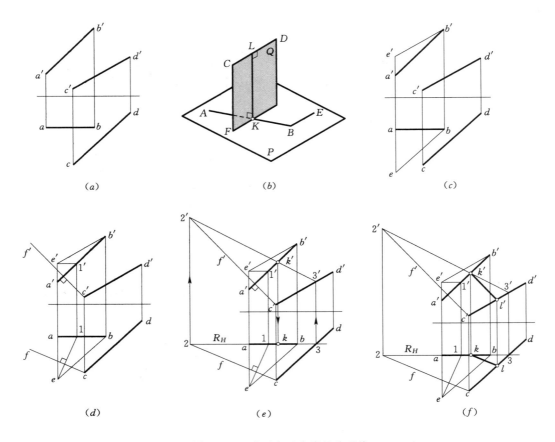

图 3 − 29　求两交叉直线的公垂线

作图： 见图 3 − 29。

（1）过 B 点作直线 BE // CD，即使 b'e' // c'd'、be // cd，所得平面 ABE 平行于 CD，见图 3 − 29（c）。

（2）过 C 点作直线 CF 垂直于平面 ABE，即使 c'f' ⊥ a'b'（正平线）、cf ⊥ e1（水平线），则平面 CDF（即 Q）垂直于平面 ABE，见图 3 − 29（d）。

（3）以包含 ab 的正平面 R_H 为辅助面，它与 cf 交于 2，与 cd 交于 3，得 AB 与 CDF 的交点 K（垂足之一），见图 3 − 29（e）。

（4）过 K 点作直线 KL // CF，即使 k'l' // c'f'，kl // cf，与 CD 相交于 L（垂足之二），则 KL 即为所求，见图 3 − 29（f）。

【例 3 − 14】 在图 3 − 30（a）所示直线 AB 上找一点 K，使其到平面 DEF 距离为 15mm。

分析： 与平面 DEF 距离为 15mm 的点必在与该平面间隔 15mm 的平行平面上，因 K 点还要在直线 AB 上，故直线 AB 与平行平面的交点就是 K 点。

作图： 见图 3 − 30（b）、（c）、（d），具体作法留给同学们自己思考。

注意： 此题应有两解，图示的只是其中之一解。

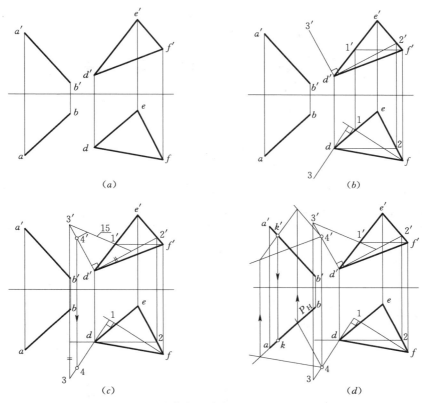

(a) (b)

(c) (d)

图 3-30　在直线上确定距平面 15mm 的点

复习参考题

1. 试述直线与平面，以及平面与平面平行的几何条件，在投影图上如何判别它们是否平行？

2. 试述求作直线与一般位置平面交点的方法及要点。

3. 试述求作水平面与一般位置平面交线的步骤，如何判别投影图形重叠部分的可见性？

4. 试述求作两一般位置平面交线的方法，如何判别两投影图形重叠部分的可见性？

5. 试述垂直于平面的直线，其投影有何特点。怎样过定点作一般位置面的垂线？

6. 如何过一般位置线的端点作出与它垂直的平面。

7. 简述两平面垂直的几何条件，在投影图上如何判别两一般位置平面是否垂直？

8. 图解线面关系时，有哪些常用的基本作图，作图时应注意些什么？

第四章　投　影　变　换

第一节　概　　述

画法几何的问题，大体上可分作定位和度量两类。定位是在投影图中如何确定几何元素本身和它们之间的相对位置，如求交点、交线等；度量就是图解几何元素的大小、形状、距离和角度等。从前面讨论不难看出，图解上述问题的难易程度，实际上取决于几何元素对投影面的相对位置。

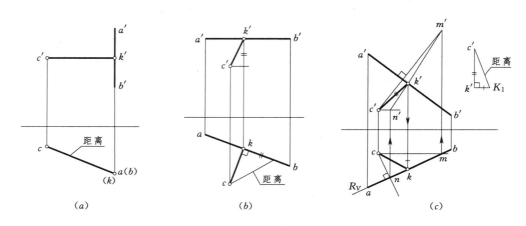

图 4-1　点到直线的距离

以图 4-1 所示求 C 点到直线 AB 距离的三种不同情况为例：图 4-1（a）中 AB 是铅垂线，C 点到 AB 的距离，就是水平投影中 c 与 AB 积聚性投影 $a(b)$ 的连线长；图 4-1（b）中 AB 是水平线，则需先按直角投影定理作出点到直线的垂线 CK（即距离）的投影 ck、$c'k'$，再用直角三角形法得出 CK 的实长；图 4-1（c）中 AB 是一般位置线，不能直接确定垂足 K，作图也就复杂了，应先包含 C 作 AB 的垂直面（辅助面），再求 AB 与垂直面的交点 K；最后求出 CK 的实长。显然，若能将 AB 由一般位置变换成特殊位置，图解的方法也就随之简单、清晰了。

投影变换就是研究如何改变几何元素对投影面的相对位置，以达到简化解题步骤的方法。投影变换法具有层次分明、步骤清晰、不易出错的优点。常用的投影变换有以下两种：

（1）换面法：空间几何元素不动，用新投影面来代替原投影面，使几何元素处于最佳解题位置。如图 4-2（a）是用一个与 $\triangle ABC$ 平行的新铅垂面 V_1 代替原来的 V 面，使新投影 $\triangle a_1'b_1'c_1'$ 反映实形。

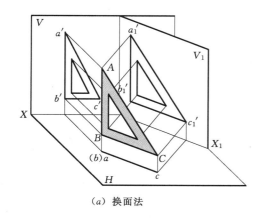
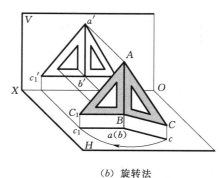

$（a）$　换面法　　　　　　　　　$（b）$　旋转法

图 4-2　常用的投影变换法

（2）旋转法：投影面不动，将空间几何元素绕某轴旋转到对投影面的最佳解题位置。如图 4-2（b）是将 $\triangle ABC$ 绕其直角边 AB 旋转到与 V 面平行，则新投影 $\triangle a'b'c_1'$ 反映实形。

换面法的图形简明清晰，使用也较广泛。下面我们就先讨论换面法。

第二节　换　　面　　法

用换面法解题，就必须掌握选择新投影面和怎样根据旧投影求出新投影。新投影面是不能任意选定，它必须满足以下两个基本条件：

（1）新投影面必须垂直于原投影体系中的一个投影面，以构成新的投影体系，只有这样，才能继续按正投影的规律作图。

（2）新投影面应尽可能使几何元素处于解题的最佳位置。

一、点的投影变换

点是最基本的几何元素，它的投影变换是其他几何元素变换的基础。

1. 一次换面

在图 4-3 中，已知点 A 的两投影 a、a'，今欲变换 A 的正面投影，则需用新的投影面 V_1 代替 V，它与原 H 面构成新的二面体系 V_1—H，交线 X_1 为新投影轴。自点 A 向 V_1 面作垂线，垂足 a_1' 就是该点的新正面投影。本例中 H 为不变投影面，相应的 a 称不变投影，而被替换的 a' 称旧投影，V_1 上的 a_1' 称新投影。

由图 4-3（a）可以看出，用 V_1—H 体系替换 V—H 体系时：

（1）由于 $V_1 \perp H$，按正投影的规律可知：新投影 a_1' 和不变投影 a 的连线必定垂直于新轴 X_1。

（2）由于 H 面保持不变，故 A 点到 H 面的距离亦不变，即 $a_1'a_{X1} = Aa = a'a_X$。

因此，新体系投影的作法是：选定新轴 X_1 的位置，由不变投影 a 作 X_1 的垂线交于 a_{X1}，然后，在 aa_{X1} 的外延线上量取 $a_1'a_{X1} = a'a_X$，即得新投影 a_1'，见图 4-3（b）。

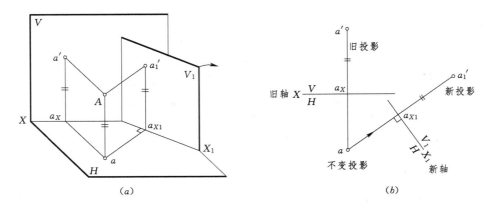

图 4-3　变换点的正面投影

同理，若要变换点 A 的水平投影，则需以 V 面为不变投影面，以新 H_1 面代替 H，它与 V 面构成新二面体系 $V—H_1$。由图 4-4 可见，a_1 为新投影，a' 为不变投影，二者的连线 a_1a' 垂直于新轴 X_1；由于 V 面保持不变，故 A 点到 V 面的距离亦不变，即 $a_1a_{X1}=Aa'=aa_X$。

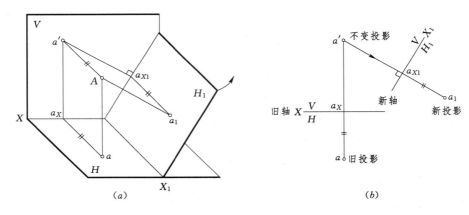

图 4-4　变换点的水平投影

综上所述，点的换面规律可概括如下：

（1）新投影与不变投影的连线垂直于新投影轴。

（2）新投影到新轴的距离，等于（被替换的）旧投影到旧轴的距离。

上述由 $(V-H)$ 变为 (V_1-H) 或 $(V-H_1)$ 只替换了原投影体系中的一个投影面，称为一次换面。在解决实际问题时，常需变换两次或多次，下面讨论两次换面的情况。

2. 二次换面

二次换面就是把原二面体系的两个投影面都换掉，构成一个全新的二面体系，但它必须在一次换面基础上进行：如先以 V_1 换 V，形成 (V_1-H) 新的二面体系；再以 H_2 换 H，形成 (V_1-H_2) 全新的二面体系，见图 4-5（b）。也可先以 H_1 换 H，形成 $(V-H_1)$ 新的二面体系；再以 V_2 换 V，形成 (V_2-H_1) 全新的二面体系。

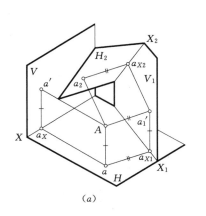
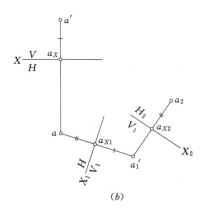

（a）　　　　　　　　　　　　　　（b）

图 4 - 5　点的二次变换

二次换面作图时必须注意：

（1）每次只能变换一个投影面，而另一个则为不变投影面，有相应的不变投影。如图 4 - 5（b）中第一次变换时，a 是不变投影，而第二次变换时，a_1' 是不变投影。

（2）两个投影面必须交替变换，才能不断形成全新的二面体系。

二、基本作图

用换面法解题，因题的难易程度不同，所需换面的次数也不同，但是，解题的方式不外是以下四个基本作图（一次换面）的组合。在熟练掌握基本作图的同时，还要注意提高空间的想象能力。

1. 变一般位置线为新投影面的平行线

由图 4 - 6（a）可以看出，只有当新投影轴与线段的某一投影平行，且以该投影所在的投影面为不变投影面时，一般位置线就变为新投影面的平行线。

不变投影可以取一般位置线的正面投影，也可以取水平投影，这样也就有两个相应的新投影；虽就线段的实长而言，两者的结果一样，但倾角则不然，故不变投影应视题意而定。

若需求一般位置线 AB 对 H 面的倾角 α，不变投影面应选 H 面，即新轴 $X_1 /\!/ ab$（不

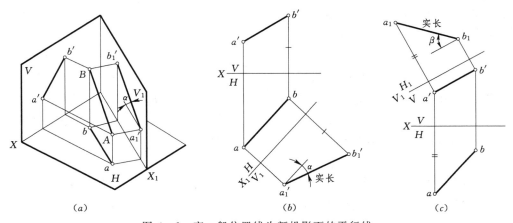

（a）　　　　　　　　　　　　　　（b）　　　　　　　　　　　　　　（c）

图 4 - 6　变一般位置线为新投影面的平行线

变投影），新投影 $a_1'b_1'$ 即为线段的实长，它与新轴 X_1 的夹角就是 α，见图 4-6（a）、（b）；而若需求 β 角，不变投影就要选 V 面，即新轴 $X_1\ //\ a'b'$，新投影 a_1b_1 为实长，它与 X_1 轴的夹角就是 β，见图 4-6（c）。

由图还可以看出，新投影轴到不变投影的距离，仅反映新投影面距线段的远近，不影响作图结果，故可酌图面清晰而定。

2. 变投影面的平行线为新投影面的垂直线

垂直于某直线的平面，必定与该线所平行的平面垂直，所以，新投影面应垂直于已知直线所平行的投影面。如图 4-7 要把图示的正平线 AB 变成新投影面的垂直线，则应使新投影面垂直于 V 面，即以正垂面 H_1 替换 H，构成新的 $V—H_1$ 二面体系。这时，V 为不变投影面，新轴 $X_1\perp a'b'$（不变投影），而 H_1 面上的新投影则积聚成一点 $a_1(b_1)$。

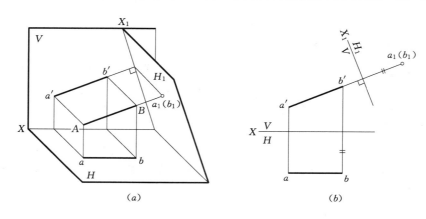

（a）　　　　　　　　　　　（b）

图 4-7　变正平线为新投影面的垂直线

显然，若要把水平线变为新投影面的垂直线，则应以铅垂面 V_1 替换 V 面，构成 $V_1—H$ 新体系。

3. 变一般位置平面为新投影面的垂直面

由两平面垂直的条件可知，凡包含或平行于某面垂线的平面都与该面垂直。虽然，这样的平面有无数多个，但在二面体系中只有两族平行面，即垂直于已知平面内正平线或水平线的平面，能够同时满足新投影面的设置条件（与原体系中的一个投影面垂直）。

图 4-8（a）、（b）是用垂直于 $\triangle ABC$ 内水平线 AD 的 V_1 面替换 V，即使新轴 X_1 垂直于其水平投影 ad，$\triangle ABC$ 的新投影积聚成直线 $a_1'b_1'c_1'$，它与新轴 X_1 的夹角为倾角 α；同理，若用垂直于 $\triangle ABC$ 内正平线的 H_1 面替换 H，应使新轴 X_1 垂直于正平线 CE 的正面投影 $c'e'$，$\triangle ABC$ 的新投影则为 $a_1b_1c_1$，它与新轴 X_1 的夹角为倾角 β，如图 4-8（c）所示。至于究竟取怎样的新投影面，应视题意而定。

4. 变投影面的垂直面为新投影面的平行面

由于与某投影面垂直面平行的平面，也是该投影面的垂直面，故新投影轴应平行于已知面的积聚性投影。如图 4-9 所示把铅垂面 $\triangle ABC$ 变为新投影面的平行面，应使新轴 X_1 平行于它的积聚性投影 cab，所得新投影 $\triangle a_1'b_1'c_1'$ 就是平面的实形。

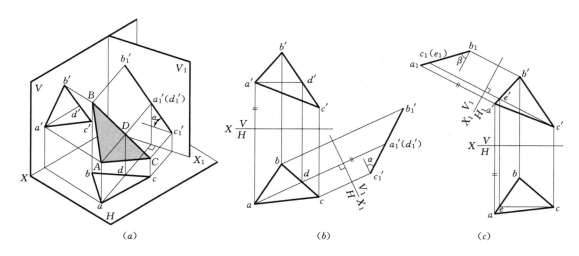

| (a) | (b) | (c) |

图 4-8 变一般位置面为新投影面的垂直面

显然，若要把正垂面变为新投影面的平行面，应使新轴 X_1 平行于它的积聚性投影。

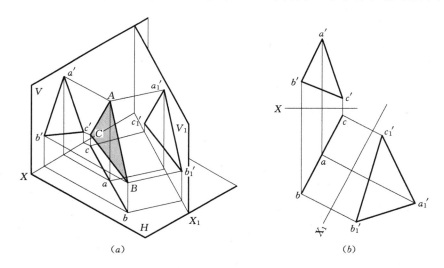

| (a) | (b) |

图 4-9 变铅垂面为新投影面的平行面

三、解题举例

【例 4-1】 试求图 4-10（a）所示形体正截面的实形。

分析： 图 4-10（a）为棱线是正平线的斜三棱柱，正截面ⅠⅡⅢ为正垂面。欲以换面法求ⅠⅡⅢ的实形，新投影面 H_1 应平行于该面，即使新轴 $X_1 \parallel$ 积聚性投影 $1'2'3'$。为作图方便，图中以正平线 AD 的水平投影 ad 为旧轴 X。

作图： 见图 4-10（b）。

（1）在适当位置作新轴 X_1，使其平行于截面的积聚性投影 $1'2'3'$。

（2）过顶点 $1'$、$2'$ 和 $3'$ 作新轴的垂线，并使新投影到新轴（X_1）的距离等于旧投影到旧轴（X）的距离，得点 1_1、2_1 和 3_1，依次连接即为正截面的实形。

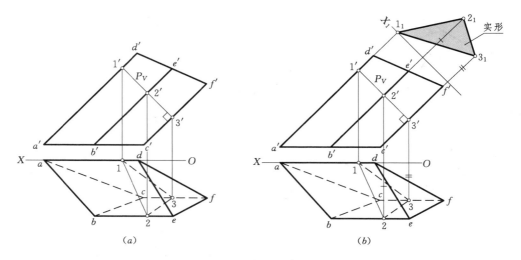

图 4-10 求正截面的实形

【例 4-2】 求图 4-11（a）所示 D 点到 $\triangle ABC$ 的距离。

分析：若将 $\triangle ABC$ 变成新投影面的垂直面，与它垂直的直线是新投影面的平行线，其投影直接反映直角关系和点到平面的距离。图 4-11（a）$\triangle ABC$ 是一般位置面，只要使新投影面 V_1 垂直于 $\triangle ABC$ 上的水平线，一次换面即得新体系 V_1—H。显然，若使新投影面 H_1 垂直于 $\triangle ABC$ 上的正平线，一次换面得 V—H_1 新体系，其结果也是一样的。

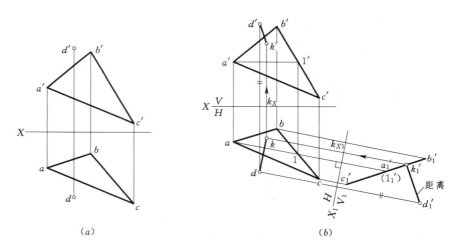

图 4-11 求点到平面的距离

作图：见图 4-11（b）。

（1）在 $\triangle ABC$ 上，过 A 作水平线 $A\,\mathrm{I}$，即 $a'1'$ // X 轴，再根据从属性定出 $a1$。

（2）作新轴 $X_1 \perp a_1$，并求出 D 点和 $\triangle ABC$ 在新投影面 V_1 上投影 d_1' 和 $a_1'b_1'c_1'$。

（3）过 d_1' 作 $a_1'b_1'c_1'$ 的垂线，即得垂足 k_1'，$d_1'k_1'$ 就是 D 到 $\triangle ABC$ 距离的实长。

另外，若要进一步确定垂足 K 在原投影体系的投影 k、k'，则应按如下步骤继续作图：

由于 DK 是 V_1 的平行线，所以 $dk // X_1$ 轴，过 d 作 X_1 轴平行线与过 k_1' 作 X_1 轴垂线交于 k，即为垂足的 H 面投影；再根据 $k'k_x = k_1'k_{X1}$ 得垂足的 V 面投影 k'。

【例 4-3】 求图 4-12（b）所示两交叉直线 AB、CD 的公垂线的投影及实长。

分析： 由图 4-12（a）可以看出，若能将交叉直线之一变为新投影面的垂直线，此时公垂线平行于新投影面，其投影即反映实长，且与另一直线的投影呈直角关系（直角投影定理）。由于题示两直线都是一般位置直线，故需经二次换面，即先将某直线变为投影面的平行线，再将其变为新投影面的垂直线。

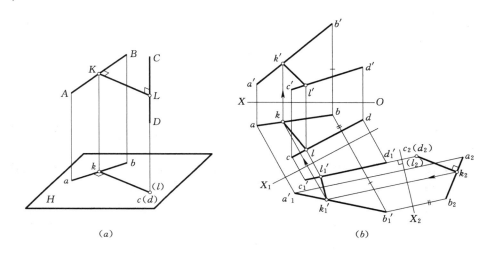

（a）　　　　　　　　　　　　　　（b）

图 4-12　求交叉直线的公垂线

作图： 见图 4-12（b）。

（1）将直线 CD 变为新投影面 V_1 的平行线，即新轴 $X_1 // cd$，并作两线的新投影 $a_1' b_1'$ 和 $c_1' d_1'$。

（2）再将正平线 $C_1 D_1$ 变为新 H_2 面的垂线，即新轴 $X_2 \perp c_1' d_1'$，并作两线的新投影 $a_2 b_2$ 和 $c_2 (d_2)$。

（3）过积聚投影 $c_2 (d_2)$，作 $k_2 l_2 \perp a_2 b_2$，$k_2 l_2$ 即反映公垂线的实长。

（4）根据平行线的投影特点和从属性，即可返回求出公垂线在 V、H 面上的投影（kl、$k'l'$），图中以箭头示出其步骤。

【例 4-4】 求图 4-13（b）所示 $\triangle ABC$ 与 $\triangle ABD$ 的二面角 θ。

分析： 由图 4-13（a）可知，当两平面同时垂直于第三平面时，其积聚性投影的夹角就是该二面角 θ 的平面角。用换面法作图时，应使新投影面同时垂直于两平面，即使新投影面垂直于两平面的交线。由于交线 AB 是一般位置线，故需通过二次换面，才能将其变为新投影面的垂线。

作图： 见图 4-13（b）。

（1）先将交线 AB 变为 V_1 的平行线。即新轴 $X_1 // ab$，作两面在 V_1 上的新投影 $a_1' b_1' c_1'$ 和 $a_1' b_1' d_1'$。

（2）再将 AB 变为 H_2 的垂线，即新轴 $X_2 \perp a_1' b_1'$，作两面在 H_2 面上的积聚性投影 $a_2 (b_2) c_2$ 和 $a_2 (b_2) d_2$，它们之间的夹角即二面角 θ 的平面角。

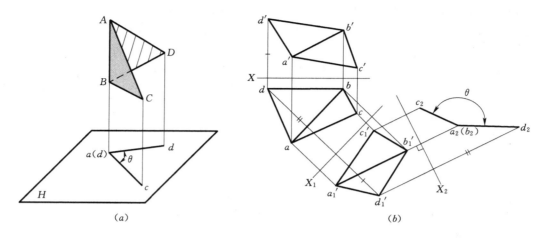

图 4-13　求两平面的二面角 θ

【例 4-5】　过图 4-14 所示 K 点作线 KM 平行于平面 ABC、DEF，使 M 在第一分角且与 V、H 面等距。

分析： 要使 KM 与两平面都平行，则应使该线与两平面的交线平行，图示两面均为一般位置，宜用变面法求解；要保证 M 点在第一分角且到 V、H 面等距，应使 m' 在 X 轴上方，m 在 X 轴下方，且对称于 X 轴，以全等三角形法作图更为简便。

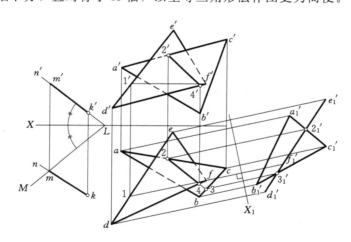

图 4-14　过 K 作直线使与两平面都平行

作图： 见图 4-14。

（1）用 V_1 替换 V 面，即新轴 $X_1 \perp$ 水平线的水平投影 $f1$，使一般面 $\triangle DEF$ 变成正垂面 $d_1'e_1'f_1'$，它与 $\triangle a_1'b_1'c_1'$ 的交线 $2_1'3_1'$ 即为交线的新投影，返回在 V、H 面上求出交线 $\mathrm{II \, IV}$（$2'4'$ 和 $2\,4$）。

（2）过 K 作直线 KN，使 $KN /\!/ \mathrm{II \, IV}$（$k'n' /\!/ 2'4'$、$kn /\!/ 2\,4$），且使 N 点在 K 的左后上方。

（3）延长 $n'k'$ 与 X 轴交于 L，在 H 面上再过 L 作射线 LM，使 LM 与 X 轴的夹角等于 $n'k'$ 与 X 轴的夹角，LM 与 kn 的交点，即为 M 点的水平投影 m，然后根据长对正求出 m' 即可。

第三节 旋 转 法

旋转法是投影面不动，而将空间几何元素绕某一轴旋转，使其处于定位或度量的最佳位置。

旋转轴必须是处于特殊位置的直线，即投影面的垂直线或平行线，只有这样才能保证几何形体的投影关系转换清晰、作图简便。下面，仅讨论几何元素绕垂直轴旋转的投影变换问题。

用旋转法解题，就必须掌握如何设置旋转轴和怎样根据原投影求出旋转后的新投影。

一、点的旋转

由图 4-15 可以看出，点 A 绕铅垂轴 OO 旋转时，其轨迹是一个与轴垂直的圆，它的水平投影反映实形，正面投影积聚为平行于 X 轴的线段。当 A 点顺时针转到 A_1 时，轨迹的水平投影为圆弧 aa_1，正面投影为水平线段 $a'a_1'$。

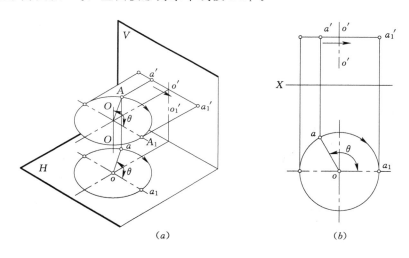

图 4-15 点绕铅垂轴旋转

而当图 4-16 中的点 A 绕正垂轴 OO 顺时针旋转到 A_1 时，其轨迹的正面投影是圆弧 $a'a_1'$，水平投影为水平线段 aa_1。因此可得：当点绕某投影面的垂线旋转时，其轨迹在该面上的投影为圆，而另一投影为平行于 X 轴的线段。

二、线段与平面的旋转

线段或平面绕垂直轴旋转时，为保持其长度或形状不变，线段或平面上每一点都必须绕同轴，作同方向、同角度地旋转。因此，线段或平面旋转的作图，就是确定它的特征点在旋转后的位置。

图 4-17 表示线段 AB 绕铅垂轴 OO，顺时针转 θ 角的情况。作图时，只要将端点 A、B 的水平投影 a、b，以 o 为圆心，分别按顺时针旋转 θ 角至 a_1、b_1，连接 a_1b_1 即旋转后的新水平投影，相应的正面投影 $a_1'b_1'$ 积聚为平行 X 轴的线段。由图可知，$oa = oa_1$、$ob = ob_1$；$\angle aob = \theta - \angle a_1ob = \angle a_1ob_1$，故 $\triangle a_1ob_1 \cong \triangle aob$，则有 $a_1b_1 = ab = AB \cdot \cos\alpha$。

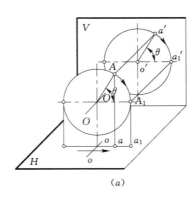
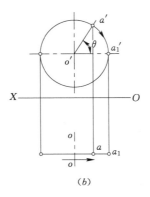

（a）　　　　　　　　　　　　　　　（b）

图 4-16　点绕正垂轴旋转

也就是说，当线段绕铅垂轴旋转时，其水平投影长度保持不变，线段对 H 面倾角 α 也保持不变；同理，当线段绕正垂轴旋转时，其正面投影长度保持不变，线段对 V 面倾角 β 也保持不变。

显然用旋转法解题时，若要改变线段对某投影面的倾角，就应选另一投影面的垂线为轴。

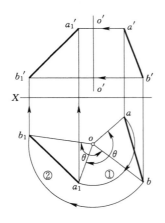
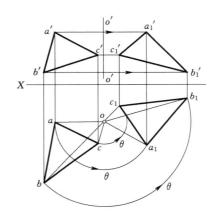

图 4-17　直线的旋转　　　　　　　　　　图 4-18　平面的旋转

图 4-18 是一般位置面 ABC 绕铅垂轴 OO，逆时针转 θ 角的情况。由直线的旋转规律可知，$a_1b_1=ab$、$b_1c_1=bc$、$a_1c_1=ac$，故 $\triangle a_1b_1c_1\cong\triangle abc$。

也就是说：当平面绕铅垂轴旋转时，其水平投影的形状和大小保持不变，平面对 H 面的倾角 α 也保持不变；同理，当平面绕正垂轴旋转时，其正面投影的形状和大小保持不变，平面对 V 面的倾角 β 也不变。由此可见，平面与直线一样，若需改变它对某投影面的倾角，应选择以另一投影面的垂线为轴。

三、基本作图

用旋转法解题，和换面法一样，也有以下四个基本作图方法（一次旋转）；但因旋转法容易使图形重叠，作图时旋转轴的投影就不必示出了。

1. 把一般位置线旋转成投影面的平行线

若要把图 4-19 （a）、（b）所示一般位置线 AB 变成正平线，应改变它与 V 面的倾角。为作图方便，选过 AB 一个端点 A 的铅垂线为轴，将水平投影 ab 转到平行于 X 轴；同理，若要把 AB 变成水平线，应改变它与 H 面的倾角，以过 B 点的正垂线为轴，使 $a_1'b'$ // X 轴，见图 4-19 （c）。

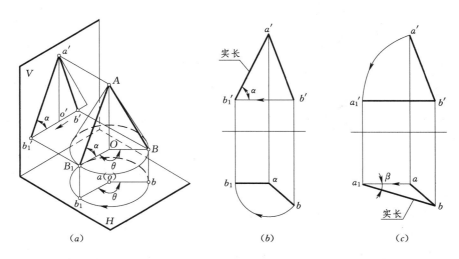

图 4-19　一般位置线转为另一投影面的平行线

2. 把投影面的平行线旋转成另一投影面的垂直线

若要把正平线旋转成铅垂线，即改变它对 H 面的倾角，则需绕正垂轴旋转。图 4-20 （a）、（b）是将正平线 AB 绕过 B 点的正垂轴旋转，使新的正面投影 $a_1'b'$ 与 X 轴垂直；而若要把水平线旋转成正垂线，即改变它对 V 面的倾角，就应绕铅垂轴旋转。图 4-20 （c）是将水平线 CD 绕过 D 点的铅垂轴旋转，使新的水平投影 c_1d 与 X 轴垂直。

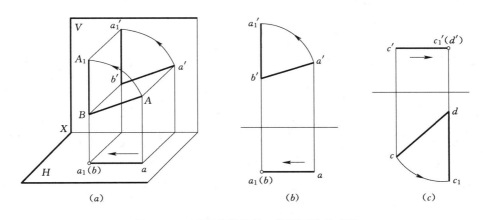

图 4-20　平行线转为另一投影面的垂直线

3. 把一般位置面旋转成投影面的垂直面

只要把平面内任一条直线旋转成投影面的垂直线，该面也就跟着垂直于投影面了，一般需经两次旋转。但若把投影面的平行线转成另一投影面的垂直线，只需旋转一次。因

65

此，若是把一般位置面 ABC 内的水平线 AD 绕过 A 的铅垂轴转成正垂线，平面也随之变为正垂面 AB_1C_1，见图 4－21；而把面内的正平线绕正垂轴转成铅垂线，平面则变为铅垂面。

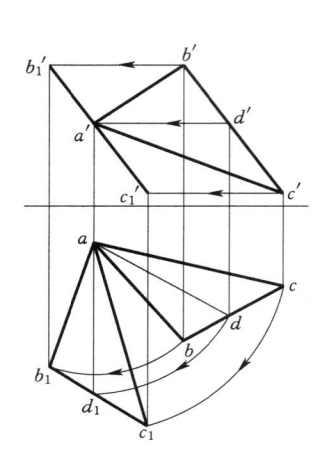

图 4－21　一般位置面转为正垂面

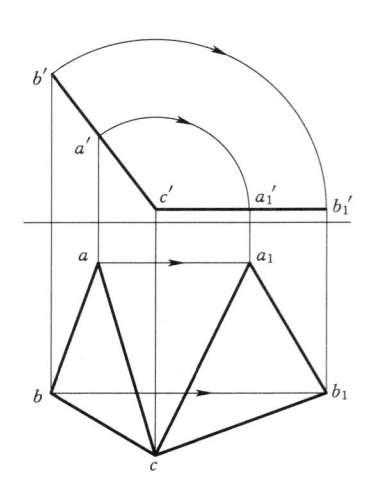

图 4－22　正垂面转为水平面

4. 把投影面的垂直面旋转成另一投影面的平行面

若要把正垂面转成水平面，即改变它对 H 面的倾角，应以正垂线为轴。图 4－22 是使三角形（正垂面）的积聚投影 $b'a'c'$ 绕过 C 的正垂轴旋转，使新的正面投影 $c'a_1'b_1'$ ∥ X 轴，水平投影 a_1b_1c 即反映实形；同理，若要把铅垂面转成正平面，则应以铅垂线为轴，使新的水平投影平行于 X 轴。

四、解题举例

【**例 4－6**】　求图 4－23（a）所示 A 点到直线 BC 的距离。

分析：点到直线的距离是指该点到垂足的线段长。本题用旋转法求解，可有两条思路。

方法一：旋转直线 BC，见图 4－23（b）。

（1）将一般位置线 BC 与点 A 均绕过 C 的正垂轴旋转成水平线 B_1C 和 A_1，然后，过

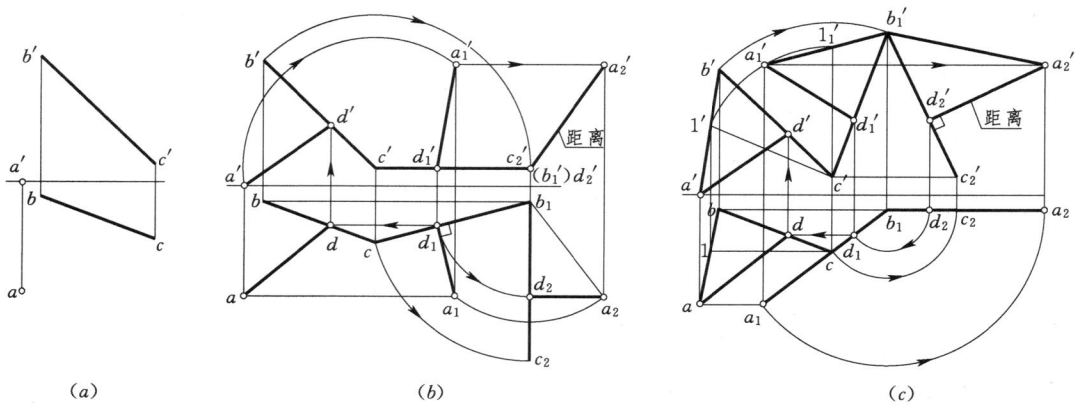

(a)　　　　　　　　　　　(b)　　　　　　　　　　　(c)

图 4－23　求点到直线的距离

a_1 作 $a_1d_1 \perp b_1c$ 得垂足的投影 d_1，再根据从属性求得 d_1'，连接 $a_1'd_1'$ 即为垂线 A_1D_1 的投影。

（2）将水平线 B_1C 和 A_1、D_1（垂足）绕过 b_1 的铅垂轴转成正垂线 B_1C_2 和 A_2、D_2，再连接垂线的两面投影 $a_2'd_2'$ 和 a_2d_2，$a_2'd_2'$ 反映实长（距离）。

方法二：旋转平面 ABC，见图 $4-23$（c）。

（1）将一般位置面 ABC 上的正平线 $C\text{I}$ 绕过 C 的正垂线转成铅垂线，使 $\triangle A_1B_1C$ 成铅垂面，再将铅垂面绕过 B_1 的铅垂轴转成正平面 $A_2B_1C_2$，则其正面投影 $a_2'b_1'c_2'$ 反映实形。

（2）过 a_2' 作 $a_2'd_2' \perp b_1'c_2'$，$a_2'd_2'$ 则为垂线的实长（距离）。

另外，若将垂足 D_2 按水平投影中箭头所示方向返回并连接 AD，即得垂线在 $V-H$ 体系的投影。

【例 $4-7$】 过图 $4-24$（a）所示 $\triangle CDE$ 上的 A 点，在面内作一直线 AB 与 H 面成 θ 角。

分析：在平面内过 A 点的直线与 H 面的倾角变化在 $0 \sim \alpha$（二面角的平面角）之间，所以，不能直接作出倾角为 θ 的直线。但我们可以先过 A 点在平面外作一条与 H 面成 θ 角的直线 AB，然后再将 AB 线绕过 A 的铅垂轴旋转，使 B 点转到 $\triangle CDE$ 与 H 面的交线 CD 上，新投影即在已知平面上了。

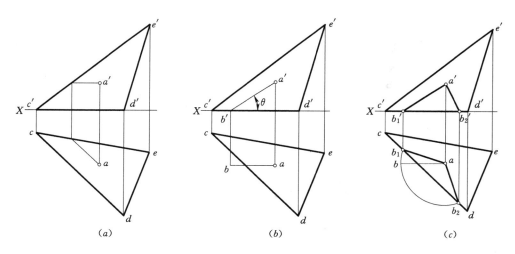

图 $4-24$　过平面上 A 点作直线使与 H 成 θ 角

作图：见图 $4-24$（b）、（c）。

（1）过平面内的 A 点作正平线 AB（B 点在 H 面上），且使 $a'b'$ 与 X 轴夹角为 θ，见图 $4-24$（b）。

（2）以过 A 点的铅垂线为轴，将 B 点旋转到 $\triangle CDE$ 与 H 面交线的水平投影 cd 上，得 b_1、b_2 两个交点，连接 AB_1 与 AB_2 均为所求，见图 $4-24$（c）。

讨论：

（1）本题当 $\theta < \alpha$（平面对 H 面的倾角）有两解；$\theta = \alpha$ 有一解；$\theta > \alpha$ 无解。

（2）对本例而言，采用 $\triangle CDE$ 不动，仅旋转辅助线 AB 的解题方法，显得十分简捷。

顺便指出，例4-7只是特例，一般来说，旋转法与换面法所需变换的次数是相应的。对例4-5来说，求解时，虽说一次旋转也可将△*DEF*变成投影面的垂直面，从而确定交线，但由于两平面都处于一般位置，旋转前后图形严重重叠，很容易因图面不清而出错。所以，在解决具体问题时，应在充分分析的基础上，综合运用，确定一个最为简捷、清晰的解题方法。

复习参考题

1. 投影变换的目的是什么？常用的变换方法有哪两种？

2. 换面法的特点及设置新投影面的条件是什么？新、旧投影的变换有何规律？

3. 简述换面法4个基本作图的要点。求一般位置线对*V*面倾角时，哪个投影为不变投影？

4. 点绕垂直轴旋转时，其二面投影有何特点？新、旧投影的变换规律是什么？

5. 线段、平面绕投影面的垂直轴旋转应遵循什么原则？求一般位置面对*V*面的倾角时，旋转轴应如何设置？

6. 试述用旋转法和换面法求解点到直线距离的思路与作图步骤。

第五章 曲 线 与 曲 面

曲线、曲面与前述的直线、平面一样，也是构成形体表面的基本几何元素。某些情况下，建筑形体只有采用以曲线、曲面组成的结构，才能改善水流条件或受力状况，达到更为经济、合理的效果。如图 5-1（a）所示，采用蜗壳才能使水流均匀而高效的推动水轮机轴转动；又如图 5-1（b）所示，峡谷中的高坝采用薄拱形，就能改善挡水结构的受力状况，节约工程投资。

（a）蜗壳 　　　　　　　　　　　　　　　（b）双曲拱坝

图 5-1　土建工程中的曲面

第一节　曲　　线

一、曲线的形成和分类

曲线可以看作是一动点在空间的运动轨迹。

按点的运动轨迹有无规律性，曲线可以分为：规则曲线和不规则曲线。工程上常采用的是规则曲线。

曲线还可分为平面曲线和空间曲线两类：曲线上所有的点都在同一平面内，称为平面曲线；曲线上任意四个连续点不在同一平面内的，称为空间曲线。

二、曲线的投影特点

由于曲线是点运动的轨迹，故只要画出曲线上一系列点的投影，并依次光滑连接，即得曲线的投影。显然，如果掌握了某曲线的形成规律和投影特点，则能更迅速、准确地画出它的投影。

一般地说，曲线的投影仍是曲线。对平面曲线来说，当曲线所在平面垂直于投影面时，投影积聚成直线见图 5-2（a）；而曲线所在平面平行于投影面时，则反映实形，见图 5-2（b）。平面曲线投影的性质一般与原曲线相同，如双曲线的投影仍是双曲线，抛物线的投影仍是抛物线。

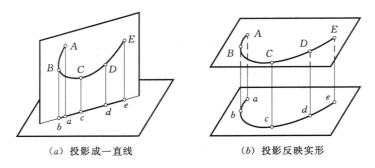

(a) 投影成一直线　　　　(b) 投影反映实形

图 5-2　平面曲线的投影

空间曲线在任何情况下，投影都是曲线，但它的以下性质，投影前后仍保持不变：

（1）直线与曲线相切其投影也相切，且投影的切点正是空间切点的投影，见图 5-3
（a）。

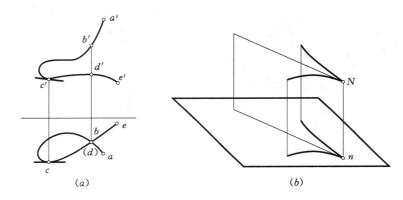

(a)　　　　　　　　　　　(b)

图 5-3　空间曲线的投影

（2）曲线上特殊点的投影也是它投影上的特殊点，如图 5-3（b）中的回折点 N。但是，应该注意，逆命题是不成立的，即空间曲线投影中的特殊点，不一定是该曲线特殊点的投影，如图 5-3（a）水平投影的"交点" $b(d)$，则是曲线上 B、D 两点的重影。

空间曲线的投影较复杂，一般需画出曲线上一系列点的投影，再将同面投影依次光滑连接。

三、圆的投影

圆是平面曲线，在工程中应用很广，下面，着重讨论它的投影特点及作图方法。

当圆所在平面倾斜于投影面时，其投影为椭圆。圆内任一对相互垂直的直径，其投影为椭圆的一对共轭直径。共轭直径互相平分，且平分与另一直径平行的弦。如图 5-4（a）中圆内相互垂直直径 EF、GH 的投影为椭圆上的共轭直径 ef、gh，且 ef 平分与 gh 平行的弦 mn。

椭圆的共轭直径有无穷多对，其中只有一对互相垂直，即它的长短轴。圆内平行于投

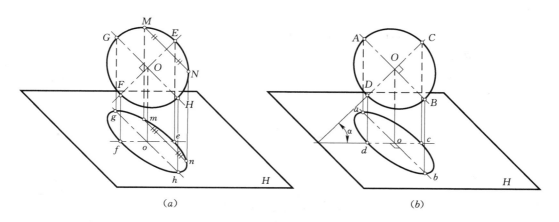

图 5-4 倾斜圆的投影

影面的直径，其投影是椭圆的长轴，而与之垂直的直径是圆平面对投影面的最大斜度线，其投影即为椭圆的短轴，它们在投影面上的投影相互垂直。如图 5-4（b）中 $AB /\!/ H$ 面，因 $CD \perp AB$，根据直角的投影定理则 $cd \perp ab$；长轴 $ab = AB$，短轴 $cd = CD \cdot \cos\alpha$，其中 α 即圆平面对 H 面的倾角。

也就是说，投影椭圆的长轴是平面上与投影面平行直径的投影，长度等于圆的直径；短轴则是圆内最大斜度线方向直径的投影，长度为直径乘以圆对投影面倾角的余弦。

按前述各种位置直线的基本作图方法，投影椭圆的长、短轴或某组共轭直径都是很容易求知的。工程上，当已知长、短轴或某对共轭直径后，即可采用多点控制的方法作图，分述如下。

1. 已知长、短轴画椭圆

（1）同心圆法。

作图： 见图 5-5。

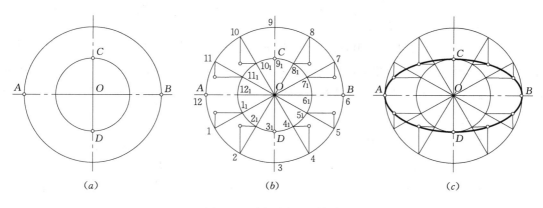

图 5-5 同心圆法画椭圆

1）以 O 为圆心，分别以长轴 AB，短轴 CD 为直径画同心圆，见图 5-5（a）。

2）过 O 作射线（图示每 30° 画一条），分别与大小圆相交，再过与大圆的交点作短轴 CD 的平行线，过与小圆的交点作长轴 AB 的平行线，它们两两的交点即为椭圆上的点，见图 5-5（b）。

3）用曲线板依次光滑连接即为所求，见图 5-5（c）。

（2）四心圆法。

作图：见图 5-6。

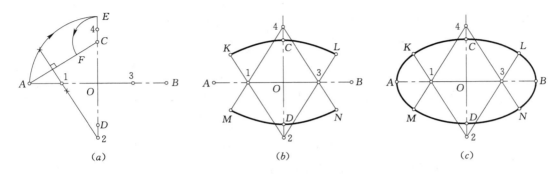

图 5-6　四心圆法画椭圆

1）连接 AC，在短轴 OC 的延长线上取 E，使 OE＝OA，并截取 CF＝CE。作 AF 的中垂线，分别与长轴和短轴的延长线交于 1、2，并作出它们的对称点 3、4，这四点即近似椭圆的四个圆心，见图 5-6（a）。

2）连接 23、43、41，并延长。分别以 2、4 为圆心，2C（或 4D）为半径画弧，与 21、23、41、43 的延长线交于 K、L、M、N 四点，见图 5-6（b）。

3）分别以 1、3 为圆心，1A（或 3B）为半径在 KM、LN 之间画弧即得所求，见图 5-6（c）。

2. 已知共轭直径画椭圆——八点法

图 5-7（a）为一水平圆和它的外切矩形，图中示有八个特征点，即切点 A、B、C、D 和矩形对角线与圆周的交点 1、2、3、4。如果该圆倾斜时，其相互垂直的直径 AB、CD 的投影（即共轭直径）已知，那么，它的外切矩形的投影也可直接画出，如图 5-7（b）所示的平行四边形 EFGH。

由图 5-7（a）还可以看出，△ODF 是等腰直角三角形，$OD＝DF＝O2＝R$（圆半径），$OF＝\sqrt{2}R$，连接 12 并延长交 DF 于 K，因为 $12/\!/CD$，则有 $DK:DF＝O2:OF＝1:\sqrt{2}$。因此，在投影图中，就可按比例作出 1、2 和 K，同理也可求出 3、4。

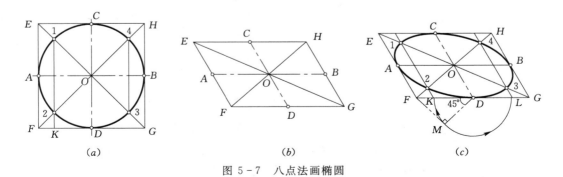

图 5-7　八点法画椭圆

作图：见图 5-7。

(1) 过共轭直径 AB、CD 的端点作平行四边形 EFGH，并连接对角线 EG、FH，见图 5-7 (b)。

(2) 因 DK：DF=1：$\sqrt{2}$，故以 DF 为斜边作等腰直角三角形 FMD，再以 D 为圆心，DM 为半径画弧交 DF、DG 于 K、L。

(3) 过 K、L 分别作 CD 的平行线，与对角线 EG、FH 相交得 1、2、3、4，再依次光滑连接 A2D3B4C1A，即为所求，如图 5-7 (c) 所示。

【例 5-1】 已知图 5-8 (a) 所示平面 KLMN 上有一半径为 R 的圆，其圆心为 O，求作其投影。

分析：因 KLMN 是一般位置面，故圆的两投影都是椭圆，水平投影的长轴 ab 为过圆心 o 的水平线，长度为 2R；短轴 cd 为过圆心 o 对 H 面最大斜度线的投影，且 ab⊥cd，其长度为 2Rcosα；正面投影椭圆可根据水平椭圆长短轴端点的投影 a'b'、c'd'，再用八点法画出。

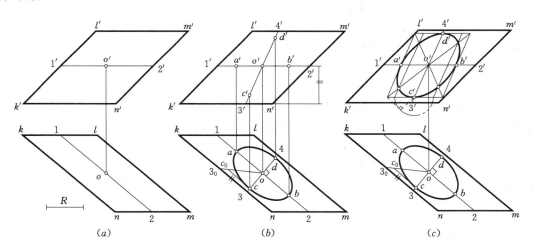

图 5-8 在平面上作圆的投影

作图：见图 5-8。

(1) 分别过 o'、o 作水平线 1'2'、12，见图 5-8 (a)。

(2) 在水平投影 12 上量取 oa＝ob＝R，ab 为投影椭圆的长轴，再由线上取点法求出 a'b'。

(3) 过 o 作 12 的垂线交 KN、LM 得 Ⅲ 和 Ⅳ，ⅢⅣ 为平面上对 H 面的最大斜度线。用实长三角形求出 OⅢ 的实长 o3₀ 并量取 oc₀＝R，可根据相似三角形反求 c 点，从而得出 cd 和 c'd'，cd 即投影椭圆的短轴，见图 5-8 (b)。

(4) a'b' 和 c'd' 是椭圆的一对共轭直径，用八点法作出其正面投影，而 ab、cd 是水平投影椭圆的长、短轴，可用四心圆法画出 (作图步骤略)，见图 5-8 (c)。

四、圆柱螺旋线

螺旋线是工程上常见的空间曲线，这里只介绍应用较广的圆柱螺旋线。

动点作匀速圆周运动的同时，又平行于轴线作匀速直线运动，这一复合运动的轨迹称圆柱螺旋线。若螺旋线的可见部分是由左向右升高，称为右螺旋，如图 5-9（a）所示；反之，由右向左升高，称为左螺旋，如图 5-9（b）所示。在工程中右螺旋用得较多。

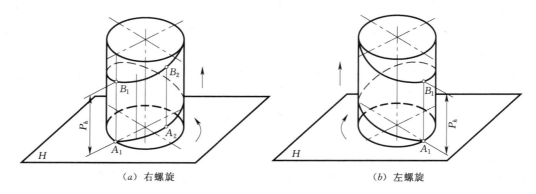

（a）右螺旋　　　　　　　　　　　（b）左螺旋

图 5-9　圆柱螺旋线

动点旋转一周，沿轴向移动的距离，称为导程，以"P_h"标记。

圆柱螺旋线的形状取决于圆柱的直径、旋向及导程。当它们给定时，就可按形成规律作出其投影来。下面，以常见的右螺旋（轴线为铅垂线）为例，介绍这种曲线的作图方法：

作图时，**先按**圆柱直径和导程，作出圆柱的投影图，再将导程和圆柱面的水平投影（圆）作相同等分（如 12 等份）。过正面等分点作水平线，过水平圆各等分点作铅垂线，用曲线光滑依次连接各水平线和铅垂线的交点，即得螺旋线的正面投影（圆柱背面不可见部分画虚线）；螺旋线的水平投影积聚成圆，其半径为动点到轴线的距离，见图 5-10（a）。

圆柱螺旋线上每点的切线，对其水平面的倾角 λ 都相等，λ 称为圆柱螺旋线的升角。螺旋线展开后为一直线，它是以圆柱正截面周长（πD）为底，以导程为高的直角三角形的斜边，见图 5-10（b）。

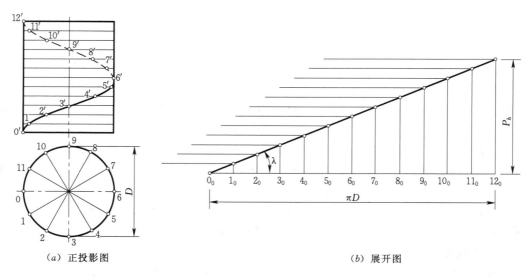

（a）正投影图　　　　　　　　　　　（b）展开图

图 5-10　圆柱螺旋线的投影

第二节　曲　面

一、曲面的形成

曲面可以看作是一动线的运动轨迹，动线称为母线，母线在曲面上的任一位置都称为素线，因此，曲面也可以看作是素线的集合。限制母线运动的点、线、面分别称作定点、导线、导平面；如图 5-11 中的曲面就是直母线 AA_1 始终平行于直线 MN，沿曲导线 AB 平移而成的。其中母线所处任一位置 BB_1、CC_1、…称为素线，与母线平行的直线 MN，称为导线。

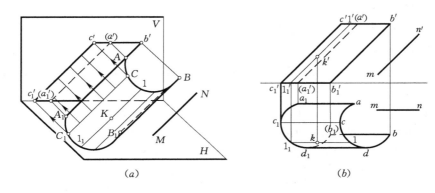

图 5-11　曲面的形成

二、曲面的分类

根据母线的形状，曲面可以分为：

（1）直线面：凡是可由直母线运动而成的曲面，如图 5-11 所示的柱面和图 5-12 的回转面。

（2）曲线面：只能由曲母线运动而成的曲面，如图 5-13 所示的回转面和圆移曲面。

根据运动方式，曲面还可分为：

（1）回转面：是由母线（直线或曲线）绕定轴旋转而形成的曲面，如图 5-12 所示。

（2）非回转面：是由母线根据其他约束条件运动而形成的曲面，如图 5-11 所示。

三、曲面的绘制

曲面的表示法与平面的相似。只要画出形成曲面的几何元素，如母线、定点、导线、导平面等的投影，曲面就可以确定。为了使图形更加形象，更加明显，通常还应包括：

（1）曲面边界线的投影，如图 5-11（a）中 AA_1、BB_1 的投影。

（2）曲面的外形轮廓线，参看图 5-11（b）。这些轮廓线可以是曲面边界线，也可以是投影图中可见性的分界线，如图中的 $c'c_1'$。

（3）对复杂的曲面，还需画出若干素线的投影。

四、曲面上取点

曲面取点和平面取点的方法类似。曲面上的点，必定在曲面的某条线上（直线或曲线），如图 5-11 中的 K 点，就在曲面素线 11_1 上，具体作图将视曲面的形成而异。

若要在曲面上取线，一般方法是先在曲面上确定一系列的点，然后依次连成线。事实上，掌握了曲面形成的规律及投影特性，取点、取线的作图则可大大地简化。

第三节　回　转　面

回转面是一动线绕某固定直线旋转一周而成的曲面，动线称母线，固定直线称轴线，母线所处的任一位置，均称为素线。

一、回转面的分类

根据母线形状，回转面可以分为直线回转面和曲线回转面。

1. 直线回转面

直线回转面直母线绕一轴线旋转而成的曲面。根据母线与轴线的相对位置，常见的直线回转面有：

（1）圆柱面：直母线与回转轴线平行，形成圆柱面，如图 5-12（a）所示。

（2）圆锥面：直母线与回转轴线相交，形成的圆锥面，如图 5-12（b）所示。

（3）单叶双曲回转面：直母线与回转轴线交叉，则形成单叶双曲回转面，如图 5-12（c）所示。这种曲面也可看作是双曲线绕其虚轴旋转所形成的曲面。

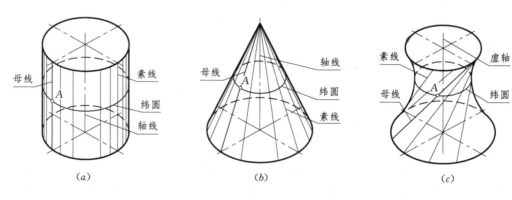

图 5-12　直线回转面的形成

2. 曲线回转面

曲线回转面指曲母线绕一轴线旋转而成的曲面。根据母线与轴线的相对位置，常见的曲线回转面有：

（1）圆球面：母线圆绕过其圆心的轴线旋转而成的曲面，如图 5-13（a）所示。

（2）圆环面：母线圆绕与其共面的圆外轴线旋转而成的曲面，如图 5-13（b）所示。

（3）双叶双曲回转面：双曲线绕其实轴旋转而成的曲面，如图 5-13（c）所示。

二、回转面的投影特点

（1）在回转面形成过程中，母线上任一点的轨迹都是圆，该圆称为纬圆。纬圆所

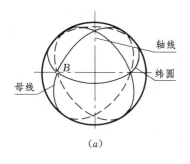
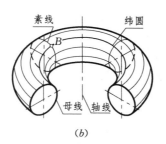
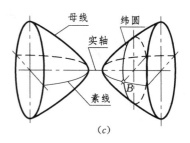

（a） （b） （c）

图 5-13 曲线回转面的形成

在的平面垂直于轴线，圆心即该平面与轴线的交点，其半径就是该点到回转轴的距离。

（2）在垂直于轴的投影面上，回转面的投影是圆或同心圆；在另两投影面上则为反映母线特征的对称图形。根据这一特征，作图时应先画投影呈圆的视图，再画其他两视图。画圆的视图时，圆心的位置必须用两条相互垂直的点划线标定；画其他视图时，轴线位置须用点划线示出。

纬圆在垂直于回转轴的投影面上反映实形，其他投影为平行于相应投影轴的线段。

三、回转面上取点的方法

由于回转面上的点，必在面内某条线上，故通常以辅助线法确定回转面上的点。根据回转面的形成特点，一般来说，直线回转面的辅助线既可取直素线，也可取纬圆，如图 5-12 中的 A 点，它既在直线上，也在纬圆上；而对于曲线回转面，由于母线是曲线，其投影作图较困难，通常都以纬圆为辅助线取点，如图 5-13 中的 B 点。

第四节 直 线 面

直线面便于施工，故在土建工程中广为应用。直线面又可分为：可展直线面，其相邻两素线是相交或平行的共面直线，常见的有柱面、锥面；不可展直线面，其相邻素线是交叉的异面直线，常见的有双曲抛物面、锥状面、柱状面和单叶双曲回转面。

一、可展直线面

1. 柱面

直母线平行于某直导线，又沿曲导线移动所形成的曲面称为柱面，如图 5-11 所示。曲导线可以是闭合的，也可以是不闭合的。

柱面素线互相平行，若用一组与直导线相交的平行平面去截，所得截交线的形状、大小相同。截交线为闭合曲线时，垂直于导线的截面称为正截面，正截面为圆称圆柱面；正截面为椭圆称椭圆柱面。另外，柱面的导线垂直于投影面时，称为正柱面；倾斜于投影面时，称为斜柱面。

当柱面有两个或两个以上对称平面时，其交线称为柱面的轴线。图 5-14 为一水平截面都是圆的斜椭圆柱三面投影，其正面投影是平行四边形，上下轮廓线是上、下底的积聚性投影，左右轮廓线是柱面上最左、最右素线的投影；侧面投影是矩形，上下轮廓线仍为

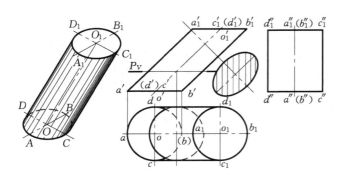

图 5-14 斜椭圆柱面的投影图

图 5-15 应用实例

上、下底的投影,左右轮廓线是最前、最后素线的投影;水平投影中,两圆分别是上、下底的实形,而与它们相切的直线,则为前、后俯视轮廓线。

图 5-15 所示的闸墩就是这种斜椭圆柱面在土建工程中应用的实例。

在斜椭圆柱面上取点时,须借助于柱面上的辅助线。由于图中的柱面是直线面,且水平截面是圆,故取点的辅助线可用直素线,也可用水平圆。

2. 锥面

锥面可以看作是直母线 SE 通过定点 S,而另一端 E 点沿曲导线移动所形成的曲面。S 称为锥面的顶点,锥面上所有素线都通过锥顶,如图 5-16(a)所示。

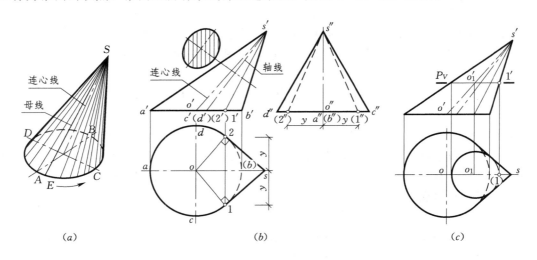

图 5-16 斜椭圆锥面的投影图

当锥面有两个或两个以上的对称平面时,它们的交线称为锥面的轴线。

按正截面形状分:正截面是圆,称圆锥面;正截面是椭圆,称椭圆锥面。

按轴线对投影面的位置分:轴垂直于投影面,称为正锥面;轴倾斜于投影面,称斜锥面。

图 5-16(b)是曲导线为水平圆的斜椭圆锥,图中画出了顶点,曲导线和外形轮廓线的三面投影。正视轮廓线是锥面最左、最右素线 SA、SB 的投影;侧视轮廓线则是最

前、最后素线 SC、SD 的投影；而俯视轮廓线则是锥面上素线 $S\text{I}$、$S\text{II}$ 的投影。图中还画出了椭圆锥的轴线、连心线（锥顶和底圆心的连线）以及俯视轮廓线 $S\text{I}$ 和 $S\text{II}$ 的正、侧面投影。若用水平面截切该斜椭圆锥面，其截面都是圆，且圆心都在连心线上，半径则需根据截平面的位置而定，如图 5-16（c）。

　　在斜椭圆锥面上取点类似于斜椭圆柱面，其辅助线可用直素线，也可用水平圆。

　　在水利工程中，水电站的引水管道，通常是圆形断面，而闸室内安装闸门处则需作成矩形断面，为使水流平顺，在矩形和圆形之间，常常需要以渐变段过渡，见图 5-17。

　　由图 5-18（a）可以看出，渐变段是由四个三角形平面和四个四分之一斜椭圆锥面相切而形成的组合曲面。矩形的四个角点分别是四部分斜

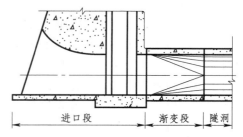

图 5-17　斜椭圆锥面应用实例

椭圆锥面的顶点，而圆周上四段圆弧是它们的曲导线。图 5-18（b）画出了渐变段的三个投影，为了更形象，图中的斜椭圆锥面以素线示出，而锥面边界线的正面投影和水平投影则与连心线重影。

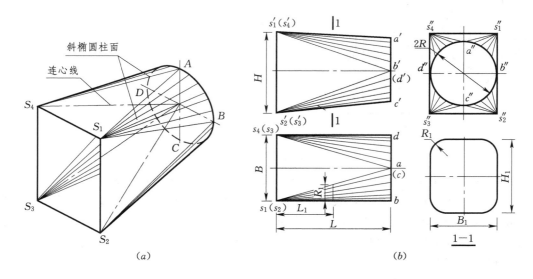

图 5-18　渐变段的投影图

　　为了便于渐变段施工、放线，需隔适当距离画一正截面，它们都是带圆角的矩形。截面的尺寸应根据剖切位置确定：如图 5-18（b）1—1 剖面，由正面投影可得矩形的高度 H_1，由水平投影得宽度 B_1，再按相似三角形对应边成比例，得圆角半径 $R_1 = RL_1/L$。

二、不可展直线面

　　这类曲面是直母线的两端各沿一条导线，且始终平行于某导平面移动而形成的，曲面上相邻两素线都是交叉直线，常见的有双曲抛物面、锥状面和柱状面。当两导

线是交叉直线时，形成的是双曲抛物面；当一条是直线，而另一条是曲线时，形成的是锥状面；而两条导线都是曲线，工程上常用的是两条形状不同的平面曲线，则形成柱状面。

表示这类曲面通常应画出其导线、外形轮廓线及一系列素线。

1. 双曲抛物面

图 5-19（a）中所示的双曲抛物面，可以看作是由直母线 AD 的两端，分别沿两交叉直线 AB、CD，且始终平行于铅垂导平面 Q 移动而形成的；也可以看成由直母线 AB 的两端，分别沿两交叉直线 AD、BC，且始终平行于另一铅垂导平面 P 移动而形成。这种曲面上有两组直素线，因此，面上任一点均有两条相应的直素线。每一条素线与同组素线都交叉，但与另一组的所有素线都相交，如图 5-19 中的素线 12 与同组素线 AD、BC 都交叉，而与另一组素线 34 相交于 K 点。

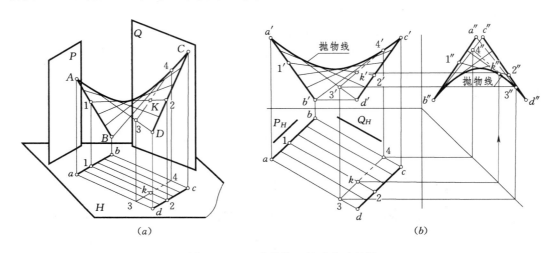

图 5-19　双曲抛物面的形成及投影

给定交叉两导线及导平面，就可以作出双曲抛物面的投影，作图见图 5-19（b）。

因两导线均与导平面相交，故与导平面平行的面必与双曲抛物面相交，交线就是该曲面上的素线。为作图方便，先将两导线作相同等分，在同名投影中把相应的等分点用直线连接，即得素线的投影，然后，分别在正面及侧面投影中作出这些素线的包络线——抛物线，即得抛物面的投影。

土建工程中这种曲面应用较多，如水利工程常在小型水闸或渡槽与渠道连接时，因断面变化而采用这种曲面。图 5-20（a）为一梯形截面的渠道与一矩形截面的闸口连接，为使水流平顺，减少损失，采用了双曲抛物面。图中画出了该面上的两组素线，一组平行于水平面，另一组平行于侧平面。

图 5-20（b）是水工图中这种曲面的习惯画法：水平投影中画出水平素线的水平投影；侧面投影中画出了侧平素线的侧面投影，正面投影不画素线，写"扭面"二字。

在房屋建筑工程中，现代化的大跨度公共设施的屋面，有时也采用这种曲面，如图 5-21 为某贸易馆所采用的屋面，就是一双曲抛物面被椭圆柱面截切而形成的马鞍形屋面。

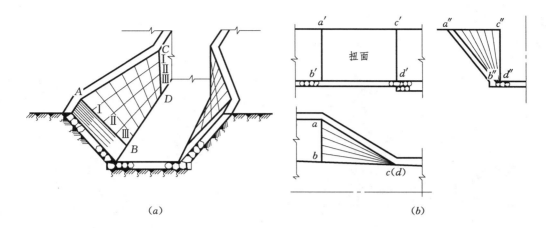

（a）

（b）

图 5-20　扭面的图示法

图 5-21　某贸易馆的屋面

2. 锥状面

图 5-22（a）所示的锥状面是一直母线 AE，沿直导线 AB，曲导线 EDC，并始终平行于侧面移动而形成的，因导平面是侧平面，故其素线都是侧平线，图 5-22（b）为该曲面的投影。画锥状面上的素线，宜由等分曲线入手，这样画出的素线表现力较强。

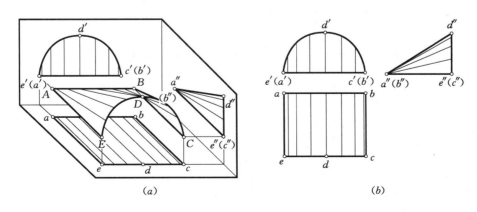

（a）

（b）

图 5-22　锥状面的投影

土建工程中，锥状面多用于屋面、雨篷、旋梯等轻型结构。如图 5 - 23（a）为一由锥状面构成的雨篷，而图 5 - 23（b）中的旋梯，它的台阶就是在锥状面上生成的。由于旋梯的导线是圆柱螺旋线及其轴线，所以这种锥状面又称螺旋面。

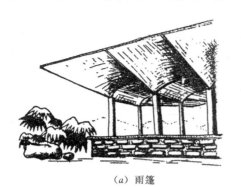
（a）雨篷

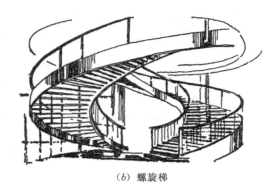
（b）螺旋梯

图 5 - 23　锥状面的应用实例

土建工程图中常见的旋梯多为正螺旋面，它是由直母线一端沿圆柱螺旋线，另一端沿其轴线（铅垂线）移动，且始终平行于导平面 P（水平面）形成的，见图 5 - 24（a）。

图 5 - 24（b）示出了这种正螺旋面的作图，其步骤如下：

（1）画出圆柱螺旋线的两投影，并将其导程（正面投影）和圆（水平投影）作相同等分，如 12 等分。

（2）将圆周各等分点与圆心（轴的积聚投影）相连，即得正螺旋面相应素线的水平投影。

（3）过导程各等分点作 OX 轴的平行线，即得其相应素线的正面投影。

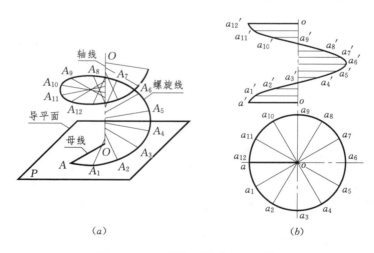

图 5 - 24　正螺旋面的形成及投影

旋梯的旋转曲面是由一正螺旋面被一同轴小圆柱相截后生成，其内侧的截交线是一根与曲导线有相同导程的螺旋线，见图 5 - 25。两螺旋线之间就是由水平素线构成的螺旋面，该旋梯的台阶即在此曲面基础上设计，呈内窄外宽的水平台面和矩形的等高阶面，台阶之下多以旋转曲面封闭，以增加其强度和美感。

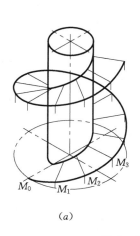

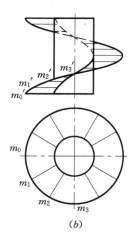

(a)   (b)

图 5 - 25 旋梯的形成及投影

3. 柱状面

图 5 - 26 中的柱状面是由直母线 MN 两端沿上、下两平面曲导线（顶面半圆弧和底面半椭圆弧），且始终平行于正面 P 移动而形成的，其素线都是正平线。

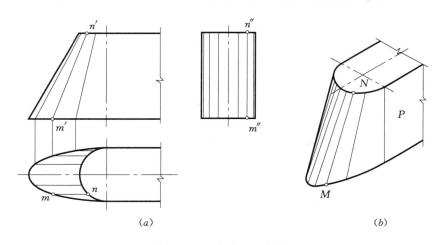

(a)   (b)

图 5 - 26 柱状面的投影

画图示柱状面上素线投影，宜先将半圆弧等分，并过各等分点画出素线的水平投影及侧面投影，再根据投影关系画其正面投影。水利工程中柱状面多用于水闸、桥梁的墩台，如图 5 - 26（b）所示；房屋建筑工程中有时用于屋面，如图 5 - 27 所示的某办公楼入口处的雨篷。

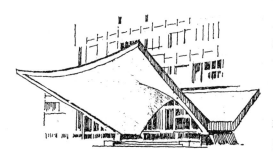

图 5 - 27 某办公楼入口的雨篷

4. 单叶双曲回转面

这种曲面由直母线绕与它交叉的轴线旋转而成，面上相邻素线都是交叉直线，见图 5 - 28（a）。

由于母线是直线，所以，旋转过程中线

83

上各点作圆周运动时，所转过的角度是相等的，因而，只要给出直母线和轴线，即可作出该曲面的投影。下面以图 5 - 28 (b) 为例，说明这种曲面的作法。

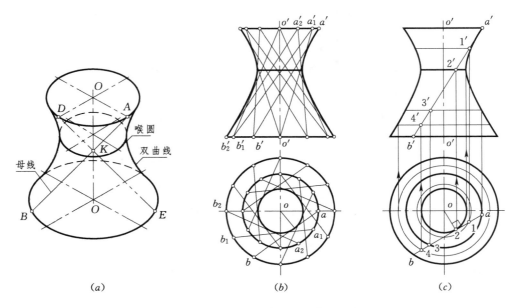

图 5 - 28　单叶双曲回转面的形成及投影

作图时，先画 A、B 两点轨迹圆的投影，并将它们从 A、B 开始作相同等分（如 12 等份）；再将相应等分点用直线相连，即得素线 A_1B_1、A_2B_2、…的两投影；最后，作这些素线正面投影的外包络线，得正面投影的轮廓线（双曲线），作这些素线水平投影的内包络线，得喉圆的水平投影。

图 5 - 28 (c) 示出这种回转面的另一种作法。因母线 AB 上每一点都绕 OO 轴作圆周运动，所以在 AB 上取若干点，求出它们轨迹圆的正面投影，并将其端点用曲线光滑连接，也可得到正视轮廓线。

由图 5 - 28 (a) 还可以看出，该曲面也可由直母线 DE 绕 OO 轴旋转而成，因此，这种曲面上有指向不同、斜度相同的两组素线，同组素线互为交叉，而将素线外延，则与另一组素线都相交。

单叶双曲回转面上取点，可用素线法，也可用纬圆法。

第五节　圆　移　曲　面

圆移曲面是以圆弧为母线，使其端点沿某曲导线移动而形成的，且在移动过程中，该圆所在平面始终与曲导线保持垂直（即与导线各点的法平面一致）。土建工程常用的圆移曲面如下。

1. 定线圆移面

母线圆的直径为常量时，所形成的曲面为定线圆移面，如图 5 - 29 所示。

土建工程中，这种曲面常用于跨度较大的波形薄壳屋盖、双曲拱桥的主拱圈等。

画图时，图中应示出母线、曲导线、曲面边界线及外形轮廓线的投影，为了更形象，还可

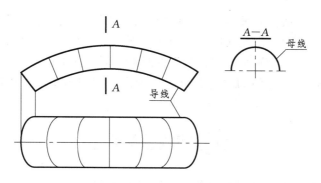

图 5-29 定线圆移曲面的投影

加画一些素线。

2. 变线圆移面

母线圆的直径为变量时，所形成的曲面为变线圆移面。最简单的变线圆移面是曲导线为圆弧的曲面，母线圆的直径则由零逐渐扩大，如图 5-30 所示。图中除画出了母线、曲导线及外形轮廓线外，还用一些正截面表示圆直径的变化。由于它的形状像牛角，故类似这样的曲面俗称牛角面。

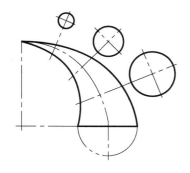

图 5-30 牛角面的投影

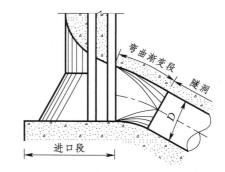

图 5-31 应用实例

在土建工程中，变线圆移曲面用于对建筑形体有专门要求的部位和构件，如水轮机的蜗壳面、双曲薄拱坝的坝面及建筑物进口的弯曲渐变段，见图 5-31。

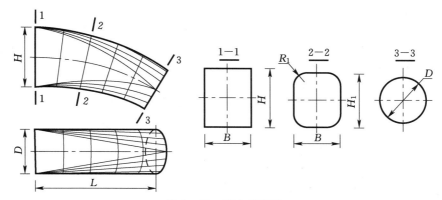

图 5-32 弯曲渐变段

图 5-32 画出了弯曲渐变段过水断面由矩形过渡到圆形的情况，由图可以看出，它是四个四分之一类似"牛角"的变线圆移曲面和上下两个柱面、左右两个平面相切围成的组合曲面。矩形的四个角点分别是各圆移曲面的起点，而圆周上四段圆弧则该曲面结束时的形状，为了更形象，投影图中的牛角面以素线示出。图中渐变段的连心线（曲线）的正面、水平投影均与边界线的投影重合。

复习参考题

1. 平面曲线和空间曲线的投影有什么区别？为什么？
2. 试述圆柱螺旋线的形成、基本要素及投影的作图方法。
3. 试述回转面的形成、投影特点、绘制步骤以及面上取点的方法。
4. 试分析图 5-14 所示斜椭圆柱面的形成方式、投影特点及其面上取点的方法。
5. 试分析图 5-16 所示斜椭圆锥面的投影特点及其表面上取点的方法。
6. 简述双曲抛物面、锥状面、柱状面形成的异同点。

第六章 立 体

由若干表面围成的空间形体，称为立体。按其表面性质，立体可分为：

（1）平面立体：由平面围成的立体，如棱柱、棱锥等。

（2）曲面立体：由曲面或平面与曲面围成的几何体，如圆柱、圆锥和圆球等回转体。

本章主要介绍这些单一立体的投影及其表面上取点、取线的基本作图方法。土建工程设计与施工中，常把柱、锥、球等单一立体称为基本形体，它们是构建或解构复杂工程形体的基础。

第一节 平 面 立 体

平面立体相邻表面交线，称为棱线或底边线。棱柱的棱线彼此平行；棱锥的棱线汇交于一点（顶点）。由于立体表面是由平面围成的，所以，绘制其投影图时，只要画出组成立体的平面（棱线及底边）的投影，并按相对位置判别可见性，将可见轮廓线画成粗实线，不可见轮廓线画成虚线即可。

一、平面立体的投影

1. 棱柱

图 6-1 是一正六棱柱的直观图和投影图，其上、下底面（正六边形）是水平面，水平投影重合并反映实形，正面和侧面投影积聚成与投影轴平行的线段；前、后两侧棱面为正平面，正面投影重合并反映实形，另二投影积聚成与投影轴平行的线段；余下的四个侧棱面均为铅垂面，水平投影积聚成一斜线，另二投影为类似形。

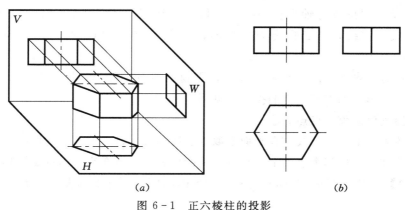

（a）　　　　　　　　　　　　　　　　（b）

图 6-1 正六棱柱的投影

作投影图时，应先画反映其形状特征的水平投影，再根据"长对正、宽相等"的规律画出正面投影和侧面投影。

图6-2为三棱柱的直观图和投影图。由图6-2（a）可以看出，柱两端面为铅垂面，侧棱面为一般位置平面，其正面和侧面投影均为类似形。而三条棱线相互平行且为水平线（另二投影平行于相应的投影轴），根据这一特点画出各棱线端点的投影，再依次连接同面投影，即棱柱的投影，见图6-2（b）。

绘出立体的投影后，还应判别可见性。可见性的判别应遵循以下三点：

（1）每个投影的外轮廓都可见。如图6-2（b）中水平投影的外轮廓bb_1c_1c可见，画实线。

（2）轮廓内的线段，其可见性要用重影点来判别。如图6-2中A_1B_1线上的Ⅰ点与CC_1线上Ⅱ点在V面重影，由水平投影可知：Ⅰ前Ⅱ后；故$a_1'b_1'$可见，画实线，而$c'c_1'$不可见，画虚线。

（3）外形轮廓线以内，若有几条线汇于一点，那么线的可见性与点的可见性相同。如图6-2（b）中c'不可见，所以，与它汇交的直线$a'c'$、$b'c'$和$c'c_1'$亦不可见。

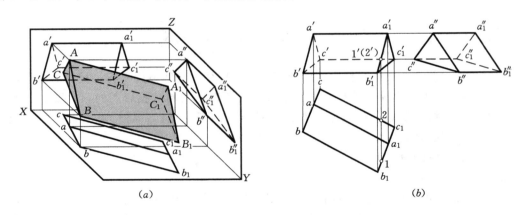

图6-2 三棱柱的投影

2. 棱锥

图6-3是三棱锥的直观图和投影图，其底面ABC平行于H面，水平投影反映实形，另二投影积聚成与轴平行的线段；棱面SAC垂直于W面（因$AC\perp W$面），侧面投影积聚成一斜线，另二投影为类似形；棱面SAB、SBC为一般位置面，各投影均为类似形。

作投影图时，先画底面三角形的投影，再画锥顶S的投影，连接锥顶和底面三角形各顶点的同面投影，即得三棱锥的投影，见图6-3（b）。

二、平面立体表面上取点与线

平面立体表面上取点、线与在平面上取点、线的方法是一致的，但作图前，必须明确要取的点或线在立体的哪个表面上，且点或线的可见性与所在表面的可见性相同。

【例6-1】 补画图6-4（a）所示三棱锥的侧面图，并求其表面上K、N点的另外两投影。

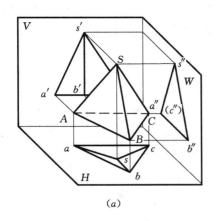
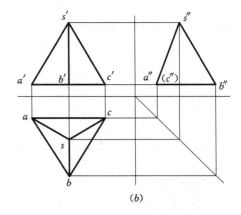

(a)　　　　　　　　　　　　　　　　(b)

图 6-3　三棱锥的投影

分析：由图可见，锥底 ABC 是水平面，三个棱面都是一般位置面。图示 K 点的正面投影 k' 是可见的，故 K 点一定在前表面 SAB 上；N 点的水平投影 n 也是可见的，故 N 点一定在上表面 SBC 上。

作图：见图 6-4（b）。

（1）根据"高平齐、宽相等"补画棱锥的侧面投影。

（2）过 k' 作直线，使 $k'1' \parallel a'b'$，只要根据平行性作出辅助线 $k1$、$k''1''$，即得 k 和 k''。

（3）连接 sn 并延长交 bc 于 2 点，求出 $s'2'$ 和 $s''2''$，根据从属性得 n'、n''。

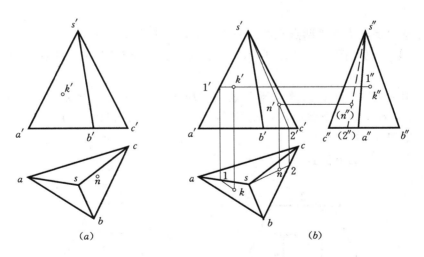

(a)　　　　　　　　　　　　　　　　(b)

图 6-4　在三棱锥表面上取点

由于棱面 SAB 位于立体的左、前表面，其三个投影都可见，故 K 点的投影（k'、k、k''）亦都可见；而棱面 SBC 位于立体的右、前表面，其侧面投影不可见，故 n'' 亦不可见，记作（n''）。

【例 6-2】　已知图 6-5（a）所示三棱锥表面上折线 Ⅰ Ⅱ Ⅲ 的水平投影，求作其正面与侧面投影。

分析： 由图可知，Ⅰ、Ⅱ点分别在底边 BC 和棱 SC 上，可根据从属性直接作出 $1'2'$；Ⅲ点在 SAC 面上，延长Ⅱ Ⅲ交 AC 于 D 点，作出辅助线ⅡD 的投影后，即可得出 $3'$。

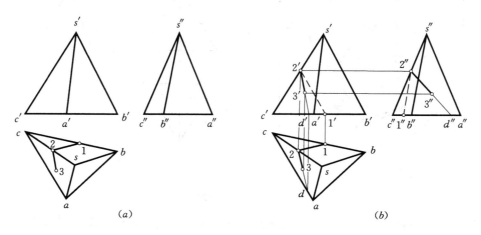

图 6-5 在三棱锥表面上取线

作图： 见图 6-5 (b)。

（1）根据从属性作出底边 BC 上的Ⅰ点和棱线 SC 上的Ⅱ点的投影得 $1'2'$ 和 $1''2''$。

（2）延长 23 交 ac 于 d，求出 $2'd'$、$2''d''$，再根据从属性作出 $3'$ 和 $3''$。

由于Ⅰ Ⅱ线位于立体的右、后表面 SBC，故正面和侧面投影都不可见，应画虚线；而Ⅱ Ⅲ线位于立体的左、前表面 SAC，所以，它们的三面投影都可见，应画实线。

值得注意的是，Ⅰ、Ⅲ两点不在同一表面上，不能连线。

【例 6-3】 已知图 6-6 (a) 所示四棱台表面上折线 $KLMN$ 的正面投影，求作其水平投影。

分析： 由图可以看出：折线位于前表面 $ABCD$ 上，其水平投影一定在 $abcd$ 上；因 K、N 位于 CD 线上，可直接得出；又因 $l'm'/\!/c'd'$，可用辅助线一次求得。

作图： 见图 6-6 (b)。

（1）用线上取点的方法直接在 cd 上定出 k、n。

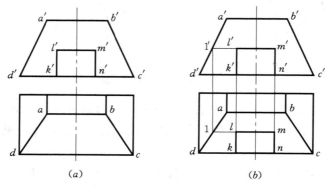

图 6-6 在四棱台表面上取线

（2）延长 $m'l'$ 交 $a'd'$ 于 $1'$ 点，求出 Ⅰ 点的水平投影 1，并过 1 作 cd 的平行线，再根据从属性定出 l、m 点。

由于棱面 $ABCD$ 的水平投影可见，故折线 $klmn$ 可见，画实线。

第二节 回 转 体

一母线（直线或曲线）绕轴线旋转而成的曲面，称回转面。由回转面或回转面与平面围成的立体，称回转体，工程上常见的回转体有圆柱、圆锥、圆球和圆环。

一、圆柱体

圆柱面和上、下底面围成的立体，称圆柱体。当上、下底平行且垂直于轴时，称正圆柱体。

1. 圆柱的表示法

图 6 - 7 所示为一正圆柱。由图 6 - 7（b）可以看出，柱体的水平投影是一个圆，该圆反映上、下底面的实形，圆周则是柱面的积聚性投影。柱体的正面和侧面投影均为一矩形，矩形的上、下边为底面的投影；正面投影矩形的两边 $a'a'_1$ 和 $b'b'_1$ 是圆柱的正视轮廓线，也是最左、最右素线的正面投影，它们将圆柱分为前、后两半，前半部分可见；侧面投影矩形的两边 $c''c''_1$ 和 $d''d''_1$ 是圆柱侧视轮廓线，也是最前和最后素线的侧面投影，它们将圆柱分为左、右两半，左半部分可见。

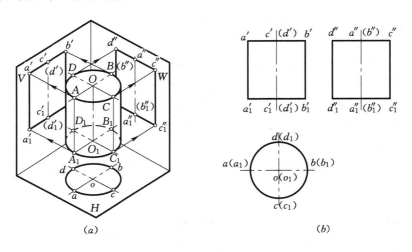

图 6 - 7 正圆柱的投影

画圆柱投影时，应先画中心线或对称轴线，再画反映为圆的视图及其余投影。

2. 圆柱表面取点、取线

在圆柱面上取点时，若柱面有积聚性，可利用积聚性直接作图；若无积聚性，则需借助辅助线。因圆柱母线是直线，故可用素线作辅助线，称为素线法。

【例 6 - 4】 已知图 6 - 8 所示柱面上点 K 的正面投影 k'，求其水平投影和侧面投影。

分析：由图可知，圆柱的轴线是铅垂线，柱面的水平投影积聚成圆，K 点的水平投影 k 必定在圆周上；再根据 k'、k，就可定出 k''。

作图：因正面投影 k' 可见，其水平投影应积聚在圆柱的右、前表面，故可直接定出 k。根据从属性，由 k 和 k' 作出侧面投影 k''。因 K 在右半柱面上，故其侧面投影不可见，记作 (k'')。

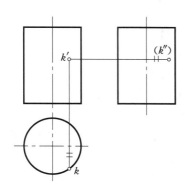

图 6-8 求作柱面点的投影

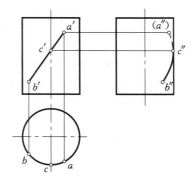

图 6-9 求作柱面线段的投影

【例 6-5】 已知图 6-9 所示圆柱面上线段的正面投影 $a'b'$，求作其另外两个投影。

分析：因柱轴为铅垂线，其水平投影积聚为圆。因线段的正面投影可见，且与柱轴倾斜，是一平面曲线（椭圆弧），需求出曲线上一系列点的投影，再依次相连。

作图：见图 6-9。

（1）因端点 a'、b' 可见，可直接在前半圆周定出 a、b，再按"高平齐、宽相等"定出 $a''b''$。

（2）因 c' 点是曲线与最前素线交点，可直接定出水平投影 c 和侧面投影 c''。

C 点位于侧视轮廓线上，所以 c'' 是侧面投影可见性的分界点；AC 位于右半柱面，投影不可见，$a''c''$ 应画虚线；CB 段位于左半柱面，投影可见，$b''c''$ 画实线。

【例 6-6】 已知图 6-10（a）所示斜放圆柱面上点 A 的水平投影 a，求其正面投影 a'。

分析：因柱轴是水平线，柱面的正面投影没有积聚性，只能用素线为辅助线求解。

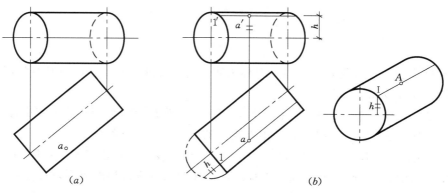

(a) (b)

图 6-10 补画柱面 A 点的正面投影

作图：见图 6 - 10 (b)。

(1) 先用变面法作出柱端面的实形（圆），过 a 作与轴线平行的素线 a1，从而定出素线高 h。

(2) 根据素线高 h 作出素线的正面投影 a'1'，再根据长对正定出 a' 即可。

二、圆锥体

圆锥面与底平面围成的立体称圆锥体。当底平面垂直于轴线时，称正圆锥体。

图 6 - 11 所示为一正圆锥。由图 6 - 11 (b) 可以看出：其水平投影为圆，它是底圆的实形也是锥面的投影，锥面的水平投影可见；正面和侧面投影都是等腰三角形，三角形的底是底圆的积聚性投影；在正面投影中，正视轮廓线是锥面上最左（SA）、最右（SB）素线的投影，它们将圆锥分为前、后两半，前半部分可见；在侧面投影中，侧视轮廓是圆锥面上最前（SC）、最后（SD）素线的投影，它们将圆锥分成左、右两半，左半部分可见。

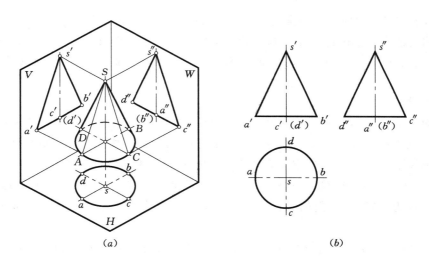

图 6 - 11　正圆锥的投影

画锥面时，先画各投影的对称轴线、中心线，再画反映为圆的视图，最后画其他视图。

因锥面无积聚性，取点时必须借助锥面上的线。以图 6 - 12 为例：锥面是直线面，可用素线 SAM 作辅助线，称素线法；另外，锥面又是回转面，也可用纬圆弧段 AN 作辅助线，称纬圆法。

【例 6 - 7】　已知图 6 - 13 所示圆锥面上 AB 线段的正面投影，求其水平投影和侧面投影。

分析：已知线段的正面投影 a'b' 可见，且与轴斜交，是一位于前半锥面的非圆曲线（椭圆弧），需作出曲线上一系列点，再依次光滑连接。

作图：见图 6 - 13。

(1) A、B、C 点分别位于最左、最右和最前素线，可直接得出：a、c、b、a"、c" 和 b"。

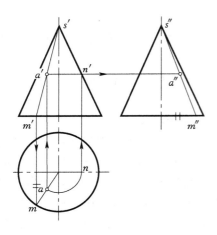

图 6-12　补画锥面 A 点的投影

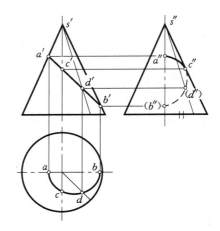

图 6-13　补画锥面线段的投影

（2）为了准确画出曲线，用素线法增补中间点 D 的投影 d、d′和 d″。

由于曲线的水平投影都可见，画实线；曲线 AC 段位于锥面的左、前表面，CDB 段位于锥面的右、前表面，故 AC 段侧面投影可见，画实线，而 CDB 段侧面投影不可见，画虚线。

三、圆球体

由球面围成的立体，称为圆球体，如图 6-14（a）所示。由图 6-14（b）可以看出，球面的三面投影都是直径（球径）相同的圆。球的正视轮廓线为球面上平行于 V 面的大圆 ABCD，它将球面分成前后两半，在正面投影中前半部分可见；俯视轮廓素线为平行于 H 面的大圆 AECF，它将球面分成上下两半，在水平投影中上半球面可见；侧视轮廓素线为平行于 W 面的大圆 BEDF，它将球面分成左右两半，在侧面投影中左半球面可见。

画圆球投影时，应先画各投影图的中心线，再以相同半径分别画圆球的各投影。

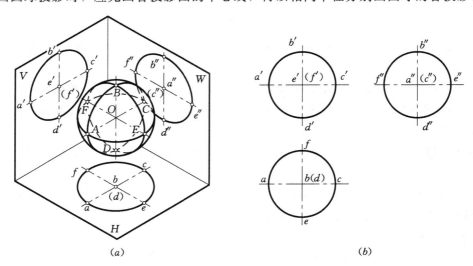

（a）　　　　　　　　　　　（b）

图 6-14　圆球的投影

由于球面是曲线回转面，在其上取点可用球面上平行于任一投影面的圆作辅助线，即用正平圆、水平圆或侧平圆。

【例 6 - 8】 已知图 6 - 15（a）所示圆球上线段 AB 的正面投影 $a'b'$，求另外两个投影。

分析： 由于线段的正面投影 $a'b'$ 可见，且与轴倾斜，是一段位于前半球面的非圆曲线，需求出曲线上一系列点，再依次光滑连接。

作图： 见图 6 - 15（b）。

（1）A 点位于水平大圆、C 点位于侧面大圆，可在前半球面直接求得 a、a''、c 和 c''。

（2）以过 b'（端点）的水平圆为辅助线求得 b 及 b''。

（3）为了准确画出曲线，以过 d'（任一中间点）的侧平圆为辅助线求得 d 及 d''。

由于线段 AB 位于下半球面，故水平投影都不可见，画虚线；曲线 ADC 位于左半球面，故 $a''d''c''$ 可见，画实线，而 CB 段位于右半球面，$c''b''$ 不可见，画虚线。

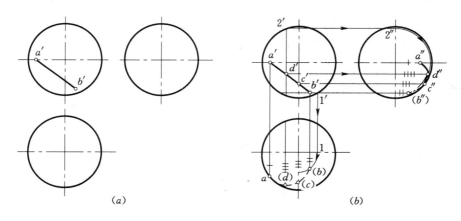

图 6 - 15　圆球表面上取点

四、圆环体

由圆环面围成的立体，称为圆环体，当环面的轴线是铅垂线时，其投影见图 6 - 16。水平投影中，两同心圆分别是母线最左点 A 和最右点 C 轨迹圆的投影，亦称作赤道圆和喉圆，点划圆是母线圆心轨迹的投影，它们将环面分成上、下两半，上半环面可见；正面投影中，两侧圆分别是环面最左素线 ABCD 和最右素线 $A_1B_1C_1D_1$ 的投影，而上、下两水平线分别是母线圆上最高点 B 和最低点 D 轨迹圆的投影，它们将环面分成前、后两半，其中只有前半外环面可见，而内环面和后环面均不可见；侧面投影中，两侧圆分别是最前素线 EFGH 和最后素线 $E_1F_1G_1H_1$ 的投影，而上、下两水平线仍是母线圆上最高点和最低点轨迹圆的投影，它们将环面分成左、右两半，其中只有左半外环面可见，其余均不可见。

画圆环的投影时，先画各投影的对称轴线和中心线，再画水平投影中的同心圆和母线圆心的轨迹圆（点划线），最后再画其他投影。

由于圆环面为曲线回转面，在其上取点时，通常采用垂直于轴的辅助线（纬圆）作图。

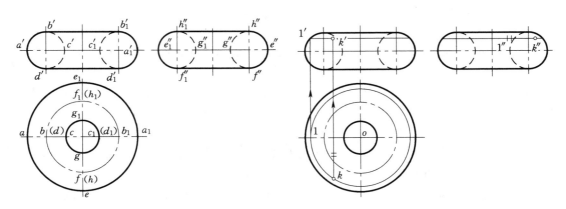

图 6-16　圆环的投影图　　　　　　　　　图 6-17　在圆环表面上取点

【例 6-9】　已知图 6-17 所示圆环面上 K 点的水平投影 k，求其另外两个投影 k' 及 k''。

分析：由 k 可知，K 点位于左、前外环面上，因圆环轴线为铅垂线，故可用垂直于轴的水平圆为辅助线作图。

作图：以水平中心线的交点 o 为圆心，以 ok 为半径画辅助圆的水平投影 $k1$；因 k 可见，辅助圆必定位于上半环面，据此作出它的正面和侧面投影；再根据从属性定出 k' 和 k''。

因 K 点位于左、前外环面，故正面投影 k' 和侧面投影 k'' 都可见。

🌸 复习参考题

1. 如何在投影图中表达平面立体？如何判别其棱线的可见性？
2. 简述平面立体表面取点、线的方法。
3. 试述圆柱、圆锥的形成及其投影特点。
4. 试分析圆球和圆环中各外形轮廓线的投影对应关系及其作用。
5. 试比较素线法和纬圆法在回转体表面上取点、线的异同。

第七章　形体表面的交线

　　空间形体无论多复杂，都可以看成是由一些基本立体叠加、切割而成的。形体的表面，必然存在各种各样的交线，绘制形体的视图，就必须正确地画出这些交线来。

　　形体表面的交线，可分为截交线与相贯线两大类：截交线是指平面与立体相交时的表面交线，如图7-1所示某洞脸上方的截交线，就是平面与半圆柱的交线；相贯线是指两立体相交时的表面交线，如图7-2所示廊道主、支洞的表面交线。

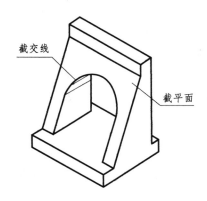

图7-1　洞脸的截交线

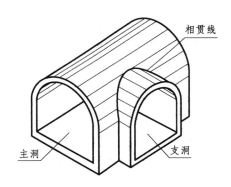

图7-2　主、支洞的相贯线

　　交线的绘制包括形体分析与投影分析两个主要环节，综合性较强；其中曲面体的相贯线一般是空间曲线，对作图者的空间想象能力要求较高，因而，它是本课程学习的难点。

第一节　截　交　线

　　立体被某平面截割所形成的截（断）面，是一由截交线围成的平面图形。截交线的性质如下：

　　(1) 截交线上的每一点，都是截平面与立体表面的共有点。

　　(2) 由于空间形体的尺度总是有限的，所以截交线一般是封闭曲线。

　　第六章讲过，空间形体按其表面形状可分为平面立体与曲面立体两类，形体表面形状不同，截交线的作图方法也不相同。下面分别讨论这些截交线的投影特点与作图方法。

一、平面立体的截交线

　　平面立体的截面是闭合多边形。多边形的顶点是立体各棱线（或底边）与截平面的交点，也是截平面与相邻两棱面的三面共有点，而多边形的边则是棱面（或底面）与截平面的交线。截交线的作图方法，可归纳为以下两种：

（1）求出截平面与平面立体各棱线（或底边）的交点，再依次相连。

（2）求出截平面与平面体各棱面的交线。

下面，举例说明以上作图的方法。

【例 7 - 1】　求图 7 - 3（a）所示截平面 P 与三棱锥的截交线。

分析：P 为正垂面，它与侧棱 SB、SC 及底边 AB、AC 相交，截面为四边形，因其正面投影积聚在 P_v 上，故可根据各交点的正面投影，直接作出水平投影。

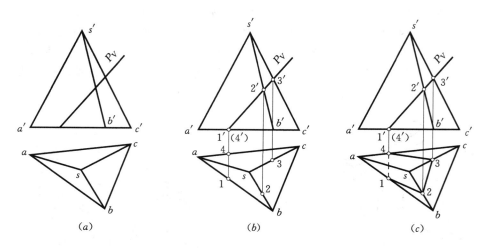

图 7 - 3　三棱柱的截交线

作图：根据线上取点法分别求出 AB、AC、SB、SC 与截平面交点的水平投影 1、4、2 和 3。

连线：截交线的可见性与它所在棱面的可见性一致。水平投影中，侧棱面都可见，故 12、23、34 可见，画实线；底面不可见，则 14 不可见，画虚线。

【例 7 - 2】　过 K 点作图 7 - 4（a）所示斜三棱柱的正截断面。

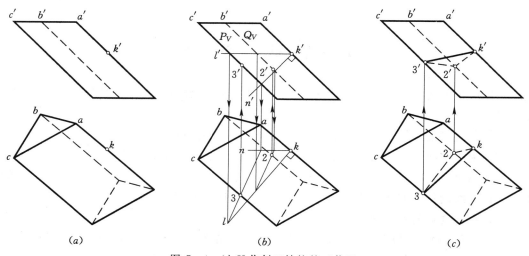

图 7 - 4　过 K 作斜三棱柱的正截面

分析：因斜棱柱的侧棱为一般位置线，正截面应垂直于棱，故为一般位置面，其正面和水平投影均需求出。作图时，可先作出正截面，再求它与棱面 *BC* 的交线即可。

　　作图：见图 7 - 4 (*b*)、(*c*)。

　　(1) 过 *K* 作垂直于 *A* 棱的正平线 (*k'n'*⊥*a'k'*、*kn*//*OX*) 和水平线 (*kl*⊥*ak*、*k'l'*// *OX*)，即得正截面 *KLN*。

　　(2) 利用求两一般位置面的交线法得正截面 *KLN* 和棱面 *BC* 的交线 Ⅱ Ⅲ，再分别连结 *K* Ⅱ、*K* Ⅲ 的正面投影和水平投影，即得棱柱的正截面。

　　连线：仅 *AC* 棱面的正面和水平投影可见，故 *k'3'*、*k3* 画实线，而 *k'2'*、*k2*、*2'3'*、*23* 画虚线。

　　二、常见曲面体的截交线

　　工程中常见的曲面体都是由回转面或回转面与平面围成的立体，如圆柱、圆锥、圆球与圆环。

　　曲面立体截交线一般由曲线或曲线与直线围成，交线上每一点都是截平面与立体表面的共有点。只需求出足够的共有点，然后依次连接即得截交线。

　　圆柱与圆锥的底面虽是平面，但在作图中，一旦曲面上的截交线求出，往往只需直接连线即得底面交线。所以，下面着重讨论回转面上截交线的投影特点与作图方法。

　　1. 圆柱

　　圆柱面与截平面的交线，因截平面与柱轴的相对位置不同而异：截平面平行于轴线时，截交线为两条平行直线；截平面垂直于轴线时，截交线为一圆；截平面倾斜于轴线时，截交线为一椭圆。平面截切圆柱面时的轴测图、投影图和截交线形状，见表 7 - 1。

表 7 - 1　　　　　　　　　　平面与圆柱面的截交线

截平面位置	平行于轴线	垂直于轴线	倾斜于轴线
截交线形状	两平行直线	圆	椭圆
轴测图	两平行直线	圆	椭圆
投影图	两平行直线	圆	椭圆

椭圆的投影一般仍为椭圆，其长轴随截平面与轴线间的倾角而增减，短轴则始终为圆柱直径。求截交线的投影，通常采用素线法，即画出若干素线与截平面的交点后，依次连接即可；当圆柱的轴线为某一投影面的垂直线时，柱面投影积聚成圆，则可利用其积聚性直接作图。

【例 7-3】　求平面 P 与图 7-5（a）所示正圆柱的截交线。

分析：截平面与柱轴斜交且截断柱面，其截交线为一椭圆；截平面为正垂面，其正面投影积聚成直线（已知）；柱轴为铅垂线，柱面的水平投影积聚成圆，故截交线的水平投影与圆周重合，因此，本例可根据已知两投影补出侧面投影。

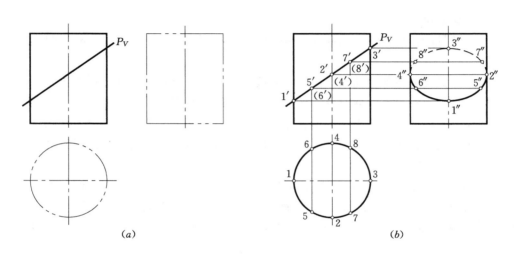

（a）　　　　　　　　　　　　　　　　　（b）

图 7-5　正垂面与正圆柱的截交线（椭圆）

作图：见图 7-5（b）。

（1）求特殊点：正视轮廓上Ⅰ、Ⅲ是椭圆长轴的端点，既是最低、最高点，又是最左、最右点。侧视轮线上Ⅱ、Ⅳ是椭圆短轴的端点，也是最前、最后点，它们都可按线上取点法直接求得。

（2）补中间点：利用表面取点法，适当加密侧面投影，如图中 5″、7″ 及其对称点 6″、8″。

连线：侧面投影中左柱 2″5″1″6″4″ 段可见，连实线；右柱 2″7″3″8″4″ 段不可见，连虚线。

2. 圆锥

圆锥面与截平面相交，因截平面与锥轴的相对位置不同，锥面交线可以是圆、椭圆、抛物线、双曲线或相交二直线，总称圆锥曲线。平面截切圆锥面时的轴测图、投影图和交线形状，见表 7-2。

圆锥曲线的投影，一般仍为原曲线的类似形。求作圆锥曲线的投影，可采用素线法或纬圆法，得出交线上的若干点后，依次光滑连接。

表 7 − 2 　　　　　　　　　　　平面与圆锥面的截交线

截平面位置	垂直于轴线 $\theta=0°$	与素线都相交 $\theta<\alpha$	平行于一条素线 $\theta=\alpha$	平行于轴线 $\theta=90°$	过锥顶 $\theta>\alpha$
截交线形状	圆	椭圆	抛物线	双曲线	相交二直线
投影图					
轴测图					

注　表中的 α 为锥底角，θ 为截平面与水平面之夹角；当 $\alpha<\theta\leqslant90°$ 时，截交线均为双曲线。

【例 7 − 4】　求平面 P 与图 7 − 6（a）所示正圆锥的截交线。

分析：截平面与锥轴斜交，且通过所有素线（即 $\theta<\alpha$），交线是椭圆。截平面是正垂面，交线的正面投影积聚成直线；其余投影均为椭圆，可用纬圆法，也可用素线法求作。

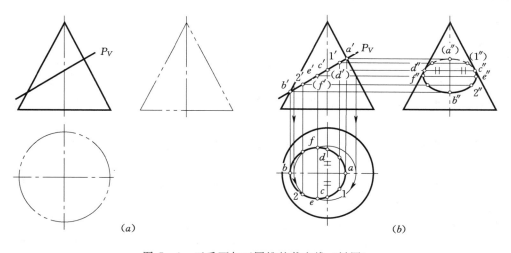

图 7 − 6　正垂面与正圆锥的截交线（椭圆）

作图：见图 7 − 6（b）。

（1）求特殊点：正视轮廓上的 A、B 是椭圆长轴的端点，既是最高、最低点，又是最右、最左点；侧视轮廓上的 C、D 是侧面投影可见性的分界点，它们的投影可直接根据线上取点法求出。长轴中垂线上的 E、F 点则是椭圆短轴的端点，也是最前、最后点，正面

投影 $e'(f')$ 积聚在 $a'b'$ 的中点上，其水平投影 ef 与侧面投影 $e''f''$ 用纬圆法求得，如图 7 - 6 (b) 中箭头所示。

（2）补中间点：用纬圆法适当加密中间点，如图中的 1、2 和 1″、2″ 及其对称点。

连线： 因锥轴为铅垂线，水平投影锥面都可见，画实线；侧面投影中因 $c''e''2''b''f''d''$ 位于左半锥面，可见，连实线；其余不可见，连虚线。

【例 7 - 5】　求平面 P 与图 7 - 7 (a) 所示正圆锥的截交线。

分析： 图示截平面平行于锥轴，截交线由双曲线（锥面）和直线（底面）围成。截平面是侧平面，截交线的正面和水平投影都积聚成直线，侧面投影反映双曲线的实形。

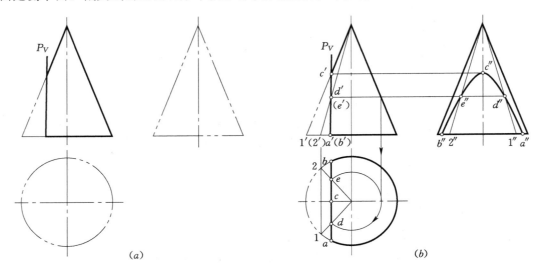

图 7 - 7　侧平面与正圆锥的截交线

作图： 见图 7 - 7 (b)。

（1）求特殊点：左轮廓线上的 C 是最高点；底圆上的 A、B 是最前、最后点，也是最低点，它们的投影都可直接利用线上取点法得出。

（2）补中间点：可用素线法，也可用纬圆法补中间点 E、D，图 7 - 7 (b) 中示出了两种作图方法。

连线： 因截平面只与左半锥面相交，所以交线的侧面投影可见，画实线。

3. 圆球与圆环

平面截切圆球时，因截平面的位置不同，截交线是不同直径的圆，其投影则为圆或椭圆，通常采用纬圆法补点作图。

【例 7 - 6】　求平面 P 与图 7 - 8 (a) 所示圆球的截交线。

分析： 截平面为正垂面，交线（圆）的正面投影积聚成一直线；另外两个投影均为椭圆。

作图： 见图 7 - 8 (b)。

（1）求特殊点：正视轮廓上的 Ⅰ、Ⅱ 是截交线水平投影椭圆短轴的端点，也是最高、最低点；侧视轮廓上的 Ⅴ、Ⅵ 是交线侧面投影可见性分界点；俯视轮廓上的 Ⅶ、Ⅷ 是水平投影可见性分界点，它们均可用面上取点法直接求出。投影椭圆长轴的端点 Ⅲ、Ⅳ 是交线投影的最前、最后点，因其正面投影 $3'$（$4'$）重影于短轴 $1'2'$ 的中点，故可用纬圆法求出另外两个投影。

（2）补中间点：为了准确画出椭圆曲线，以水平圆 R_V 为辅助面作出Ⅸ、Ⅹ的各投影；以侧平圆（T_V）为辅助面作出Ⅺ、Ⅻ的各投影，图中均以箭头示出它们的作图。

连线：上半球面的水平投影可见，故 7359110648 连实线，其余不可见，连虚线；左半球面的侧面投影可见，故 $5''3''7''11''2''12''8''4''6''$ 连实线，其余不可见，连虚线。

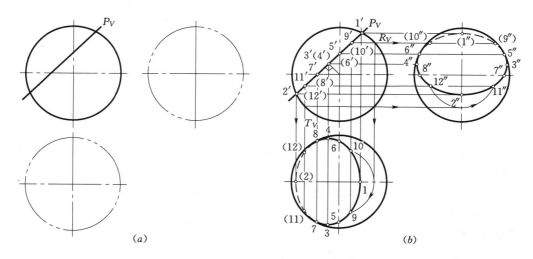

（a）　　　　　　　　　　　　　（b）

图 7-8　求圆球的截交线

至于平面与圆环的截交线，其形状则因截平面与环轴的相对位置不同而异。截平面垂直于轴时，为两同心圆；过轴线时，为两个素线圆；与轴斜交时，为两个或一个封闭的平面曲线。虽然截交线的形状有时会很复杂，但都可以用纬圆法求解。鉴于土建工程中，截割圆环的情况较少遇到，这里就不举例了。

三、平面切口的投影——截交线的应用

截交线是截（断）面的周界线，但在生产实际中，构件并不都是"截"出来的，而是采用两个或多个截平面对基本形体作局部切割后形成的。切口的周界是直线或平面曲线所围成的空间闭合曲线，其中每一线段都是某截平面与立体表面的交线。所以，掌握了截交线的作图方法，就能解决切口投影的绘制，举例如下。

【例 7-7】　作图 7-9（a）所示圆柱柱端切口的投影。

分析：柱轴是铅垂线，柱面的水平投影积聚成圆；切口的截平面是由水平面 P 和左右对称的两侧平面 Q_1、Q_2 围成，截面的正面投影都有积聚性，其交线是正垂线。切口的正面投影已知，需求出其水平投影和侧面投影。

作图：见图 7-9（b）。

（1）截平面 Q_1 与柱面的截交线为前后两段素线（Ⅰ Ⅳ和 $I_1 IV_1$），并与柱顶及 P 平面的交线Ⅳ IV_1、Ⅰ I_1 构成矩形，水平投影积聚成一线，侧面投影反映实形。截平面 Q_2 的交线与 Q_1 对称全同，两矩形的侧面投影重合。

（2）截平面 P 与柱轴垂直，在水平投影中，它与柱面的交线（圆弧Ⅰ Ⅱ Ⅲ、$I_1 II_1$

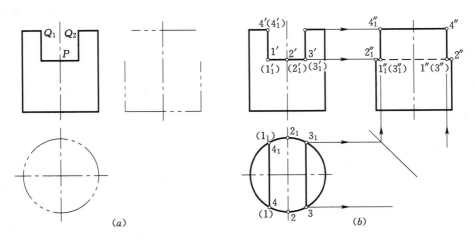

图 7-9　求柱端切口的投影

Ⅲ₁)，和与 Q_1、Q_2 的交线（正垂线ⅠⅠ₁和ⅢⅢ₁）围成"鼓形"，且反映实形，侧面投影积聚成一线。

作图时应注意：① 柱端最前和最后的顶部素线（即侧视轮廓线）被切去了；② ⅠⅠ₁和ⅢⅢ₁不是截交线，而是截平面 P、Q 的交线。

【例 7-8】　补绘图 7-10（a）所示圆柱间切口的投影。

分析：柱轴为侧垂线，柱面的侧面投影为圆，切口由侧平面 P、水平面 R 和正垂面 Q 围成，其正面投影已知，需求作水平投影和侧面投影。截平面 R 与 P、Q 的交线都是正垂线。

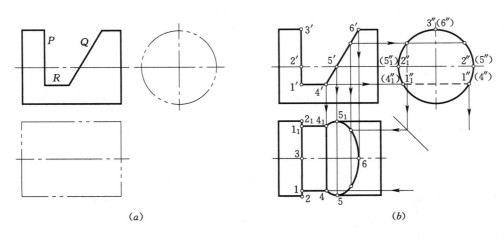

图 7-10　求柱间切口的投影

作图：见图 7-10（b）。

（1）侧平面 P 与柱面的交线（圆弧）与水平面 R 的交线ⅠⅠ₁围成弓形ⅠⅡⅢⅡ₁Ⅰ₁，其侧面投影反映实形，水平投影积聚成一线，图中用箭头示出了交线ⅠⅠ₁的作图。

（2）水平面 R 与柱面的交线（部分素线），与 P、Q 平面的交线ⅠⅠ₁、ⅣⅣ₁围成矩形ⅠⅠ₁Ⅳ₁Ⅳ，其水平投影反映实形，侧面投影积聚。

（3）正垂面 Q 与柱面交线是部分椭圆，其最高点Ⅵ、最前点Ⅴ、最后点Ⅴ$_1$ 以及最低点（Q、R 交线的端点）Ⅳ、Ⅳ$_1$ 都可用线上取点法得出。图中还以箭头示出了中间点作图。

连线：侧面投影 $1''1_1''$、$4''4_1''$ 不可见，连虚线；水平投影均可见，连实线。但圆柱最前、最后素线Ⅱ Ⅴ和Ⅱ$_1$ Ⅴ$_1$ 被切去，不能画线。

【例 7 - 9】　求作图 7 - 11（a）所示机床顶尖的三视图。

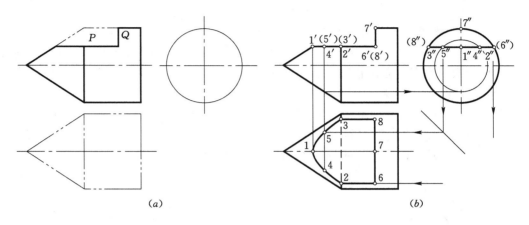

(a)　　　　　　　　　　　　　　　(b)

图 7 - 11　求作顶尖切口的投影

分析：顶尖是由圆锥和圆柱组成的同轴回转体，顶尖轴为一侧垂线；切口是由平行于轴的水平面 P 和垂直于轴的侧平面 Q 围成；截平面 P、Q 的交线Ⅵ Ⅷ为正垂线。

作图：见图 7 - 11（b）。

（1）P 对锥面的截交线是双曲线Ⅱ Ⅰ Ⅲ，其中锥面正视轮廓上的Ⅰ是双曲线的最左点；锥底线上的Ⅱ、Ⅲ是交线的最前、最后点，它们都可用线上取点法直接求得。为准确画出曲线，用纬圆法求得中间点Ⅳ、Ⅴ，图中用箭头示出了中间点Ⅴ的作图。

（2）P 对柱面的截交线是过Ⅱ、Ⅲ点的侧垂线Ⅱ Ⅵ、Ⅲ Ⅷ，水平投影为实长，侧面投影积聚，可直接作出。

（3）Q 对柱面的截交线是圆弧Ⅵ Ⅶ Ⅷ，与两截平面的交线Ⅵ Ⅷ构成弓形，其侧面投影反映实形，水平投影积聚成线段，图中用箭头示出端点Ⅵ的作图。

补轮廓线：锥底轮廓线的水平投影，在俯视轮廓与切口之间可见，画实线，其余画虚线。

第二节　贯　穿　点

工程上常遇到的形体表面交线，大多是两个或多个立体相交时的相贯线。形体总是由数个有限面围成的，故相贯线也可看作是若干段截交线围成的空间闭合线，如图 7 - 12 中棱柱与棱锥互贯时的相贯线是由Ⅰ、Ⅱ、Ⅲ三个截平面构成的。显然，绘图时，若先把每个锥面与棱柱的截交线全画出来，再分析哪些是相贯线，不仅工作量大，而且图面十分混乱。为了提高作图的有效性与准确性，就需进一步讨论棱线贯穿立体的作

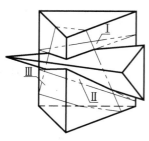

图 7-12　两立体相贯时
的截平面

图法。

直线与立体表面相交，其交点称为贯穿点（即贯入点和穿出点的总称），它是直线与立体表面的共有点。求贯穿点的方法与求线面交点的方法相似。它主要用于确定平面立体与其他形体相交时相贯线上的特征点。

一、特殊位置情况

1. 直线为投影面的垂直线

图 7-13 所示直线 AB 为一铅垂线，其水平投影积聚成一点 $a(b)$，贯穿点的水平投影已知。AB 与锥面贯穿点的正面投影 k_1'，可用面上取点的方法作出；它与锥底贯穿点的正面投影 k_2'，由于底面是水平面，有积聚性，也可直接求得。

直线的可见性，可利用重影点来判别，也可根据贯穿点所在表面的可见性来确定。图 7-13 中贯穿点 K_1 位于前锥面，直线的正面投影 $a'k_1'$ 可见，画实线；贯穿点 K_2 是积聚面上的投影，不必判别；至于两贯穿点之间的线段则与形体视为一体，不必画出。

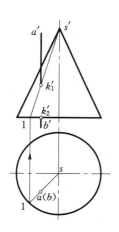

图 7-13　铅垂线与圆锥相交

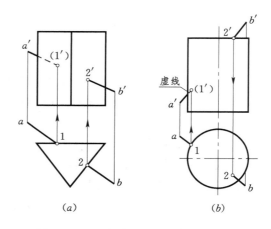

(a)　　　　　　　　　　(b)

图 7-14　一般位置线与直立柱体相交

2. 贯穿面为特殊位置面

图 7-14（a）中 AB 斜穿一直三棱柱，两贯穿点都在侧面，由于棱面水平投影有积聚性，贯穿点水平投影 1、2 已知，用线上取点法作出正面投影 $1'$、$2'$。贯穿点 1 在后棱面，故直线 $a'(1')$ 被遮挡部分画虚线，而 $2'b'$ 段画实线；图 7-14（b）中 AB 对直圆柱的两个贯穿点，Ⅰ 在柱面、Ⅱ 在顶面。因柱面为铅垂面，Ⅰ 的水平投影已知，其正面投影可由线上取点法作出；而柱顶为水平面，Ⅱ 的正面投影已知，其水平投影也用线上取点法作出。另外，Ⅰ 点在后半柱面，所以，直线 $a'(1')$ 被挡部分画虚线，而 $2b$ 段画实线。

二、一般位置情况

当直线与贯穿面二者的投影均无积聚性时，求贯穿点的方法，类似于求一般位置线、面的交点，宜采用辅助面法。但是，此时的辅助面实质上是包含直线的某一截平面，所以，必须考虑立体表面的特征，使截交线的投影尽可能简单易画，如直线或圆，以便迅速、准确地定出贯穿点。

求作一般位置线、面（平面或曲面）贯穿点的步骤归纳如下：

（1）分析形体特征，确定包含直线作什么辅助面。

（2）求作辅助面与立体表面的截交线。

（3）在辅助面上定出直线与截交线的交点（贯穿点），并判别其可见性。

【例 7 - 10】　求图 7 - 15 所示直线与棱锥的贯穿点。

分析： 由图可见，一般位置直线 DE 与三棱锥的两侧棱面相交，由于侧棱面均为一般位置面，因此，需用辅助面法求解。可取包含直线的正垂面或铅垂面作辅助面。

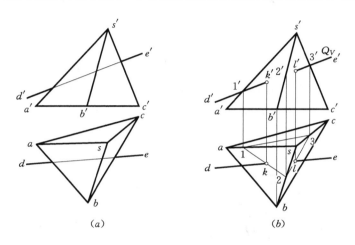

图 7 - 15　一般位置线与棱锥的贯穿点

作图： 见图 7 - 15（*b*）。

（1）包含 $d'e'$ 作辅助面 Q_V，并作出截交线的水平投影△123。

（2）△123 与 de 的交点 k、l 即为两贯穿点的水平投影；再以线上取点法求出正面投影 k'、l'。

连线： 因贯穿点 K、L 位于可见的左前棱面 SAB 和右前棱面 SBC，故贯穿点 K、L 的投影都可见，直线上 DK、EL 的两投影均画实线。

【例 7 - 11】　求图 7 - 16 所示直线 AB 与直立正圆锥的贯穿点。

分析： 直线与锥面均无积聚性，应包含 AB 作辅助面求解。若选用正垂面（或铅垂面），其截交线是椭圆（或双曲线），作图不便，精度也较差；而采用通过锥顶 S 的平面，它与锥面的交线是相交二直线，作图快捷、准确，故应取后者。

作图： 见图 7 - 16（*b*）。

（1）求作辅助面 SAB 与锥底所在的水平面 R 的交线：延长 BA 交 R 于 M；为避免图幅过大，可在直线 B 侧任取辅助点 C，连接并下延 SC，交 R 于 L，ML 即为辅助面与锥底所在面 R 的交线。

（2）ml 与锥底圆交于 d、e，连接 sd、se，即得截交线的水平投影。

（3）ab 与 sd、se 的交点，为贯穿点的水平投影 1、2；再按线上取点法求出 $1'$、$2'$。

连线： 因直线由前锥面穿过，贯穿点 Ⅰ、Ⅱ 都可见，故 AⅠ、ⅡB 均连实线。

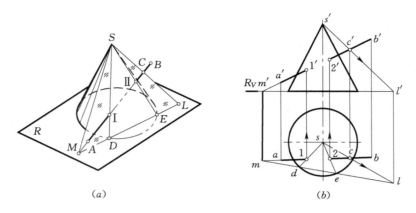

图 7-16　一般位置线与圆锥的贯穿点

【例 7-12】　求图 7-17（a）所示直线 AB 与斜椭圆柱（水平截面为圆）的贯穿点。

分析：由图可见，一般位置线 AB 与斜椭圆柱的投影均无积聚性，必须借辅助面法求解。可选包含直线且与柱轴平行的平面作辅助面，它对柱面的交线是两平行素线。

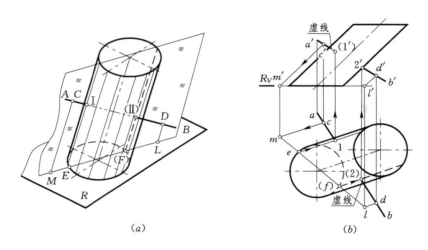

图 7-17　一般位置线与斜椭圆柱的贯穿点

作图：见图 7-17（b）。

（1）为避免图幅过大，过 AB 上任两点 C、D 作轴线的平行线 CM、DL，求出它们与柱底 R（水平面）交线的水平投影 ml。

（2）ml 与柱底圆交于 e、f 两点；过 e、f 作柱轴的平行线（素线），交 ab 于 1、2，即得直线与斜椭圆柱贯穿点的水平投影；再用线上取点法求其正面投影 1′、2′。

连线：由于直线 AB 由椭圆柱的左后上方穿向右前下方，正面投影 1′和水平投影 2 不可见，故线段 a′1′和 2b 段被柱面遮挡部分画虚线。

【例 7-13】　求图 7-18（a）直线与圆球的贯穿点。

分析：AB 是一般位置线，包含它不能直接作出投影面的平行面，截交线（圆）的投影必为椭圆，作图不便且精度较差。

若先用换面法把直线变成新投影面的平行线，那么包含 AB 的垂直面就是新投影面的平行面，交线的新投影为实形圆，作图就容易了。

作图：见图 7 - 18 （b）。

以 V_1 替换 V，作出 AB 的新投影 $a_1'b_1'$，它与辅助面 P_H 交线圆的新投影圆 o_1'，二者的交点即贯穿点的新投影 $1_1'$、$2_1'$，返回到原体系，得水平投影 1、2 和正面投影 $1'$、$2'$。

连线：直线 AB 由球的左前下方穿向右后上方，贯穿点 $1'$、2 可见，故 $a'1'$、$b2$ 画实线；贯穿点 $2'$、1 不可见，故 $a1$、$b'2'$ 被圆球遮挡部分画虚线。

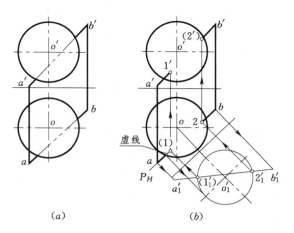

(a)   (b)

图 7 - 18　一般位置线与圆球的贯穿点

第三节　平面体相贯线

相贯线是相交两立体表面的交线，一般来说，它应具有以下两个基本性质：

（1）相贯线是两立体表面的分界线，相贯线上的点是两立体表面上的共有点。

（2）由于立体的空间尺度有限，所以，相贯线一般都是封闭的。

一立体的所有棱线或素线都穿过另一立体时称全贯，见图 7 - 19 （a），否则称互贯，见图 7 - 19 （b）。不难看出，全贯时，立体表面将产生两条相贯线；而互贯只有一条。

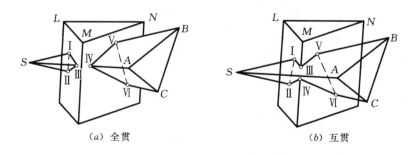

（a）全贯   （b）互贯

图 7 - 19　两平面立体相交

由于相交两立体表面形状不同，相贯线的特点也不同，因此，相贯线可分为平面体相贯线与曲面体相贯线两类。平面体相贯线是指两平面立体或平面立体与曲面立体的交线，它是以平面立体的棱面为截平面而形成的，故各组成线段都是平面曲线。本节将讨论平面体相贯线。

一、平面立体与平面立体相交

两平面立体的相贯线一般是闭合的空间折线，相贯线上每一线段都是两立体的表面交线，而折点则是一立体的棱线（或底边线）对另一立体的贯穿点，见图 7 - 19。

求作两平面立体（全贯或互贯）的相贯线，通常采用下面两种方法：

（1）截交线法：求出一立体各有关平面与另一立体的截交线，然后再分析、组合，得出相贯线。

（2）贯穿点法：求出两立体上各有关棱线的贯穿点，然后按一定顺序连成相贯线。

为避免作图的盲目性，在解题前都必须分析哪些线、面参与相贯。下面，举例说明其作图方法。

【例 7-14】　求作图 7-20（a）所示三棱柱与三棱锥的相贯线。

分析：由水平投影可以看出三棱柱的 L、N 棱和棱锥的 SA 棱没有参与相交，本例为互贯，相贯线是一条闭合的空间折线。棱柱的上、下底为水平面，侧面为铅垂面，相贯线的水平投影重影于 lm 与 mn，本题只需求出相贯线的正面投影。

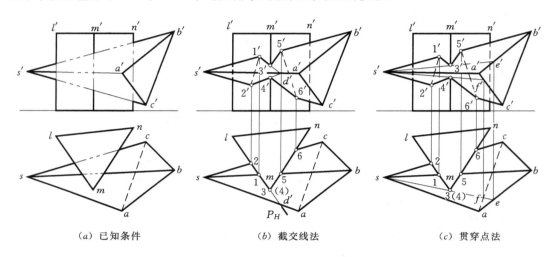

（a）已知条件　　　　　（b）截交线法　　　　　（c）贯穿点法

图 7-20　三棱柱与三棱锥的相贯线

作图：（1）截交线法：见图 7-20（b）。

因三棱柱的棱面有积聚性，柱面 LM、MN 与棱锥 SBC 的截交线 Ⅰ Ⅱ、Ⅴ Ⅵ，可由线上取点法直接求得。扩展棱面 LM（铅垂面 P），截锥棱 SA 于 D，作出平面 P 与棱锥的截交线△Ⅰ Ⅱ D，就可得 P 面与 M 棱的交点Ⅲ、Ⅳ，而Ⅲ Ⅰ Ⅱ Ⅳ即 LM 棱面与棱锥的截交线；同法可求出 MN 棱面与棱锥的截交线Ⅲ Ⅴ Ⅵ Ⅳ，组合起来，即得两立体的相贯线。

连线：只有同时位于两立体可见表面上的交线，才属可见，否则不可见。本例棱柱 LM、MN 棱面和棱锥 SAB、SAC 棱面的正面投影都可见，故相贯线正面投影 1'3'5' 及 2' 4'6' 可见，画实线；棱面 SBC 正面投影不可见，故交线 1'2'、5'6' 画虚线。

补棱线：SA 位于相贯体的最前面，未参与相交，画实线，而位于棱锥后面的 N、L 棱被遮挡部分画虚线；相贯线上 6 个折点的正面投影都可见，$s'1'$、$b'5'$、$s'2'$、$c'6'$ 均画实线；M 棱上 3'、4' 之间的一段贯入三棱锥，不能连线，即 M 棱上下两段的实线画到 3' 和 4'。

（2）贯穿点法：见图 7-20（c）。

该相贯线共有 6 个贯穿点分别是：棱锥的 SB、SC 棱对棱柱的贯穿点 Ⅰ、Ⅴ、Ⅱ、Ⅵ，它们的投影可用线上取点法直接求出；棱柱的 M 棱对棱锥的贯穿点Ⅲ、Ⅳ，其投影可用图示面上取点法求出，依次相连各贯穿点即得相贯线。

连线：① 平面体相贯线是甲、乙两立体表面的交线，故只有当两个贯穿点既在甲的同一表面，又在乙的同一表面时，才能相连，而图 7－20（c）中 1′、4′虽都在柱面 LM上，却分别在锥面 SAB 和 SAC 上，它们之间就不能连线；② 因相贯线是闭合的，每一贯穿点均应与相邻贯穿点相连，但在同一棱上的两点不能连线。

判别可见性及补全棱线的方法与截交线法全同。

二、平面立体与曲面立体相交

平面立体与曲面立体的相贯线一般是由若干段平面曲线（包括直线）围成的空间封闭曲线。每段平面曲线都是平面立体的某个棱面与曲面立体的截交线。相邻两平面曲线的交点称为相贯线的结合点，它是平面立体某棱线与曲面立体的贯穿点。因此，求平面立体与曲面立体的相贯线，可归结为求平面对曲面的截交线（曲线）和棱线对曲面的贯穿点。下面举例说明它的作图过程。

【例 7－15】　求作图 7－21（a）所示三棱柱与正圆锥的相贯线。

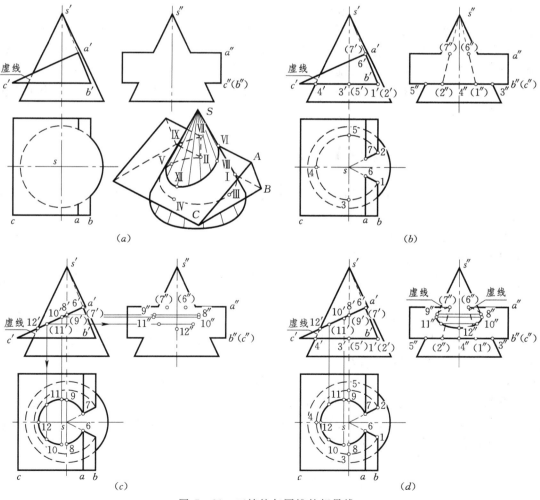

图 7－21　三棱柱与圆锥的相贯线

111

分析：因 C 棱未参与相交，本例为互贯，只有一条闭合曲线；棱柱正面投影积聚，相贯线的正面投影已知，需求出其水平投影及侧面投影；锥轴为铅垂线，棱面 BC 垂直于锥轴，其交线是大半圆弧；棱面 AB 向上扩展，恰过锥顶 S，其交线为两段直素线；棱面 AC 与锥轴斜交，其交线为部分椭圆。

作图：见图 7 - 21 (b) ～图 7 - 21 (d)。

(1) BC 棱面为水平面，它与锥面交线为圆弧 Ⅰ Ⅲ Ⅳ Ⅴ Ⅱ，其水平投影 13452 反映实形，侧面投影积聚在 BC 棱面上。

(2) 扩展 AB 面，连接锥顶 S 与 Ⅰ、Ⅱ，得 AB 棱面与锥的交线 Ⅰ Ⅵ、Ⅱ Ⅶ，见图 7 - 21 (b)。

(3) AC 棱面与锥面的交线是椭圆弧，除其最高点（A 棱对锥的贯穿点）Ⅵ、Ⅶ 已知外，椭圆弧上的其他各点，如锥面最左素线上的 Ⅻ，最前、最后素线上的 Ⅷ、Ⅸ 及截交椭圆短轴的端点 Ⅹ、Ⅺ，它们的投影都可用面上取点法作出，见图中 7 - 21 (c)。

连线：水平投影中，棱面 AC 和 AB 上的交线（椭圆和直线）都可见，画实线；棱面 BC 上的交线（圆）不可见，画虚线。侧面投影中，左半锥上的 8″10″12″11″9″ 可见，画实线；右半锥上的椭圆弧 9″7″、8″6″ 及直线 1″6″、2″7″ 不可见，画虚线，见图 7 - 21 (d)。

补轮廓：A 棱从右半锥面穿过，用虚线补至贯穿点 6″、7″，而 6″、7″ 之间不能连线。圆锥最前、最后素线用实线分别画至贯穿点 8″、9″，而 3″、8″ 与 5″、9″ 之间不能连线。

讨论：由作图可知，A、B 棱对锥的 4 个贯穿点 Ⅰ、Ⅱ、Ⅵ、Ⅶ，分别是三个平面上的截交线（椭圆、直线、圆）的交点，即棱柱与圆锥互贯时相贯线上的结合点。

第四节　曲面体相贯线

曲面体相贯线是两曲面体的表面交线，通常为一空间闭合曲线；相贯线是相交两立体表面的分界线，所以，相贯线上的每一点，都是两曲面体表面上的共有点。

曲面体相贯线的作图，一般是先确定该线上一系列的点（特殊点和中间点），再根据其可见性，依次光滑连接成实线或虚线。

求点的方法有面上取点法和辅助面法。下面以圆柱、圆锥等常遇回转体为例，讲述相贯线的作图方法。

一、用面上取点法求相贯线

当相交两立体某个表面的投影有积聚性时，相贯线的该面投影已知，其余投影可借助素线或纬圆，用面上取点的方法求出。

【例 7 - 16】　求作图 7 - 22 (a) 所示轴线交叉两圆柱的相贯线。

分析：两柱轴线垂直交叉，小柱所有素线都参与相交，相贯线是一条闭合空间曲线；小柱轴为铅垂线，相贯线的水平投影积聚在小柱的圆周上，大柱轴为侧垂线，其侧面投影积聚在大柱的上半圆弧上，本例只需作出正面投影。

作图：见图 7 - 22 (b)。

(1) 特殊点：小柱正视和侧视轮廓线对大柱的贯穿点 Ⅰ、Ⅲ、Ⅱ、Ⅴ 是相贯线左、右、前、后的控制点；而大柱正视轮廓线对小柱的贯穿点 Ⅳ、Ⅵ 则是最高点，它们都可用

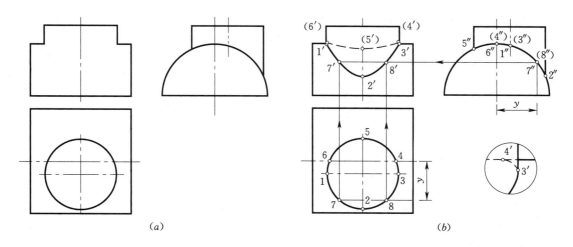

图 7-22　交叉两圆柱的相贯线

素线法直接求出。

（2）中间点：用线上取点的方法加密中间点，如图中箭头所示的Ⅶ、Ⅷ点。

连线：小柱前表面上 $1'7'2'8'3'$ 可见，连实线；其余的不可见，连虚线。

补轮廓：图 7-22 （b） 右下角放大示出 $3'$、$4'$ 附近，两柱正视轮廓线与相贯线的局部情况，由图可见，当轴线交叉时，两柱轮廓线的重影点并不在相贯线上，故小柱轮廓线的实线应画到 $1'$、$3'$，而大柱的轮廓线应用虚线画到 $4'$、$6'$。

工程实践中，常遇到较本例更为简单，即两柱轴正交的情况，此时则可用线上取点直接作图。图 7-23 （a） 所示穿孔的实心圆柱、图 7-23 （b） 所示内部为两正交空心圆柱的外方形体都是与两柱轴正交相似的结构，此时，孔与柱（孔）的边界交线实际上就是它们的相贯线。在构件作图时，为了表达内部交线，常把它沿对称平面剖开示出。

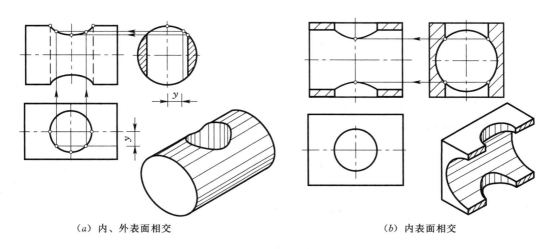

（a）内、外表面相交　　　　　　　　　　　　（b）内表面相交

图 7-23　孔、柱正交相贯线实例

113

二、用辅助面法求相贯线

相贯线上的每一点，都可以想象为某辅助面与两曲面体表面，这三个面上的共有点。所以，辅助面法是求作两曲面体相贯线的基本方法，既可用于回转体，也可用于非回转体。

辅助面的形状，大多采用平面，有时也可采用球面或其他曲面；选择的原则是，该面截交线的投影要尽可能简单易画（如直线、圆弧等），这样，求解相贯线的图面，也必然清晰、准确。因此，选择辅助面时，应充分考虑两相贯体的几何形状与相互位置等特征。

下面，仅讲述常用辅助面——平面或球面的适用条件及作图特点。

1. 以平面为辅助面

回转体通常采用投影面的平行面作为辅助面（平行平面法），而直线面也可考虑用包含素线的平面（素线平面法）。显然，对圆柱、圆锥，这两种方法都可使用。

【例 7 - 17】　求作图 7 - 24（a）所示圆柱与圆锥的相贯线。

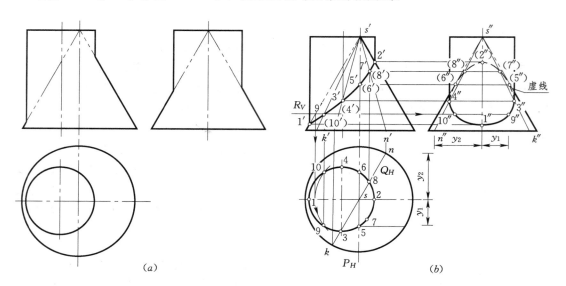

图 7 - 24　求圆柱与圆锥的相贯线

分析：圆柱素线都参与相交（未穿透），相贯线是一闭合空间曲线；柱轴为铅垂线，相贯线的水平投影积聚在柱面的圆周上，本例需求出正面投影与侧面投影；从水平投影可以看出，相贯体前后对称，相贯线也对称，其正面投影前后重合。

作图：见图 7 - 24（b）。

（1）特殊点：相贯体前后对称，两正视轮廓素线的交点 Ⅰ、Ⅱ 是相贯线的最低、最高点；锥的前后素线对柱的贯穿点 Ⅴ、Ⅵ，可用素线平面 P_H 作出；柱的前素线对锥的贯穿点 Ⅲ 和中间点 Ⅷ 可用素线平面 Q_H 作出，再根据对称性补出柱的最后素线对锥的贯穿点 Ⅳ 和中间点 Ⅶ。

（2）中间点：用辅助水平面 R_V 加密中间点，如图中的 Ⅸ、Ⅹ。

连线：相贯线正面投影前后重合，画实线；Ⅲ、Ⅱ、Ⅳ 位于右半柱面，相贯线的侧面投影 3″5″7″2″8″6″4″ 不可见，连虚线；其余连实线。

补轮廓：侧面投影中，柱轮廓用实线画到 3″、4″；锥轮廓用虚线画到 5″、6″。

【例 7−18】　作图 7−25（a）所示圆柱与半圆球相贯线的投影。

分析：圆柱的所有素线参与相交（未穿透），相贯线是一条闭合空间曲线。圆柱轴线是铅垂线，相贯线的水平投影积聚在圆周上（已知），本例只需求作正面投影。相贯体前后不对称，正视轮廓素线不相交；本例宜采用平行平面法（正平面或水平面），但对特殊点的定位，正平面更准确、方便。

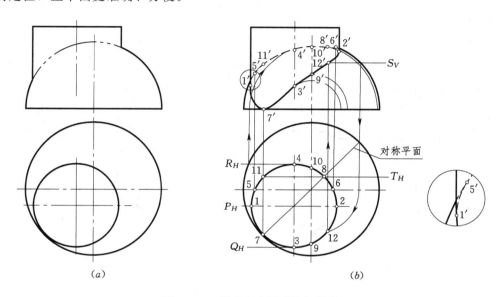

图 7−25　圆柱和半圆球的相贯线

作图：见图 7−25（b）。

（1）特殊点：球面正视轮廓线对柱面的贯穿点Ⅴ、Ⅵ、对称面（含柱轴和球心的铅垂面）上的Ⅶ点（最低点），都可用线上取点法直接求得；圆柱轮廓线对球面的贯穿点（最左Ⅰ、最右Ⅱ、最前Ⅲ、最后Ⅳ），球面侧平大圆对柱面的贯穿点Ⅸ、Ⅹ以及对称面上的Ⅷ（最高点），都可用正平辅助面作出。

（2）中间点：Ⅺ点是在求作Ⅷ点时同时得到的，而Ⅻ点则是以水平辅助面 S_V 单独作出。

连线：1′7′3′9′12′2′位于圆柱前表面，连实线；其余连虚线。图 7−25（b）右下角放大示出了在 1′、5′附近，正视轮廓线与相贯线的情况。

补轮廓：相贯体的正视轮廓线不相交，柱轮廓线用粗实线画到 1′、2′；球面正视轮廓线用虚线画到 5′、6′。

【例 7−19】　求图 7−26（a）所示斜交两圆柱相贯线的投影。

分析：两柱轴斜交，小柱的所有素线参与相交，相贯线是一闭合空间曲线。大柱轴是侧垂线，相贯线的侧面投影积聚在大圆周上，本例需求出正面投影与水平投影。相贯体上下对称，相贯线水平投影上下重合。因两柱轴都平行于水平面，故用水平辅助面最方便。

作图：见图 7−26（b）、（c）、（d）。

（1）求特殊点：俯视轮廓线的交点是相贯线的最左点Ⅰ、最右点Ⅱ；侧视轮廓线的交

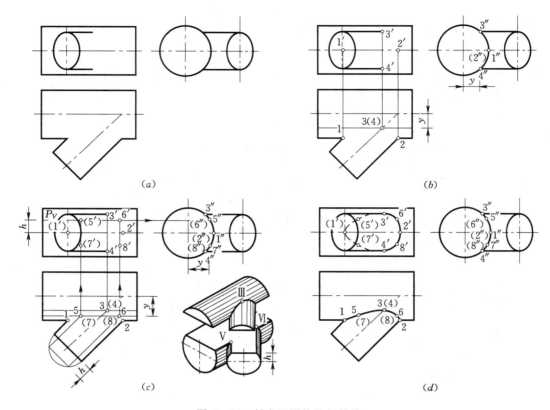

图 7-26　斜交两圆柱的相贯线

点是最高点Ⅲ、最低点Ⅳ，都可用线上取点法直接得出，见图 7-26（b）。

（2）求中间点：用水平辅助面补入适当数量的中间点，如图中Ⅴ、Ⅵ及其对称点Ⅶ、Ⅷ。图 7-26（c）中用变面法示出了辅助水平面切割小圆柱的位置 h（至柱轴所在面的距离）。

连线： 相贯线上下重合，其水平投影连实线；正面投影中形体前表面 $3'6'2'8'4'$ 可见，连实线，其余画虚线。

补轮廓： 小柱正视轮廓实线画到 $3'$、$4'$，见图 7-26（d）。

2. 以球面为辅助面

当回转轴通过球心时，任何回转面与球面的交线均为一纬圆，它所在的平面必与回转轴垂直。图 7-27 中箭头所示圆柱、圆锥与球体的交线，也可看作是正视轮廓线的交点绕回转轴旋转形成的。

下面，以图 7-28 所示斜交两圆柱为例，讨论用辅助球面求作相贯线的方法。

图 7-28（a）为斜交两圆柱与球体相交的直观图，由于球心位于两柱轴的交点，故它们的相贯线是两个斜交的圆。图 7-28（b）中两柱轴都平行于正面，以其交点 o' 为球心，半径为 R 的辅助球面，与两柱面交线（圆）在 V 面积聚成两段直线，其交点 $1'$（$2'$），就是相贯线正面投影上的点。故用不同半径求出一系列交点，依次连接即得相贯线的正面投影。为保证辅助球面同时与两回转面的轮廓线相交，其半径应在 R_{max} 与 R_{min} 之

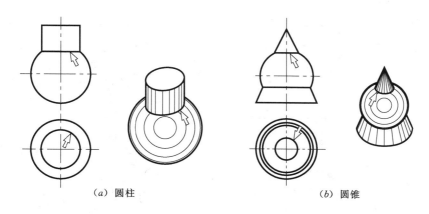

（a）圆柱　　　　　　　　　　　（b）圆锥

图 7-27　回转面与圆球的相贯线

间，其中 R_{min}（最小半径）取 o' 至两柱轮廓线的垂距较大者 $o'f$；R_{max}（最大半径）是 o' 至两柱轮廓最远交点的距离 $o'3'$。辅助球面法的使用条件如下：

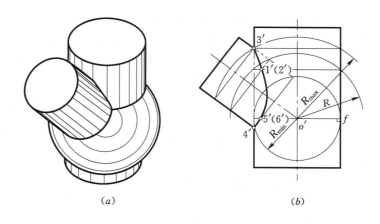

（a）　　　　　　　　　　　（b）

图 7-28　用球面法求斜交两圆柱的相贯线

（1）两立体都是回转体。因为，只有回转体与球面的交线才是圆。

（2）两轴线应相交。因为，只有以交点为球心，才能保证球心同时位于两回转体的轴上。

（3）两轴所在平面应平行于某一投影面。只有这样才能使球面与两立体交线的投影均为直线。

注意：上述条件中，（1）、（2）是必要条件，而（3）是可以通过变换投影面实现的。

【例 7-20】　求作图 7-29 所示斜交圆柱与圆台的相贯线。

分析：圆柱所有素线都参与相交（未穿透），相贯线是一条闭合空间曲线；柱轴是正平线，圆台轴是铅垂线，两轴交于 o'，它们所在平面平行于正面，本例采用辅助球面法作图最简便。相贯体前后对称，正面投影前后重合，需求出相贯线的正面投影和水平投影。

作图：见图 7-29（b）。

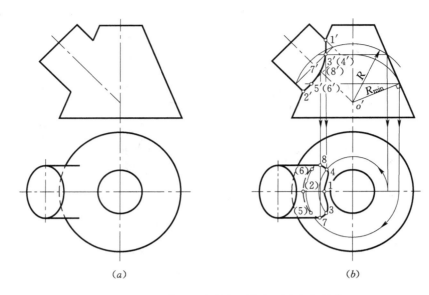

图 7 - 29　以球面法求斜交圆柱与圆台的相贯线

（1）相贯线的正面投影：因相贯体前后对称，故正视轮廓的交点 $1'$、$2'$，为相贯线的最高、最低点。以两轴交点 o' 为圆心，辅助球面半径应在 $R_{max} = o'1'$ 与 R_{min} 之间选定。R_{min} 应取 o' 至两立体轮廓线距离较远者，即图示至锥台轮廓的垂距。图中分别以 R 及 R_{min} 作辅助球面，求出相贯线上 $3'$（$4'$）、$5'$（$6'$），连线 $1'3'5'2'$ 即得正面投影。$7'$（$8'$）为连线与圆柱最前、最后素线的交点。

（2）相贯线的水平投影：小柱轮廓线对圆台的贯穿点 Ⅰ、Ⅱ、Ⅶ、Ⅷ，可用线上取点法直接求得，其余中间点以圆台表面取点法（纬圆）得出，见图 7 - 29（b）所示的箭头。

连线： 正面投影前后重合，连实线；水平投影中 73148 在上半柱面，连实线，其余连虚线。

补轮廓： 小柱俯视轮廓的实线画至 $7'$、$8'$。

由上述两例可见，以辅助球面法求作相贯线，可在一个投影面上完成作图，这是辅助球面法的突出优点。图 7 - 30（a）是土建工程中常见的变径分叉管，只要管道轴线相交，且都平行于某一投影面，就可采用辅助球面法直接在该投影上求作相贯线。辅助球面法的另一优点是可以求出相贯线上某些特殊点，如图 7 - 30（b）中两相贯线的最左、最右点位，可用最小辅助球面准确求出。但，也有一些特殊点，如图 7 - 29 中圆柱最前、最后素

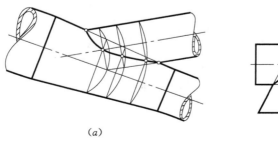

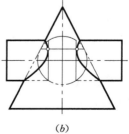

图 7 - 30　辅助球面法的单面作图

线对圆台的贯穿点 7′（8′），用辅助球面作图就不易准确得出。

三、回转体相贯线的变化

回转体的相贯线，一般情况下为闭合空间曲线，有时也可以是直线或平面曲线。

1. 相贯线是直线

（1）两柱轴平行且柱底共面，相贯线是两平行直线，见图 7-31（a）。

（2）两锥共顶且锥底共面，相贯线是两相交直线，见图 7-31（b）。

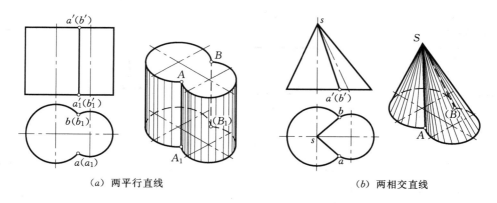

（a）两平行直线　　　　　　　　　（b）两相交直线

图 7-31　相贯线是直线

2. 相贯线是平面曲线

（1）两回转体共轴时，称同轴回转体。同轴回转体的相贯线都是圆，见图 7-27。

（2）当圆柱与圆柱（或圆锥）相交，且内切同一球面时，相贯线为椭圆，见图 7-32。

图 7-32（a）中两圆柱的直径相等，轴线正交，相贯线是两全等椭圆（短轴为柱径）；图 7-32（b）两圆柱的直径相等，轴线斜交，相贯线为长轴不等的两椭圆弧（短轴为柱径）；图 7-32（c）圆柱与圆锥的轴线正交相贯线是两全等椭圆，短轴仍为圆柱的直径。顺便指出，图 7-32 所示两回转体相交轴线所在平面都是正平面，故相贯线正面投影积聚均为相交两直线。

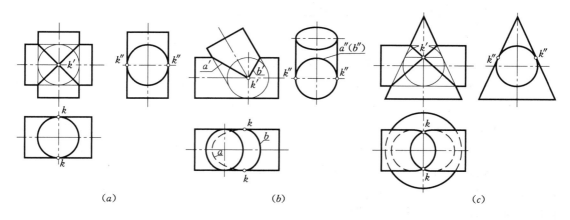

（a）　　　　　　　　　　（b）　　　　　　　　　　（c）

图 7-32　相贯线是平面曲线

为提高对回转体相贯线的空间想象能力，可进一步讨论相交两立体的尺寸或相对位置改变时，相贯线形状的变化。下面，我们仅以轴线相互垂直的两圆柱为例，对相贯线的变化趋势加以说明。

（1）两柱轴不变，改变两柱相对尺寸（直径），见图 7 - 33。

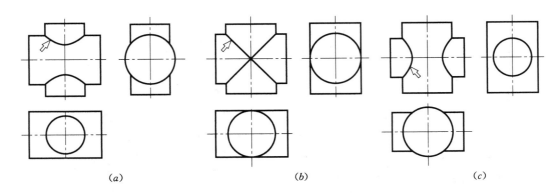

图 7 - 33　改变两柱相对大小时的相贯线

由图可见，两柱轴正交，当直立圆柱的直径小于水平圆柱时，相贯线为上、下两条空间曲线，如图 7 - 33（a）；两圆柱的直径相等时，相贯线为两条正交的平面曲线（椭圆），如图 7 - 33（b）；直立圆柱大于水平圆柱时，相贯线为左、右两条空间曲线，如图 7 - 33（c）。

（2）两柱尺寸不变，立柱后移改变轴间的距离，见图 7 - 34。

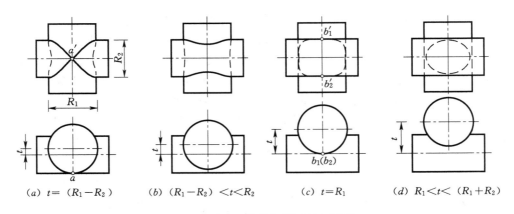

（a）$t = (R_1 - R_2)$　（b）$(R_1 - R_2) < t < R_2$　（c）$t = R_1$　（d）$R_1 < t < (R_1 + R_2)$

图 7 - 34　改变两柱轴间距时的相贯线

图中立柱半径（R_1）大于水平柱（R_2），当两柱轴正交（轴间距 $t = 0$）时，相贯线如图 7 - 33（c）所示，为左、右两条前后对称的闭合曲线。当立柱后移，轴间距为 $t = R_1 - R_2$ 时，两柱的最前轮廓线相切于 A，相贯线为两条过 A，前、后不对称的闭合曲线，如图 7 - 34（a）；当 $(R_1 - R_2) < t < R_2$ 时，相贯线为一前后不对称的闭合曲线，且与两柱正视轮廓相切，见图 7 - 34（b）；当立柱后移至轴间距 $t = R_1$ 时，水平柱上下轮廓与立柱最前轮廓相切于 B_1、B_2，相贯线为一与水平柱上下轮廓相切的闭合曲线，因它位于水平柱的背面，正面投影不可见，如图 7 - 34（c）；而当轴间距为 $R_1 < t < (R_1 + R_2)$ 时，相贯的范围逐渐变小、退缩，直至与两柱轮廓脱离，见图 7 - 34（d）。以上 4 例中，图 7 - 34（a）为全贯，而图 7 - 34（b）、（c）、（d）为互贯。

应该指出，相贯线投影的形状除上述因素外，还须考虑两轴与投影面的相对位置，举例如下。

【例 7 - 21】 求作图 7 - 35（a）所示正交两圆柱的相贯线。

分析： 两柱轴正交，小柱的所有素线都参与相交，相贯线是一闭合空间曲线。大柱轴是铅垂线，相贯线水平投影积聚在大圆周上，只需求出正面投影。小柱轴是水平线，倾斜于正面，相贯线的正面投影前、后不重合。本例可用辅助面法（铅垂面或水平面）求解，但对特殊点定位，以铅垂面为好。

作图： 见图 7 - 35（b）。

（1）特殊点：小柱轮廓线对大柱贯穿点，即相贯线最前点Ⅰ、最后点Ⅱ、最高点Ⅲ和最低点Ⅳ，可直接作出；大柱左、前轮廓线对小柱贯穿点Ⅴ、Ⅵ、Ⅶ和Ⅷ，用铅垂辅助面 P_H、Q_H 作出。

（2）中间点：中间点Ⅸ、Ⅹ是在求大柱左轮廓对小柱贯穿点Ⅴ、Ⅵ的同时得到的。

连线： 正面投影中 $3'9'7'1'8'10'4'$ 位于两柱前表面，可见，连实线；其余不可见，连虚线。

补轮廓： 小柱的正视轮廓用实线画至 $3'$、$4'$，而大柱左轮廓用虚线画至 $5'$、$6'$，见图 7 - 35（c）。

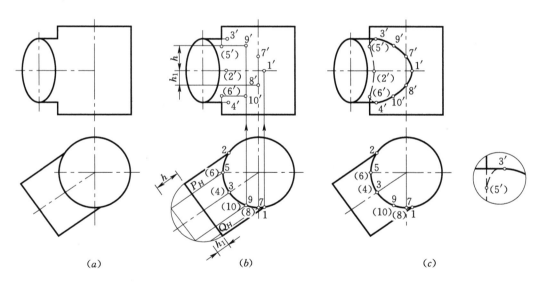

（a）　　　　　　　　　（b）　　　　　　　　　（c）

图 7 - 35　轴线与投影面位置对相贯线投影的影响

本例与图 7 - 33（c）中两圆柱正交情况类似，但因小柱轴倾斜于正投影面，相贯线正面投影的形状要复杂得多，作题的难度也随之增加。所以，在作图求解前，除了形体分析外，还须进行投影分析，选定简单、易行的解题方法和步骤。

复习参考题

1. 试述平面与棱柱、棱锥相交时，截交线的性质及其作图方法。

2. 试述平面与回转面相交时，截交线的性质及其作图方法。

3. 圆柱面、圆锥面被平面所截，其表面都能生成什么形状的截交线？

4. 为什么要引出"贯穿点"的概念？试归纳求贯穿点的方法和步骤。

5. 求得平面体相贯线各顶点后，连线的原则是什么？如何判别相贯线的可见性？

6. 试分析平面体相贯线和曲面体相贯线的共性和个性。

7. 试述求曲面体相贯线的方法。相贯线上哪些点必须首先求出？

8. 用辅助平面法求曲面体相贯线，应如何选择辅助面？

9. 选择辅助球面法作图的条件是什么？试述其优缺点。

10. 影响相贯线投影形状的因素有哪些？解题前为何还要进行投影分析？

第八章 立体的表面展开

在工农业生产和日常生活中，经常碰到板料制作的空心薄壁构件，如钢管、弯头、岔管、锅炉、烟囱、料斗等。为了便于制造，就要画出它们的展开图。

把立体表面按其形状和大小分成若干单元片，依次摊平在一个平面上，称为立体表面的展开，展开所得的图形叫展开图（即放样图）。

图8-1所示是常见的几种钣金件，它们都是用薄钢板（铁皮）制作的。制造时，先按构件各单元片的形状和大小，在板材上画出各个的"放样"图，再经下料、弯卷、焊接等工序而成。

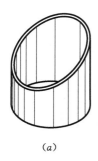 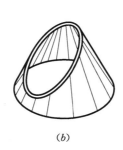 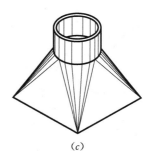

(a)　　　　　　　　(b)　　　　　　　　(c)

图8-1 几种常见的钣金件

第五章、第六章讲过的立体表面，一类是可以摊平在同一平面上的，称为可展开面，平面立体的表面以及相邻素线平行、相交时形成的直纹曲面（例如圆锥、圆柱）都是可展开面；而另一类只能近似摊平在一个平面上，则称为不可展开面，包括以曲线为母线形成的曲线面，如球面、环面，以及相邻素线交叉而形成的直纹曲面，如双曲抛物面、锥状面、柱状面等。

画展开图的关键是求立体表面的实形，绘制方法有图解法和数解法，本课程只介绍图解法。

第一节 平面立体的表面展开

平面立体的表面实际上是由若干个多边形围成的。因此，求平面立体表面的展开图，就是在同一平面上把这些多边形的实形依次画出来。

一、棱锥表面

棱锥的底面是多边形，侧面都是三角形，因此，只要以锥顶 S 为基准点画出各侧棱和底边的实长，就可以得到它的侧面展开图。

【例 8-1】 作截头三棱锥的侧面展开图。

分析： 先按完整三棱锥展开，然后在展开图上定出截口各点的位置，再用折线连结即可。

作图： 见图 8-2。

(1) 将棱线延长得到锥顶 S，并求出各棱线和底边的实长。由于底面是水平面，水平投影各边均为实长，SA 棱是正平线，$s'a'$ 为实长，故只需用旋转法求出 SB、SC 棱的实长 $s'b_1'$、$s'c_1'$。

(2) 用相似三角形求锥顶到截口各点间线段的实长 $s'1'$、$s'2_1'$、$s'3_1'$。

(3) 为了减少焊缝的长度，通常以最短的棱作接缝。本例从 SB 开始按棱线和底边实长，依次画出各棱面的实形 $S_0B_0C_0$、$S_0C_0A_0$ 和 $S_0A_0B_0$，即为三棱锥的侧面展开图。

(4) 截去各棱线相应的线段 $S_0 \text{I} = s'1'$、$S_0 \text{II} = s'2_1'$、$S_0 \text{III} = s'3_1'$，再用折线依次连接 II、III、I、II，即得截头三棱锥的侧面展开图。

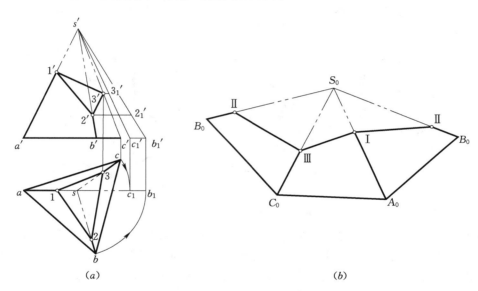

图 8-2 截头棱锥的侧面展开图

二、棱柱表面

棱柱的侧面是矩形或平行四边形，其侧棱互相平行。画棱柱的展开图常用正截面法和三角形法，分别介绍如下。

1. 正截面法

用垂直棱线的平面截切棱柱，可得以正截面为底的两个直棱柱，然后求出正截面的实形和各棱线的实长，再按展开正棱柱的方法（正截面法）展开。即先将正截面实形展成一直线，过各角点作垂线并量取相应的棱长，再依次连接端点，得棱柱的侧面展开图。

【例 8-2】 作图 8-3 (a) 所示截头斜三棱柱的侧面展开图。

分析： 由图可以看出，该斜棱柱的侧面为梯形，侧棱都是正平线，其正面投影为实长；下底面是水平面，水平投影 $\triangle abc$ 为实形，但上、下底面都不是正截面。作图时，可先取一正截面 P_v，求得其实形后，再展开。

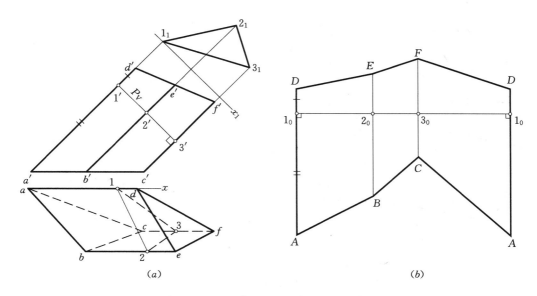

图 8-3   用正截面法展开斜三棱柱的侧面

作图：见图 8-3。

（1）过 $a'd'$ 棱上的 $1'$ 点作辅助正截面 P_V，交 $b'e'$、$c'f'$ 于 $2'$、$3'$ 点，并定出相应的水平投影 $\triangle 123$，然后用变面法求出该正截面的实形 $\triangle 1_1 2_1 3_1$，见图 8-3 (a)。

（2）将 $\triangle 1_1 2_1 3_1$ 展开成一直线 $1_0 2_0 3_0 1_0$，并过各角点作垂线，即为各侧棱的位置。

（3）在垂线上量取相应的分段长，如 $D1_0 = d'1'$、$A1_0 = a'1'$、$E2_0 = e'2'$、$B2_0 = b'2'$、…得各端点，依次用折线连接 $ABCA$、$DEFD$，即得侧面展开图，见图 8-3 (b)。

2. 三角形法

仅知道平行四边形各边的长度不能确定其实形，但增加一条对角线，将其分成两个三角形，先求出三角形的实形，再依次平摊，即可得斜棱柱的侧面展开图，这种方法叫三角形法。

【例 8-3】   作图 8-4 (a) 所示斜三棱柱的侧面展开图，见图 8-4 (b)。

分析：图示棱柱上、下底面都是水平面，其水平投影为实形；棱柱的侧面是平行四边形，可用三角形法展开，这时只需求出侧棱和添加三条对角线的实长即可。

作图：见图 8-4。

（1）在棱柱的三个侧面各添一条对角线 AE、AF、CE。

（2）用实长三角形求出侧棱和各对角线的实长。为使图形清晰，特将实长三角形放在正视图的右侧，见图 8-4 (a)。

（3）展开时，先画竖直线且使 $A_0 D_0 = AD$，分别以 A_0、D_0 为圆心，AE、de 为半径画弧相交于 E_0，得 $\triangle A_0 D_0 E_0$；以同样方法依次画出其余各相邻的三角形，即得斜三棱柱的侧面展开图，见图 8-4 (b)。

应该指出，对展开图的精度应有检查，斜三棱柱须查各棱线是否相互平行，始末两 A_0 的连线与棱线是否垂直。若作图不准确，弯折成形时，两 A_0 就不能重合，若超出允许

125

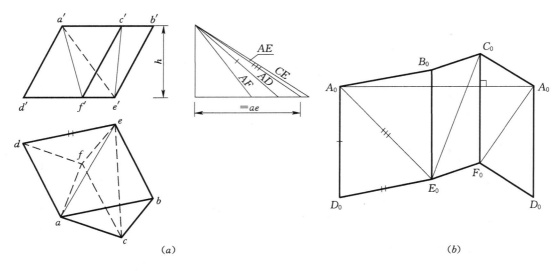

图 8-4　用三角形法展开斜三棱柱的侧面

精度，应重作。

第二节　可展曲面的表面展开

一、正圆柱面

正圆柱面的展开图是以柱高为一边，底圆周长为另一边的矩形；圆柱也可以看作是一个有较多侧面的棱柱，所以它的展开方法类似于棱柱。

【例 8-4】　作图 8-5（a）所示截头正圆柱面的展开图。

分析：由图可以看出，柱轴为铅垂线，正面投影中各素线为实长，底面是正截面，故可用正截面法展开；同时，该形体前后对称，素线前后等长。

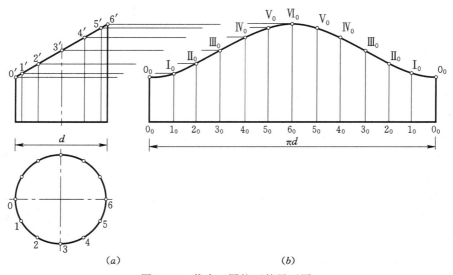

图 8-5　截头正圆柱面的展开图

作图：见图 8−5。

（1）将底圆周 12 等分，再过各分点 0、1、2、…作出相应素线的正面投影，见图8−5（a）。

（2）将底圆周展成一直线（πd），过各等分点作垂线，再量取相应的素线长，得各顶点 0_0、I_0、II_0、…、VI_0、…、II_0、I_0、0_0。

（3）用曲线光滑连接各端点，即得截头正圆柱面的展开图，见图 8−5（b）。

二、正圆锥面

正圆锥面的素线长相等，锥面的展开图是一个以锥顶为圆心（基准点），素线长 L 为半径，底圆周长 $2\pi R$（底圆半径）为弧长的扇形，其圆心角 $\theta = 360° \times R/L$。另外，圆锥面还可以看作是具有许多棱线的棱锥面，故它的展开方法也与棱锥相似。

【例 8−5】 作图 8−6（a）所示截头正圆锥面的展开图。

分析：由图可以看出，该形体前后对称，素线前后等长。应以锥顶 S。为基准先按完整的正圆锥面展开，然后在展开图上定出截交线的点位，再用曲线光滑连接，即得截头正圆锥面的展开图。

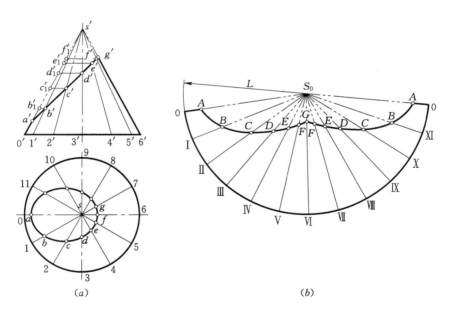

图 8−6 截头正圆锥面的展开图

作图：见图 8−6。

（1）延长截头圆锥的正面轮廓线求得锥顶 s'，在水平投影上将底圆周 12 等分，再过各分点作素线的水平投影和正面投影。

（2）用旋转法求出各素线被切去线段的实长，见图 8−6（a）。

（3）以锥顶 S_0 为圆心，素线长 $L = s'0'$ 为半径画弧，并以水平等分点间的弦长截取该弧，得各等分点 0、I、II、III、…连接锥顶和等分点得圆锥面上的素线。

（4）在相应素线上截取 $S_0A = s'a'$、$S_0B = s'b_1'$、$S_0C = s'c_1'$…定出各截点 A、B、

C、…再用曲线依次光滑连接各截点，即得截头正圆锥面的展开图，见图 8-6 (b)。

三、斜椭圆锥面

斜椭圆锥可以看作具有许多棱线的斜棱锥，其侧面的每个单元，可视为以相邻两棱线为腰的三角形，故斜椭圆锥面可用三角形法近似展开。

【例 8-6】　作图 8-7 (a) 所示截头斜椭圆锥面的展开图。

分析：先按完整的斜椭圆锥面展开，然后在展开图上定出各截交点，再依次将这些点光滑连接，即得截头斜椭圆锥面的展开图。因形体前后对称，图中只需作出一半，另一半是按对称性补出的。

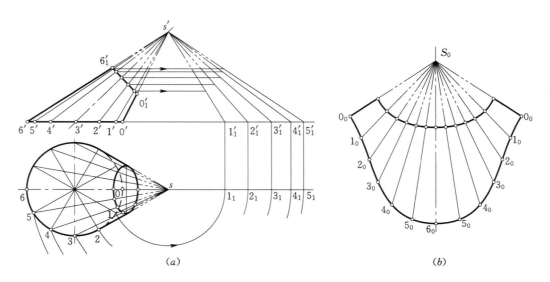

图 8-7　截头斜椭圆锥面的展开图

作图：见图 8-7。

(1) 延长截头斜椭圆锥的正面和水平轮廓线得锥顶 s' 和 s，再将水平底圆 12 等分，连接锥顶和各等分点，得出斜椭圆锥面上相应的素线。

(2) 因正视轮廓线为正平线，该轮廓线 $s'0'$、$s'6'$ 为实长，只需用旋转法求出素线 $S Ⅰ \sim S Ⅴ$ 及各被截段的实长，见图 8-7 (a)。

(3) 以锥顶 S_0 为基准，用各素线长及底圆等分点间的弦长，依次作出各棱面三角形得 0_0、1_0、2_0、…各点，用曲线依次光滑连接，得斜椭圆锥面的展开图；再按各素线被截段的实长定出相应的截点，光滑连接即得截头斜椭圆锥顶面的展开图，见图 8-7 (b)。

第三节　不可展曲面的近似展开

不可展曲面只能用近似方法展开。作图时，先按其生成特点把不可展面分割成若干小片，每一片均以相近的可展曲面展开。下面以工程常见的球面和环面为例，介绍其近似展开图的画法。

一、球面

球面常用的近似展开法有柱面法和锥面法两种。因球面上、下对称，我们仅以上半球面为例，分别介绍其作图方法。

1. 柱面法

柱面法是以过球心的铅垂面将球面切成若干等份，每份均呈柳叶状，如图8-8（a）所示，然后，将叶片近似按柱面展开，光滑连接即得球面的近似展开图，此法又称柳叶法，其作图步骤如下：

（1）将球面的水平圆12等分，正面半圆6等分，得1′、2′、⋯见图8-8（b）。

（2）在正面投影中，过等分点2′、3′作纬圆的正面投影及其水平投影。再在水平投影中，分别过点1、2、3作纬圆的切线，与叶片两边线交于aa、bb、cc，见图8-8（b）。

（3）作叶片的对称轴ⅠⅣ，使其长为$\pi R/2$（球的半径），再将其3等分，得Ⅱ、Ⅲ点，见图8-8（c）。

（4）过各分点作对称轴的垂线，并在其上截取叶片的相应宽度（$AA=aa$、$BB=bb$、$CC=cc$）得A、B、C，再用曲线依次光滑连接，即得上半叶片的展开图，见图8-8（c）。

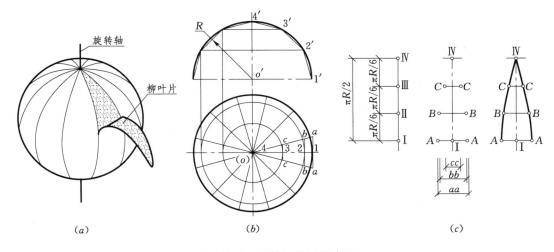

图8-8　用柱面法展开球面

2. 锥面法

以若干水平面将半球面切开，然后按锥面展开成等宽的弧形条带，称锥面法。如图8-9（a）所示先将正面半圆8等分，得a'、b'、c'、d'、⋯再过b'、c'、d'作纬圆的正面投影和水平投影，把半球切为一个球冠和三个球带，球冠按正圆锥面展成一扇形，球带按正圆台面展成弧形条带。

下面，以球带Ⅱ为例，其展开步骤如下：

（1）连接并延长$b'c'$，与轴线的延长线交得锥顶o_2'，此圆锥素线长度为$R_2=o_2'b'$。

（2）在图8-9（b）中，自对称轴o'向上截取R_2+l得o_2，以o_2为圆心，分别用R_2和R_2-l作半径画弧，在大弧上量取16等份，使每份的弦长等于bf，即得球带Ⅱ的展开图。

球带Ⅰ、Ⅲ的展开方法与球带Ⅱ的相同，不再赘述。

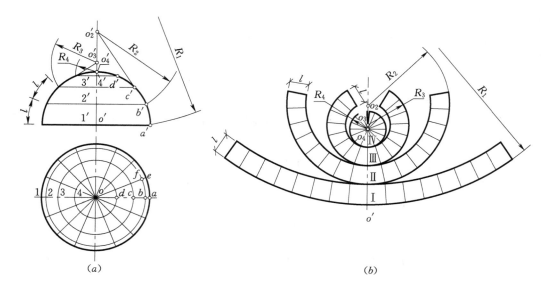

图 8-9 用锥面法展开球面

二、环面

绘制环面的展开图时，可将环面分成若干段，每段环面以柱面代替，作出其近似展开图。下面以直角环形管为例说明环面的近似展开法。

图 8-10 是 1/4 圆环面的弯管近似展开图。为了节约用料，分段时可使中间 Ⅱ、Ⅲ 段相等，边段 Ⅰ、Ⅳ 为中段的一半，见图 8-10 (a)；再将 Ⅱ、Ⅳ 两段旋转 180°，即可与 Ⅰ、Ⅲ 段连成一正圆柱，见图 8-10 (b)；然后分段按截头正圆柱面展开，如图 8-10 (c)。

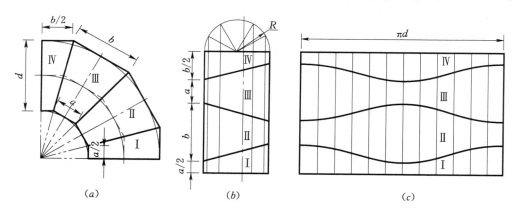

图 8-10 直角环形管的近似展开图

第四节 应用举例

柱面法和锥面法是画建筑形体表面展开图的基本方法，下面介绍两个应用实例。

【例 8-7】 画图 8-11 (a) 所示渐变段的侧面展开图。

分析： 这是第五章介绍过由方变圆的渐变段，其表面是四个三角形平面和四个 1/4 斜椭圆锥面构成的组合曲面，将圆周 12 等分并画出斜椭圆锥面素线 $A0$、$A\mathrm{I}$、$A\mathrm{II}$、$A\mathrm{III}$、…这样，斜椭圆锥面被分成若干个三角形，可用斜椭圆锥面近似展开。由于该形体前后、左右都对称，故本例仅作 1/2 渐变段的展开，另一半读者可按对称性补出。

另外，图中水平投影反映了矩形和圆的实形，而正视轮廓线为正平线，则 $0'e'$ 就是 $0E$ 的实长。

作图：见图 $8-11$。

（1）用实长三角形法求出素线 $A\mathrm{I}$、$A\mathrm{II}$、$A\mathrm{III}$ 的实长，见图 $8-11$（a）。

（2）为减少焊缝长度，渐变段由 $0E$ 处切开，以 $0_0 E_0 = 0'e'$，$A_0 E_0 = ae$ 为直角边作直角 $\triangle A_0 E_0 0_0$，得 $A_0 0_0$；再分别以 0_0 和 A_0 为圆心，圆的分段弦长 01 和实长 $a'1_1'$ 为半径画弧交 1_0；继续用类似方法还可求得 2_0、3_0。

（3）根据 $B_0 3_0 = A_0 3_0$ 和 $A_0 B_0 = ab$ 作等腰三角形 $A_0 3_0 B_0$；再根据 $B_0 4_0 = A_0 2_0$、$B_0 5_0 = A_0 1_0$、…用上述方法依次展开其余的锥面和三角形平面。

（4）用曲线依次光滑连接 0_0、1_0、…即得渐变段的侧面展开图，见图 $8-11$（b）。

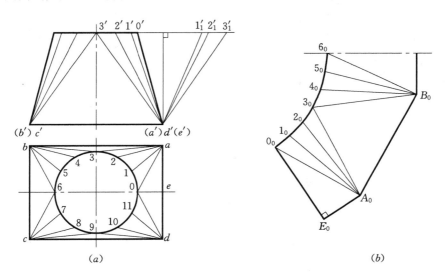

图 $8-11$ 渐变段的侧面展开图

【例 $8-8$】 画出图 $8-12$（a）所示岔管的侧面展开图。

分析：岔管是土建工程中常见的形体，通常以相贯线为界，分别画出各自的展开图。图 $8-12$ 所示两圆管的轴线都平行于正面，表面素线的正面投影均为实长，故可采用柱面法展开。

作图：见图 $8-12$。

（1）用变面法画出大圆管和小圆管的端面实形，见图 $8-12$（a）。

（2）将小管圆周 12 等分，并过各分点作素线，求出各素线与大圆管表面的贯穿点，然后按前述截头圆柱的展开方法展开小圆管，见图 $8-12$（b）。

（3）先不考虑交线，将上半大圆管展开，如图 $8-12$（a）的正下方；以大圆上各分点间的弦长求得大管相应素线 $2_0 6_0$、$3_0 5_0$、4_0、…。然后，按小圆管各素线贯穿点，求出

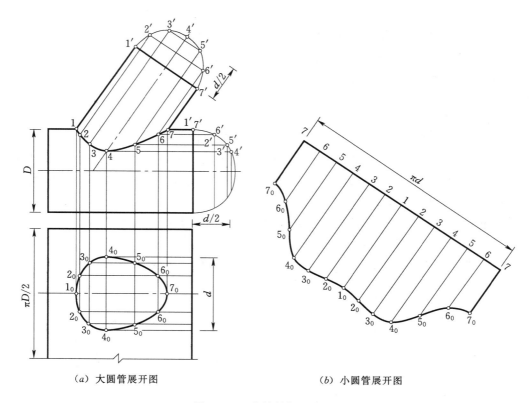

（a）大圆管展开图　　　　　　（b）小圆管展开图

图 8-12　岔管的侧面展开图

其在水平投影的点位，即得带交线的大圆管展开图。

顺便指出，上述可展或用近似方法展开的图形，都是按外表面的几何尺寸作图，没有考虑板厚的影响，实际上，内外表面的周长并不相等，故运用时，还要根据具体情况适当处理。

另外，由于展开图是施工的大样图，所以，有关工艺的要求，如接口的形式，加工的预留量，以及从何处剪开等，也要事先考虑清楚。

复习参考题

1. 什么是立体表面展开图？画展开图的关键是什么？

2. 试归纳工程中常见的立体表面哪些属于可展面，哪些属于不可展面？两者有什么区别？

3. 试述棱柱表面展开的方法及其要点。

4. 试述绘制柱面和锥面展开图的特点及方法。

5. 试以球面为例说明不可展曲面的近似展开方法及其要点。

第九章　轴　测　投　影

第一节　轴测投影的基本知识

一、概述

正投影虽能完整、准确的表达物体形状，作图简便，并为工程界普遍采用，但它没有立体感，常使缺乏投影知识的人读图感到困难；同时，对于某些新型结构或产品，即使有投影知识，往往也难以很快地想象出它的形状来。

图 9-1（a）所示的形体本不复杂，但因每个投影只反映长、宽、高三个向度中的两个，即使有三面视图也不易看出其形状。若改用反映物体三个向度的轴测投影，效果就显著不同了，见图 9-1（b）。

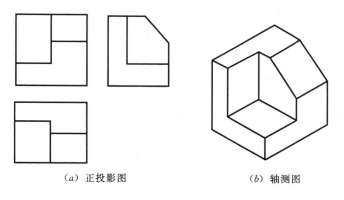

（a）正投影图　　　　　　　（b）轴测图

图 9-1　正投影图与轴测图

轴侧图是把物体连同度量该物体的直角坐标系一起，用平行光射向单一投影面得到的。图 9-2 表示空间点 A 和确定其位置的直角坐标系，用平行光（箭头方向）向平面 P 投影的情况，P 面称为轴测投影面；轴测投影面上的投影 A_1，称为空间点 A 的轴测投影；坐标轴在 P 面上的投影 O_1X_1、O_1Y_1、O_1Z_1 称为轴测投影轴，简称轴测轴；轴测轴间的夹角 $\angle X_1O_1Y_1$、$\angle Y_1O_1Z_1$、$\angle Z_1O_1X_1$ 称轴间角。

画轴测投影时，因直角坐标轴都倾斜于轴测投影面 P，所以，它们在 P 面上的投影都变短了。令 u 为直角坐标系中的单位长度，i，j，k 分别为单位长 u 在 X_1、Y_1、Z_1 轴测轴上的投影长。投影长度与单位长度 u 之比，称为轴向变形系数：

X 轴向变形系数用 p 标记，即 $p=i/u$；

Y 轴向变形系数用 q 标记，即 $q=j/u$；

Z 轴向变形系数用 r 标记，即 $r=k/u$。

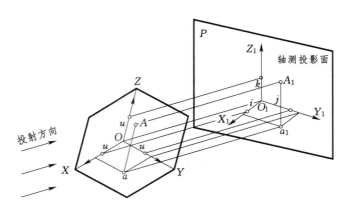

图 9-2 轴测坐标系及轴向变形系数

轴测投影坐标系由轴间角和轴向变形系数两参数决定，它们是画轴测图的依据，参数不同，其图形效果也不同。

二、轴测投影的特性

由于轴测投影采用的是平行投影法，所以，轴测图仍保持如下的投影特性：

（1）形体上相互平行的线段，其轴测投影也平行且长度间的比例仍保持不变。

（2）平行于坐标轴的线段，其投影亦与相应的轴测轴平行，其长度可由该轴向变形系数确定，这就是"轴测"二字的含义，即平行于坐标轴线段的长度可沿轴向量测。

值得注意的是：图中其他线段不具备这一特性，作图时，只能按坐标法定出端点后，再连直线。

三、轴测投影的分类

（1）根据投射方向对投影面的倾角，轴测投影可分为：

1）投射方向垂直于投影面的轴测投影，称为正轴测投影。

2）投射方向倾斜于投影面的轴测投影，称为斜轴测投影。

由于正轴测图的投射方向 S 垂直于投影面 P，二者是相互依存的，即选定了轴测投影面，那么投射的方向也就随之确定了。

（2）根据直角坐标系在投影面上的变形系数，轴测投影又可分为：

1）若三个轴向变形系数均相等（$p=q=r$），称为等轴测投影。

2）若二个轴向变形系数相等（$p=q$，$q=r$ 或 $p=r$），称为二（等）测投影。

3）若三个变形系数都不相等（$p\neq q\neq r$），称为三测投影。

本章主要介绍最常用的正等测投影和斜二测投影的作图方法。

第二节　正 等 测 投 影

一、正等测投影的坐标系及其轴向变形系数

正等测投影三个轴向变形系数相等，经计算轴间角均为 $120°$，轴向变形系数都为 $\sqrt{2/3}\approx0.82$。作图时，通常使轴测轴 O_1Z_1 处于铅直位置，再根据轴间角画出轴测坐标系，如图 9 - 3 所示。

为了作图简便，通常采用简化变形系数，即 $p=q=r=1$，这样，图形各轴向长度均放大了 $1/0.82=1.22$ 倍。由图 9 - 4 所示两个不同的轴向变形系数绘出正等测立方体可以看出，二者大小虽有差异，但形状和立体感相同，实用效果是一样的。

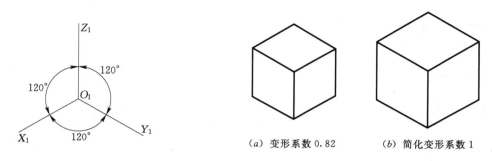

图 9 - 3 正等测投影的坐标系

（a）变形系数 0.82　　　　（b）简化变形系数 1

图 9 - 4 不同轴向变形系数的效果图

二、正等测图的基本画法

轴测图常用的作图方法有坐标法、端面法、切割法和叠加法。

1. 坐标法

根据物体的形状特点，选定并画出轴测轴，按坐标关系确定形体各特征点的投影位置，再连接即得其轴测图，这种方法称坐标法，是画轴测投影最基本的方法。

【例 9 - 1】 画出图 9 - 5（a）所示三棱锥的正等测图。

分析：根据投影图的特点，把坐标原点选在底面 B 点处，并使 AB 与 OX 轴重合。

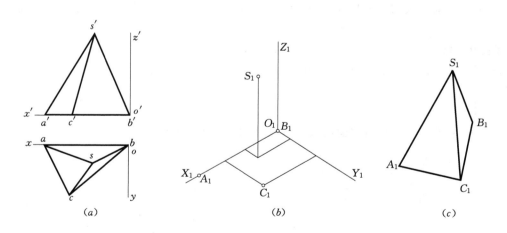

（a）　　　　　　　　（b）　　　　　　　　（c）

图 9 - 5 用坐标法画三棱锥形

作图：见图 9 - 5（b）、（c）。

（1）画出正等测图的轴测轴，并根据各顶点坐标画出其轴测投影，见图 9 - 5（b）。

（2）用实线连接各顶点间的可见线段，擦去多余作图线并完成全图，见图 9 - 5（c）。

2. 端面法

先画出特征面的轴测投影，再画其他可见部分的投影，这种方法称为端面法。此法对于具有投影面平行面且形状较复杂的形体，如棱柱等最为适用。

【例 9 - 2】 画出如图 9 - 6 (a) 所示正六棱柱的正等测图。

分析：正六棱柱前后、左右对称，把坐标原点选在顶面正六边形的中心，这样，作图既简便，又避免画不必要的虚线，易保持图面的整洁。

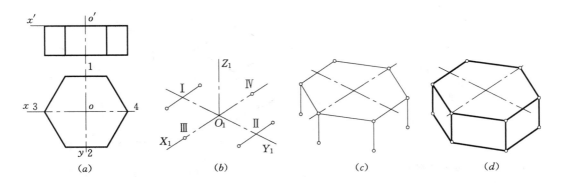

图 9 - 6 用端面法画六棱柱

作图：见图 9 - 6。

（1）画正等测的轴测轴，确定顶面各角点的轴测投影，见图 9 - 6 (b)。

（2）连接各点得顶面六边形的轴测投影，再自各可见棱线的顶点向下作 O_1Z_1 轴的平行线，并截取棱高，即得棱线，见图 9 - 6 (c)。

（3）依次连接棱线的下端点，加深并完成全图，见图 9 - 6 (d)。

3. 切割法

对于带有削角或切口的形体，可先画出完整形体的轴测图，然后再除去多余部分，称切割法。

【例 9 - 3】 画出图 9 - 7 (a) 所示物体的正等测图。

分析：该物体可看成由五棱柱切割而成。为了便于作图，将坐标原点选在柱前右下角。

作图：见图 9 - 7。

（1）画正等测轴，并用端面法画出五棱柱的轴测图，见图 9 - 7 (b)。

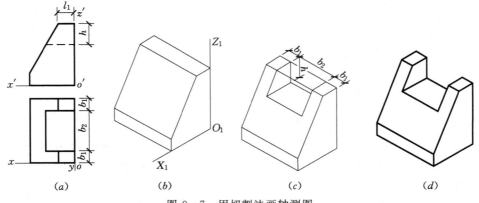

图 9 - 7 用切割法画轴测图

（2）根据切口尺寸 b_1、b_2 和 h 画出中上方的切口，见图中 9-7（c）。

（3）擦去多余的作图线，加深并完成全图，见图中 9-7（d）。

三、回转体正等测图的画法

1. 平行于坐标面的圆

在正等测投影中，由于三个坐标面倾斜于轴测投影面且倾角相等，所以，平行于任一坐标面的圆，只要直径相同，它们的正等轴图都是形状与大小全同的椭圆。

图 9-8 所示坐标面 XOY 上的圆，是一个与第三轴 Z 垂直的圆，直径 $AB /\!/ P$，其轴测投影 A_1B_1 是椭圆的长轴，长度等于圆的直径 D；与 AB 垂直的直径 CD，是 XOY 面上对 P 面的最大斜度线，其轴测投影 C_1D_1 为椭圆的短轴，长度可按图示几何关系计算。

在图 9-8 所示的直角 $\triangle Z_1OK$ 中，因 $\angle OKZ_1 = 90° - \gamma$、正等测的轴向变形系数均为 $\sqrt{2/3} \approx 0.82$，坐标轴 X、Y、Z 对投影面 P 的倾角 $\alpha = \beta = \gamma = \arccos \sqrt{2/3} = 35°16'$，故短轴 $C_1D_1 = D\cos\angle OKZ_1 = D\sin\gamma = D\sin35°16' \approx 0.577D$，作图时采用 $0.58D$。

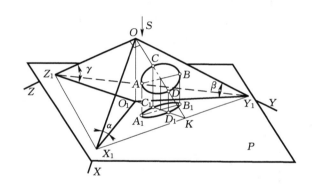

图 9-8　坐标面上圆的正等测椭圆

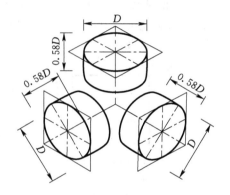

图 9-9　平行于坐标面圆的正等测图

另外，AB 垂直于第三轴 OZ 且平行于投影面 P，根据直角投影定理 A_1B_1 必垂直于 O_1Z_1，又因 A_1B_1 垂直于 C_1D_1，故 C_1D_1 必定平行于 O_1Z_1。

由此可得：平行于坐标面的圆，其正等测椭圆的长轴垂直于第三轴测轴，长度等于圆的直径 D；短轴则平行于该轴，长度为圆直径乘以相应轴倾角的正弦，即 $0.58D$。如图 9-9 所示不同坐标方向上三个圆柱的正等测图中，柱端椭圆的投影除了长短轴的方向不同外，其形状、大小全同。

下面，以水平圆为例，介绍一种画正等测椭圆的方法——四圆心法。

（1）画正等测坐标系 $O_1X_1Y_1Z_1$，作圆的外切正方形的轴测投影——菱形 $E_1F_1G_1H_1$，其长对角线 $H_1F_1 \perp O_1Z_1$ 轴，短对角线 E_1G_1 与 O_1Z_1 轴重合，见图 9-10（a）。

（2）连接 E_1D_1、E_1C_1，分别与长对角线 H_1F_1 交于 1、2 点，见图 9-10（b）。

（3）分别以 E_1、G_1 为圆心，E_1C_1（R_1）、G_1A_1 为半径，用粗实线画圆弧 C_1D_1 和 A_1B_1；再分别以 1、2 为圆心，$1D_1$（R_2）、$2B_1$ 为半径，用粗实线画弧 D_1A_1 和 B_1C_1 即可，见图 9-10（c）。

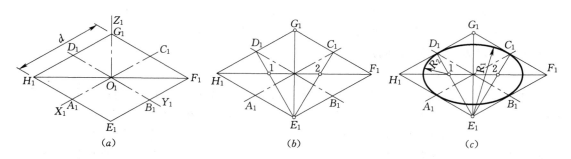

图 9-10 用四圆心法画正等测椭圆

2. 回转体的正等测图画法

画回转体的轴测图就是要在轴测图中画出回转体端面圆及其外形轮廓线的投影。作图前，首先要看清楚哪个坐标轴平行于回转轴（即垂直于底圆），以确保椭圆长短轴的方向正确。

（1）正圆柱。图 9-11 为正圆柱的正等测图作法。图示 Z 轴平行于回转轴，故投影椭圆长轴垂直于 O_1Z_1，短轴平行于 O_1Z_1。作图时，先定出上、下底的中心，画出椭圆的投影，见图 9-11（b）；再作两椭圆的公切线（注意切点），即得圆柱轮廓线，

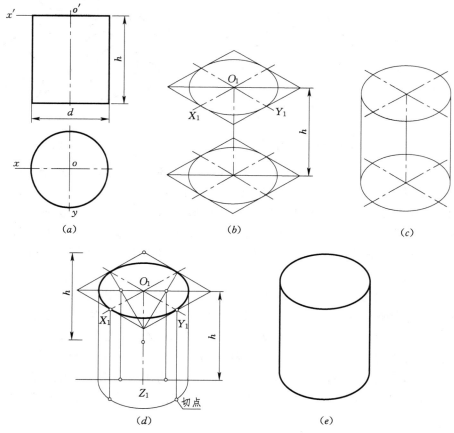

图 9-11 画正圆柱的正等测图

见图 9 - 11 （c）。

由于正圆柱上、下椭圆大小相等，对应点间距离均为柱高 h，画出顶面的椭圆后，底面椭圆可见部分就可以用移心法定出，见图 9 - 11 （d）；加深后的正等测图如图 9 - 11 （e）所示。由此可见，用移心法作图简便，图面清晰、整洁。

（2）正圆锥。图 9 - 12 示出了直立圆锥正等测图的作法。作图时，先画锥底椭圆和锥顶 S_1，见图 9 - 12 （b）；自 S_1 作椭圆的切线即得轮廓线，见图 9 - 12 （c）；擦去多余的作图线并加深可见轮廓线，见图 9 - 12 （d）。

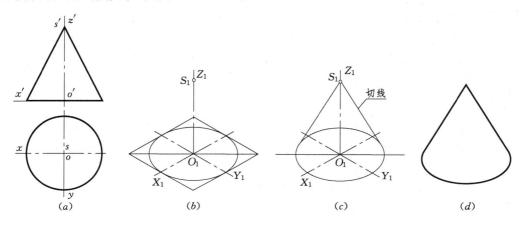

图 9 - 12 画正圆锥的正等测图

（3）圆球。图 9 - 13 为一圆球的正等测图。由于球的正等测仍是一个圆，其直径等于球径。为了使其具有立体感，常需画出三个坐标面上圆的轴测投影，并以实线和虚线示出其可见性。

（4）圆角。大多圆角为圆周的四分之一，其正等测图恰是近似椭圆中四段圆弧之一。由图 9 - 10 （c）可见，每段弧的圆心都是外切菱形对应边中垂线的交点，而对应边的中点又是相邻弧段的切点。为清楚起见，图 9 - 14 以分解图形示出了圆弧 A_1B_1 的圆心 O_1 和切点 A_1、B_1 的作图，其半径将随之而定。

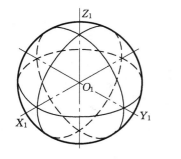

图 9 - 13 圆球的正等轴测图

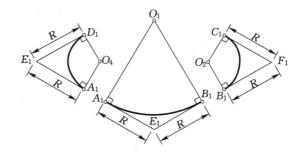

图 9 - 14 圆角的正等轴测图

【例 9 - 4】 画出图 9 - 15 （a）所示带圆角底板的正等测图。

作图：见图 9 - 15。

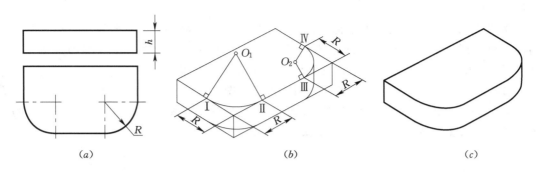

图 9-15 带圆角底板的正等测图

（1）画出长方体的正等测图，并自左前和右前上角点沿各边线分别截取圆角半径 R，得切点 Ⅰ、Ⅱ、Ⅲ、Ⅳ，再过这些点分别作相应边的垂线，它们两两的交点即为圆心 O_1、O_2，见图 9-15（b）。

（2）分别以 O_1、O_2 为圆心，以 O_1Ⅰ、O_2Ⅲ 为半径画弧 ⅠⅡ、ⅢⅣ，得顶面圆角的正等测投影，用移心法画底面圆角，再画右端上、下两圆角的公切线，见图 9-15（b）。

（3）擦去多余的作图线，加深并完成全图，见图 9-15（c）。

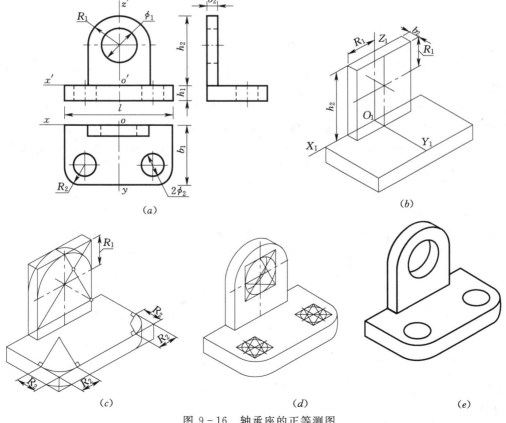

图 9-16 轴承座的正等测图

四、组合体的正等测图的画法

画组合体之前，应先分析它是由哪些基本形体、以什么方式组成的，再按各形体的相对位置依次画出它们的轴测图。下面，介绍如何采用叠加法绘制组合体的正等测图。

【例 9 - 5】 画出图 9 - 16（a）所示轴承座的正等测图。

分析：轴承座由底板和一端为半圆柱的竖板叠加而成，宜采用叠加法作图。由于轴承左、右对称，故取底板后上棱线的中点为形体坐标原点，这样，量取尺寸、画图都较方便，见图 9 - 16（a）。

作图：见图 9 - 16。

（1）画轴测轴，分别以 l、b_1、h_1 和 $2R_1$、b_2、h_2 为长、宽、高作长方体底板和长方体竖板，并以尺寸 R_1 定出竖板圆孔前圆心，见图 9 - 16（b）。

（2）画竖板的半圆角和底板左右 1/4 圆角，见图 9 - 16（c）。

（3）画竖板的圆柱通孔和底板的圆柱通孔，见图 9 - 16（d）。

（4）擦去多余的作图线，加深并完成全图，见图 9 - 16（e）。

第三节 斜 轴 测 投 影

斜轴测的投射方向倾斜于投影面，在土建工程中，常用的斜轴测有正面斜二测和水平斜等测。

一、正面斜二测投影

当投影面与某坐标面平行或重合时，与坐标面平行的图形不论光线的投射方向如何，其投影总是实形，即投影面上两变形系数相等，而另一轴的变形系数也可以按图示的效果任意选定。

以 V 面或 V 面平行面作为轴测投影面，所得的轴测图称为正面斜二测图。此时，X_1 和 Z_1 方向的变形系数 $p=r=1$，但 Y_1 的方向和变形系数 q 随投射方向变化而改变。为了简化作图，O_1Y_1 与水平线间的夹角 θ 选用 $30°$、$45°$ 或 $60°$，变形系数 q 取 0.5。

图 9 - 17 为一立方体分别采用 $\theta=30°$、$45°$ 和 $60°$，所得斜二测投影的效果图。

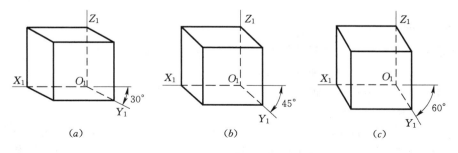

（a）　　　　　　　　　（b）　　　　　　　　　（c）

图 9 - 17　轴间角对斜二测图的影响

由图 9－17 可见，$\theta = 45°$ 的图形比较符合人的视觉习惯，更为逼真，故在工程设计中以取 $\theta = 45°$、$q = 0.5$ 最为普遍。作图时，习惯上使 O_1Z_1 轴成竖直方向，其轴测坐标系如图 9－18 所示。

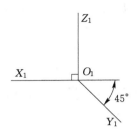

图 9－18 斜二测的坐标系

斜二测的作图方法与正等测相同，只是顺序上应先画反映实形的可见面投影。

【例 9－6】 画出图 9－19（a）所示扶壁式挡土墙的斜二测图。

分析： 图示挡土墙的正面形状较复杂，应选正面斜二轴。若投影方向采用从右上到左下，扶壁将被竖板遮挡而表示不清，但改由从左前上到右后下，就清晰得多了。为作图方便，使坐标面 XOZ 与挡土墙的前表面重合，原点 O 放在竖板与底板的左交点，而令 Y 坐标后向为正。

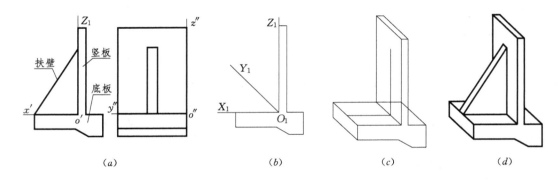

图 9－19 扶壁式挡土墙的斜二测图

作图： 见图 9－19。

（1）画轴测轴、底板和竖板可见面的实形，见图 9－19（b）。

（2）根据 $q = 0.5$ 画出底板、竖板的轴测图，再定扶壁的位置，见图 9－19（c）。

（3）画出扶壁的轴测图，擦去多余线的作图并完成全图，见图 9－19（d）。

【例 9－7】 画出图 9－20（a）所示组合体的斜二测图。

分析： 该形体是由带圆角竖板和半圆筒叠加而成。由于只在正面有圆，所以采用正面斜二测。为作图方便，使坐标面 XOZ 与竖板的前表面重合，如图 9－20（a）所示。

作图： 见图 9－20。

（1）画斜二测坐标系和竖板的外形（长方体），见图 9－20（b）。

（2）画竖板上端的圆角和通孔，见图 9－20（c）。

（3）先画前面的半圆柱，再画通孔的轴测投影，见图 9－20（d）。

（4）擦去多余的作图线，加深并完成全图，见图 9－20（e）。

在斜二测图中，平行于轴测投影面的圆，其投影仍为圆；而平行于另外两个坐标面的圆，其投影均为椭圆。对于正面斜二测，若 $\theta = 45°$、$q = 0.5$，这两个椭圆的长短轴的方向和大小见图 9－21。由图可以看出，这两个椭圆的长、短轴的方向与相应的轴测轴既不平

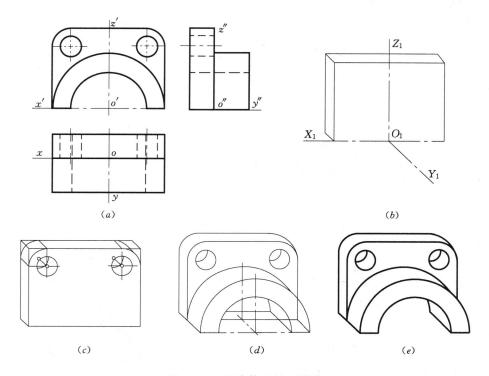

图 9-20　组合体的斜二测图

行也不垂直。

下面以图 9-22 中的水平圆为例，用平行于坐标轴的弦确定投影椭圆，这种作图方法称平行弦法。其步骤如下：

（1）以圆心 O 为坐标原点，中心线为坐标轴，将 Y 向直径 AB 分成 n 等份，如图 9-22（a）将半径 OB 分成 4 等份，再过各等分点作 X 轴的平行线，得相应弦 11、22、33。

（2）画斜二测坐标系 $X_1O_1Y_1$，再根据轴向变形系数 $p=1$、$q=0.5$，按坐标法分别画出相应弦的轴测投影，依次光滑连接弦的端点，即得椭圆，见图 9-22（b）。

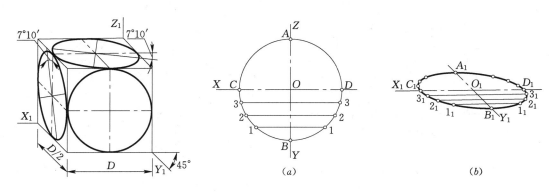

图 9-21　各坐标面圆的斜二测图　　　图 9-22　用平行弦法画圆的斜二测图

二、水平斜等测投影

水平斜等测是以水平面为轴测投影面绘制的，故 $\angle X_1 O_1 Y_1 = 90°$，$p = q = r = 1$。为了作图方便，又不失真实感，常使 $\angle Z_1 O_1 X_1 = 120°$、$\angle Z_1 O_1 Y_1 = 150°$；画图时，使 $O_1 Z_1$ 处于铅直方向，$O_1 X_1$、$O_1 Y_1$ 分别与水平线成 $30°$ 和 $60°$ 角，如图 9－23 所示。

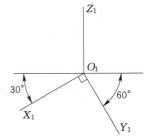

图 9－23　水平斜等测的坐标系

水平斜等测主要用于反映待建小区平面规划或楼层的平面布置。图 9－24 是房屋的水平斜等测图，它清楚地反映了门、窗、台阶的位置及相互间关系。作图时，先将图 9－24（a）中平面图旋转 $30°$，再根据立面图尺寸画内、外墙脚和柱的投影，见图 9－24（b）；最后画门窗洞、窗台和台阶的投影，见图 9－24（c）。

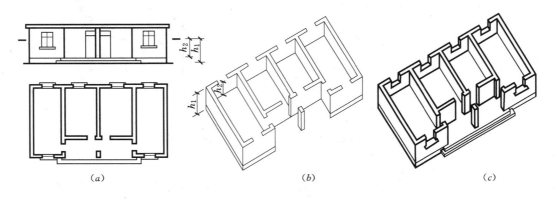

|（a）| （b） | （c） |

图 9－24　房屋的水平斜等测图

图 9－25（b）是某待建小区总平面的水平斜等测图。它是将总平面图 9－25（a）旋转 $30°$ 后画出来的，图中反映了楼群、道路、室外设施等的平面布置及相互关系，其中建筑物的长、宽、高均按同一比例绘制。

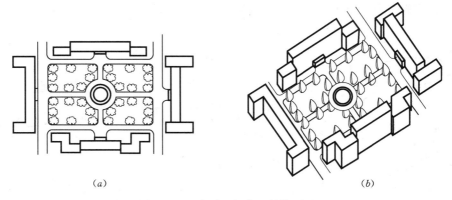

（a）　　　　　　　　　　　　（b）

图 9－25　总平面的水平斜等测图

第四节 常用轴测图的比较

常用轴测图的轴间角和轴向变形系数不同,致使图形立体感有强有弱,画图有难有易。所以,画图前,应根据形体特点和轴测的种类,有针对性地选择。

一、投射效果的估计

正等测图因投射方向与轴测投影面垂直,比较接近人的视觉习惯。轴间角相等且为特殊角度,轴向变形系数相等,当采用简化变形系数后,可直接从正投影图中量取,作图简便,特别适宜于画各坐标面都有圆、圆角或曲线的形体,如图 9 - 26 (b) 所示。

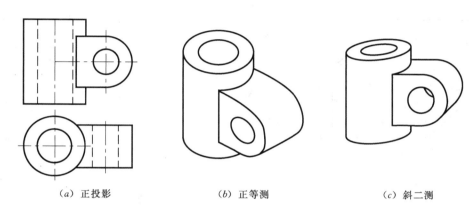

（a）正投影　　　　　　　（b）正等测　　　　　　　（c）斜二测

图 9 - 26　多坐标面有圆的轴测图

正面斜二测的轴间角虽是特殊角度,而轴向变形系数不等,需计算。但因平行正面的投影不变,故特别适宜画一个方向形状复杂或有圆的形体,见图 9 - 26 (c)。

二、图示效果的预测

在平行投影中,若直线、平面与投射方向一致时,它的投影有积聚性,就会使

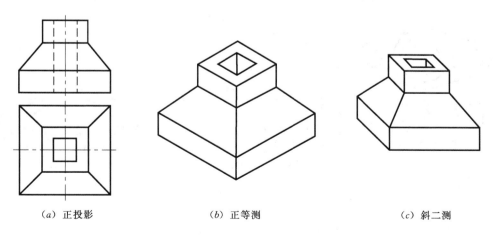

（a）正投影　　　　　　　（b）正等测　　　　　　　（c）斜二测

图 9 - 27　常用轴测图效果的比较

所得的图面缺乏立体感。图 9-27 所示形体的水平投影呈正方形，其对角面与正等测图的投影方向平行，因位于对角面上棱线的投影必将积聚成一直线，致使所得等轴测图显得呆板、缺乏立体感，见图 9-27（b）；但若改用正面斜二测投影就无此弊病，见图 9-27（c）。由此可见，水平投影为正方形的形体一般不宜画正等测图。

图 9-28（a）示出了平行轴测投射方向的线段 KO 在三面体系中的投影，它们与投影轴 X、Y 的夹角分别为 ε_1、ε_2 和 ε_3：正等测图的 $\varepsilon_1 = \varepsilon_2 = \varepsilon_3$，且都为 45°；斜二测图的 ε_2 仍为 45°，但 ε_1 和 ε_3 分别为 70°和 20°。显然，投射方向不同，ε 角也不相同，这样就可根据 ε 值，直接预测待画轴测图的效果。

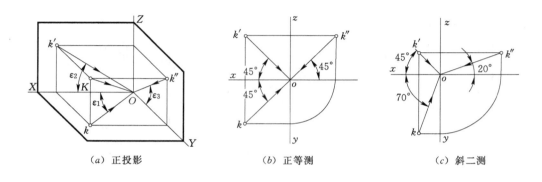

（a）正投影 （b）正等测 （c）斜二测

图 9-28 轴测方向在三面体系中的投影角度

图 9-29（a）是压盖的正投影图，由图可见，其正面投影较复杂且多圆，若用正面斜二测来表达，可使平行于正面圆的投影保持不变，作图简捷；同时，由于正面斜二测图的 $\varepsilon_1 = 70°$，大于正等测图的 $\varepsilon_1 = 45°$，图 9-29（c）所示的正面斜二测能穿透各孔，而图 9-29（b）所示的正等测图却不能。所以，当需要表达带有孔洞小且深度大的形体特征时，采用斜二测轴测图的立体感强，效果将会更好一些。

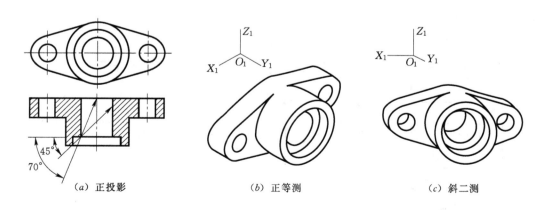

（a）正投影 （b）正等测 （c）斜二测

图 9-29 根据 ε 值预测轴测图的效果

三、投射方向的选择

轴测种类确定后，由于投射方向不同，轴测轴的指向和其图形效果将明显不一样。以建筑结构中常见的柱头为例，其板下结构复杂，图 9 – 30（a）是从左下方投射，能清晰地表达板下结构，其效果显然比图 9 – 30（b）从左上方投射好得多。

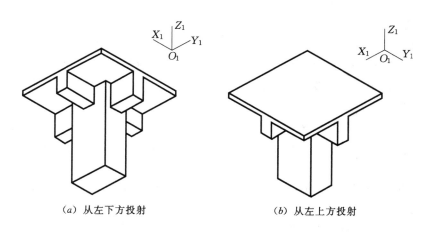

（a）从左下方投射　　　　　　　　　　（b）从左上方投射

图 9 – 30　投射方向的选择

第五节　轴测图上交线的画法

一、形体交线的画法

立体表面的交线可按坐标法求出该线上一系列点的轴测投影后，用曲线依次光滑连接而成；也可用辅助面法求出两立体表面上若干个共有点，再连线。值得注意的是，辅助面与立体表面交线的投影应是简单易绘的直线或圆。

【例 9 – 8】　绘制图 9 – 31（a）所示顶尖的正等测图。

分析：顶尖是由圆锥和圆柱组成的同轴（侧垂线）回转体，上部被水平面与侧平面截割而成。画图时，先按完整形体画出后，再用坐标法作出切口交线的投影。

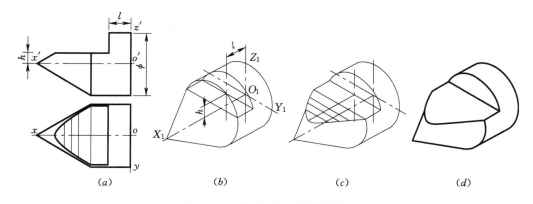

（a）　　　　　　（b）　　　　　　（c）　　　　　　（d）

图 9 – 31　顶尖的正等测图画法

作图：见图 9-31。

（1）在视图中定出水平截交线上一系列点的坐标，见图 9-31（a）。

（2）先画出同轴回转体的轴测投影，再根据 h、l 画出与圆柱交线的投影，见图 9-31（b）。

（3）用坐标法画出圆锥截交线上的相应点，并以曲线光滑连接，见图 9-31（c）。

（4）擦去多余的作图线，加深并完成全图，见图 9-31（d）。

【例 9-9】 绘制图 9-32（a）所示正交两圆柱的正等测图。

分析：两柱轴正交且平行于 V 面，直径不等，相贯线是一条闭合的空间曲线。作图时，先根据视图画出两柱的轴测图，再用辅助正平面（平行于两轴的平面）求出一系列共有点，光滑连接即得两柱相交的正等轴测图。

作图：见图 9-32。

（1）画轴测轴和两圆柱的外形轮廓，见图 9-32（b）。

（2）以两轴作辅助面求相贯线最高点 1，再以过立柱最前素线辅助面得最前点 3，见图 9-32（c）。

（3）通过辅助面 P 求得中间点 4 和 4_1，用同样方法求出其余中间点 5、6、7，见图 9-32（d）。

（4）用曲线依次光滑连接，擦去多余的作图线，描深并完成全图，见图 9-32（e）。

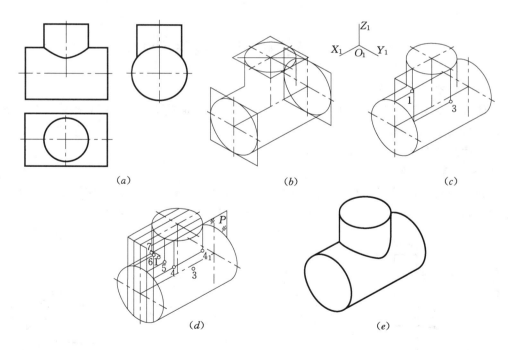

图 9-32 正交两圆柱正等测图的画法

二、剖切的画法

轴测投影与正投影一样，为了表达物体内部的形状和结构，也可假想用剖切平面来剖切物体，画成轴测剖视图。在轴测图中，通常以平行于两个坐标面的平面同时剖切，剖切到的实体部分应画剖面线或材料符号，剖面线为相应坐标面的45°斜线，如图9-33所示。

画轴测剖视图的次序一般有两种：

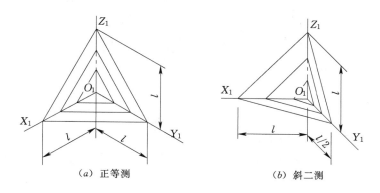

（a）正等测　　　　　　　　（b）斜二测

图9-33　常用轴测剖视图的剖面线方向

（1）先画整体外形轮廓线，再画剖面和内部看得见的结构和形状，见图9-34。

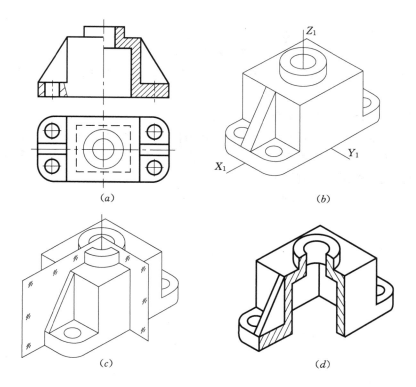

（a）　　　　　　　　　　（b）

（c）　　　　　　　　　　（d）

图9-34　先画整体再剖切

（2）先画剖面，再画看见的轮廓，这样可省画那些被切部分，易保持图面整洁，见图9-35。

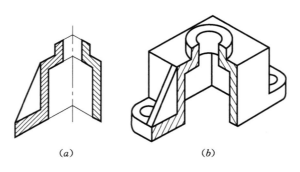

（a）　　　　　　　　（b）

图 9 - 35　先画剖面再补全

注意： 在轴测投影中，当剖切平面通过物体的筋板和薄壁结构的对称平面时，为了突出主要结构，这些附属构件的剖面上规定不画剖面符号，而用粗实线将它与相邻部分隔开，如图 9 - 34（d）、图 9 - 35（a）、（b）中筋板被剖开，但在其三角形剖面上都不用画材料符号。

复习参考题

1. 简述轴测投影的定义、基本特性及如何分类。

2. 确定轴测投影坐标系的两个主要参数是什么？

3. 正等测图的轴间角和轴向变形系数的数值是多少？绘图时，为什么要采用简化变形系数？

4. 试述常用绘制轴测图的方法及其要点。

5. 平行坐标面的圆，其正等测投影的形状是什么样的？如何确定其大小和方向？

6. 常用的正面斜二测和水平斜等测的轴间角和简化轴向变形系数各是多少？

7. 如何预测待绘形体轴测图的效果？

8. 轴测图上形体交线和轴测剖视的画法各有几种？并简述其要点。

第十章 标 高 投 影

第一节 概 述

地面形状对土建工程的型式、布置、投资、施工影响很大。在枢纽或建筑群的设计图中，常需把原地形面的改造（挖方或填方）和建筑物与地面的交线表示出来。

地面是起伏不平、不规则的曲面，且水平尺度比高度大得多。对这种特殊曲面，若仍用前述的投影方法，无法将它表达清楚，为此，必须采取一种新的图示方式——标高投影。标高投影是直接在水平投影上标注点的相对高度（高程）和加绘等高线值的形体表达方法。由于标高投影略去了表达形体高度的立面投影，故它是单面正投影。

图 10-1（a）是以水平面 H 为基准面，点 A 在 H 面上方 4 单位，点 B 在 H 面下方 3 单位，先作出 A、B 两点的水平投影 a、b，再在其右下角注出其高度数值 4、-3，即得 A、B 两点的标高投影 a_4、b_{-3}，如图 10-1（b）所示。工程中常用与大地测量相一致的标准海平面作为基准面，所注高度数值称为高程或标高，高程以"米"为单位，图中不必注明。另外，标高投影中还必须标注绘图比例或图示比例尺，以说明实体与平面图形之间的尺寸关系。

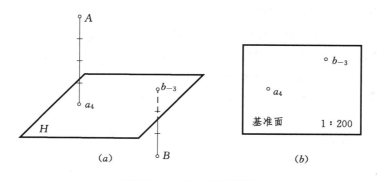

图 10-1 点的标高投影

第二节 直线、平面的标高投影

一、直线的标高投影

在标高投影中，直线的位置可以由直线上的两点或直线上一点及该直线的方向确定。

1. 直线的坡度与平距

工程上采用坡度或平距表示直线对水平面的倾斜程度。

（1）直线的坡度：直线上任意两点的高差与其水平距离的比值，即

$$坡度（i）=高差（\Delta H）/水平距离（L）=\tan\alpha$$

图 10-2（a）中直线 AB 高差 $\Delta H=6-3=3m$，水平距离 $L=6m$，所以，坡度 $i=\Delta H/L=1/2$，记作 1：2。

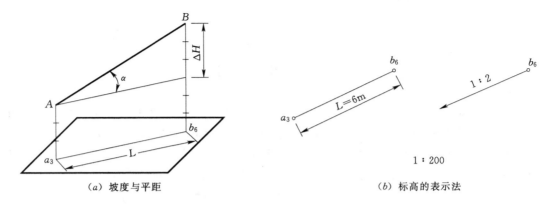

（a）坡度与平距　　　　　　　　　　　　（b）标高的表示法

图 10-2　直线的标高投影

（2）直线的平距：直线上任意两点的水平距离与其高差的比值，即

$$平距（l）=水平距离（L）/高差（\Delta H）=\cot\alpha=1/\tan\alpha=1/i$$

可见，平距和坡度互为倒数，坡度大则平距小，坡度小则平距大。据此，我们就能够在标高投影中，根据已知直线求出该线上某设定点的标高，或某设定标高所对应的点位。

2．直线标高的表示法

工程中直线的表示法有以下两种：

（1）在直线的水平投影上，标出线上两点的高程，如图 10-2（b）所示的点 a_3、b_6。

（2）标出直线上一点的高程和直线的方向，如图 10-2（b）中的点 b_6 及方向（用坡度 1：2 和箭头表示），箭头指向下坡方向。

【例 10-1】　求图 10-3（a）所示直线 AB 上高程为 3.3 的 B 点，并定出线段上各整数高程点。

解：求点 B：AB 两点的高差 $\Delta H=7.3-3.3=4m$，平距 $l=1/i=2$

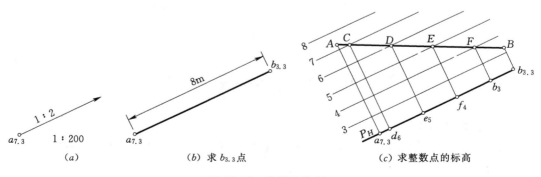

（a）　　　　　　　（b）求 $b_{3.3}$ 点　　　　　　　（c）求整数点的标高

图 10-3　直线上取点

AB 两点的水平距离 $L=l \times \Delta H=2 \times 4=8m$

自 $a_{7.3}$ 顺箭头按 $1:200$ 取 8m 即得 $b_{3.3}$，见图 10-3 (b)。

求整数标高点（图解法）：包含 $a_{7.3}b_{3.3}$ 作铅垂面 P，旋转 P 面使与 H 面重合，即得 AB 的实长。作图方法如下：

（1）按比例作与 $a_{7.3}b_{3.3}$ 上整数高程相应的平行线组，如图 10-3 (c) 中 3、4、5、…；自 ab 两端作垂线，根据其标高值定出 A、B 点。

（2）连接 AB，可得它与整数标高线的交点 C、D、E、F，再过这些点分别向 ab 作垂线，其交点即为各整数点 c_7、d_6、e_5、f_4 在标高投影中的位置。

另外，根据标高投影，还可直接判别空间两直线的相对位置，其规则如下：①两直线的标高投影平行、倾向一致且坡度或平距相等，则两直线平行，见图 10-4；②若两直线的标高投影相交，且在交点处的标高数值相同，则两直线相交，见图 10-5。

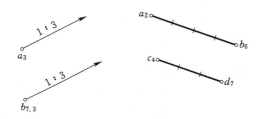

图 10-4　平行线的标高投影

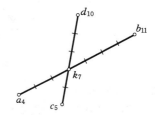

图 10-5　相交直线的标高投影

二、平面的标高投影

1. 等高线和坡度线

等高线是地形面上相同高程点的连线（即水平线），也是水平面与该面的交线，所以，倾斜平面上等高线的标高投影相互平行。图 10-6 (a) 所示斜面 $ABCD$ 上的等高线 0、Ⅰ、Ⅱ、…其标高投影 0、1、2、…互相平行，即高差相等时其水平间距也相等，如图 10-6 (b) 所示。

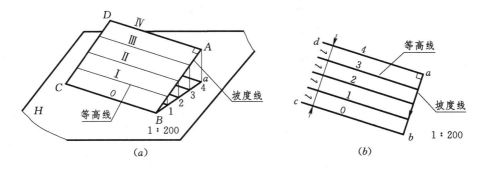

(a)　　　　　　　　　　　(b)

图 10-6　平面上的等高线和坡度线

坡度线就是斜面对水平面的最大斜度线。如图 10-6 (a) 中的坡度线 AB 与等高线 AD 垂直，它们的标高投影也相互垂直，即 $ab \perp ad$。坡度线 AB 对 H 面的倾角 α 是斜面 $ABCD$ 对 H 面的倾角，也就是说，坡度线的坡度就是该斜面的坡度。

【例 10-2】 求图 10-7 所示平面 $a_{4.3}$、$b_{7.5}$、$c_{1.0}$ 对 H 面的倾角 α。

解： 平面 ABC 对 H 面的倾角即其坡度线对 H 面的倾角，由于坡度线垂直于该面的等高线，故本题应先作出等高线，然后画其坡度线，再求 α 角。为此，用图解法先作出任意二边的整数标高点，得出等高线，再作等高线的垂直线 de，即得坡度线；然后以 de 为一直角边，以其高差（5-2）为另一直角边，则斜边 df 为 de 的实长，而 $\angle edf$ 即为平面 ABC 对 H 面的倾角 α。

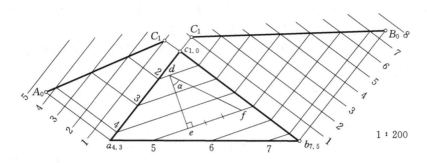

图 10-7 求平面 ABC 对 H 面的倾角

2. 平面的表示法

在标高投影中，平面大多是人工开挖或填筑的斜面，为了画面清晰，平面一般不用等高线表示，而是根据其投影特点以"示坡"的方式表达。

（1）示出平面上一条等高线和坡度线。图 10-8（a）中的平面是用高程为 3 的等高线和带箭头的坡度线（1:2）表示的。

据此，可作出平面上任一等高线，如图 10-8（b）中高程为 0 的等高线。由于该等高线与已知等高线平行，且通过坡度线上高程为零的点。作图时，先按平距求出两等高线间的距离 $L_{AB}=l\times\Delta H=2\times3=6\mathrm{m}$，自 a_3 点向下，按比例量取 6m 得 b_0，再过 b_0 作直线与已知等高线平行即可。

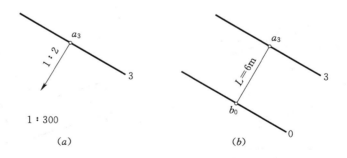

图 10-8 用等高线和坡度线表示平面

（2）示出平面上一条斜线和坡度线。图 10-9（a）中的平面以一条倾斜直线 a_4b_0 和坡度 1:0.5 的大致方向线（图中带箭头的虚线）表示，而坡度线的准确方向应根据平面的等高线确定。以图示平面为例，其高程为 0 的等高线必过 b_0 且与 a_4 的距离为 $L=l\times\Delta H=0.5\times4\mathrm{m}=2\mathrm{m}$；今以 a_4 为圆心，2m 为半径按比例画弧，再过 b_0 作圆弧切线 b_0c_0，

与等高线 b_0c_0 垂直的半径 a_4c_0 即为坡度线的准确方向。

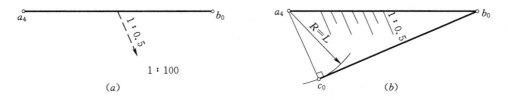

图 10-9　用斜线和坡度线表示平面

另外，工程图中常以长短相间的细实线（示坡线）表示坡面方向，短划总是画在高的一侧。示坡线上不仅应示出坡降的方向，还要标注坡度比，如图 10-9（b）中的1：0.5。

3. 平面与平面的交线

标高投影与正投影一样，也是利用三面共点原理求两平面的交线。不过，在标高投影中，仅以水平面作辅助面，如图 10-10 所示。由于辅助面与两面的交线是两条同高程等高线，其交点是两面的共有点，所以，两面（平面或曲面）各同高程等高线交点的连线，就是两面的交线。

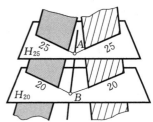

在土建工程中，相邻坡面的交线，称坡面交线；坡面与地面交线，在填方工程中称坡脚线；在挖方工程中称开挖线或开口线。

图 10-10　求两平面交线

【例 10-3】　求作图 10-11（a）所示两平面的交线。

解：由于两平面的交线是直线，所以在二平面上分别作出高程为 25 和 15 的等高线，得出同高程等高线的交点 a_{25}、b_{15}，连接 $a_{25}b_{15}$ 即为交线，见图 10-11（b）。

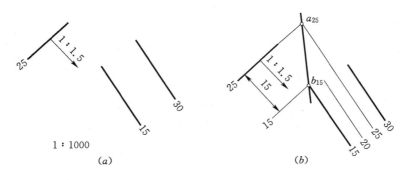

图 10-11　求两平面的交线

【例 10-4】　在水平地面上挖一基坑，坑底形状、高程和各坡面的坡度如图 10-12（a）所示，求其开口线和相邻坡面的交线。

解：（1）开口线：因坑底线为水平线，故各坡面为平面，开口线是坡面上高程为 0.00 的等高线，它们分别平行于相应坑底边线且水平距离：$L_1 = 1 \times 4 = 4\text{m}$；$L_2 = 1.5 \times 4 = 6\text{m}$；$L_3 = 2 \times 4 = 8\text{m}$。

（2）坡面交线：相邻坡面同高程等高线的交点是二者的共有点，由于坡面都为平面，坡面交线是直线，故连接高程为 0.00 和 -4.00 两点，即得坡面交线。

（3）画出各坡面的示坡线并标注其坡度，见图 10 - 12（b）。

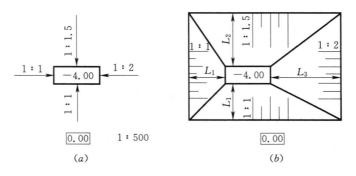

图 10 - 12 水平地面矩形基坑的开口线

不难看出，若相邻坡的坡度相同，其交线是两坡同高程等高线的角平分线，见图 10 - 12（b）左下角的坡面交线。

【例 10 - 5】 用一直引道把地面和堤顶平台相连，平台比地面高 4m，各坡面的坡度，如图 10 - 13（a）所示，求作平台与引道侧坡的坡脚线和坡面交线。

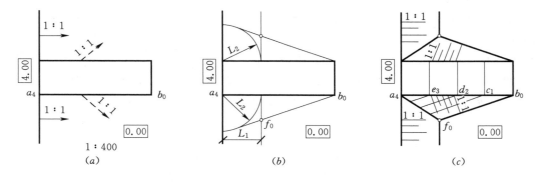

图 10 - 13 直引道的坡脚线及坡面交线

解：（1）坡脚线：平台的坡脚线与堤顶线平行，其水平距离 $L_1 = 1 \times 4 = 4m$。引道的边界是直线，两侧坡面应为平面，坡脚线为直线；以 a_4 为圆心，$L_2 = 1 \times 4 = 4m$ 为半径按比尺画弧，再由 b_0 点作弧的切线，它与平台侧坡的坡脚线交于 f_0，$b_0 f_0$ 即坡脚线，见图 10 - 13（b）。

（2）坡面交线：平台边坡与引道边坡均为平面，其交线为直线。只要将两坡面同高程等高线的交点相连即得交线，如图 10 - 13（c）中的 $a_4 f_0$。

（3）画出各坡面的示坡线（方向应垂直于坡面等高线）并标注其坡度，见图 10 - 13（c）。

顺便指出，因引道与侧坡均为平面，故二者的等高线均与其坡脚线平行。作法如图 10 - 13（c）所示：先定引道边界上的整数高程点 c_1、d_2、e_3，再分别过各高程点作堤顶线和坡脚线 $b_0 f_0$ 的平行线，即得引道与侧坡上的等高线。

第三节 曲面的标高投影

本节主要介绍工程中常用的圆锥面和同坡曲面的标高投影及其表达方式。

一、正圆锥面

正圆锥面上所有素线对 H 面的坡度都相等，若用一组间隔相等的水平面截切正圆锥面，其交线为半径等差的同心圆。画出这些同心圆，并标注其高程数值，即为正圆锥面的标高投影。图 10-14（a）、（b）分别为正圆锥面与倒圆锥面的标高投影。

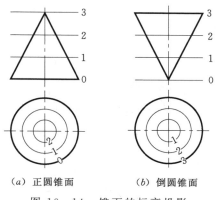

（a）正圆锥面　　　　（b）倒圆锥面

图 10-14　锥面的标高投影

土石方工程中，土体常做成坡面形式，在坡面的转折处则采用坡度相同的锥面，如图 10-15（a）表示用 1/4 正圆锥面连接两填筑坡面的轴测图和标高投影；图 10-15（b）则表示用 1/4 倒圆锥面连接两挖方坡面的轴测图和标高投影。土建工程的锥面，常用圆曲线、示坡线（延长后应过锥顶）和标注坡度比相结合的方式表达。

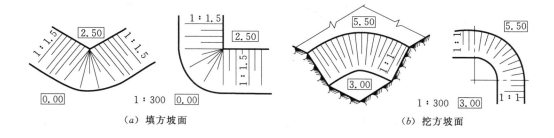

（a）填方坡面　　　　　　　　　　　　（b）挖方坡面

图 10-15　在转角处用锥面连接坡面

【例 10-6】　在地面（3.00m）上修筑一高程为 8.00m 的土堤，堤顶的形状、高程和各坡面的坡度如图 10-16（a）所示，求作坡脚线和坡面交线。

解：（1）坡脚线：因地面和左、上堤坡均为平面，坡脚线都是平行于堤顶线的直线，其水平距离 $L_{左侧}=1\times（8-3）=5m$，$L_{上侧}=2\times（8-3）=10m$，可按比尺直接画出；中间部分为正圆锥面，由于堤顶边线是 1/4 圆弧，其坡脚线应为堤顶的同心弧，其半径差 $\Delta R=1.5\times（8-3）=7.5m$。

（2）坡面交线：坡面交线有两条，由于左堤坡的坡度大于锥坡，故交线为一段双曲线，而上堤坡的坡度小于锥坡，故交线为一段椭圆曲线。只要作出各坡面上相同整数高程等高线的交点，再用曲线依次光滑连接即可。

（3）画出各坡面示坡线并标注坡度，见图 10-16（b）。

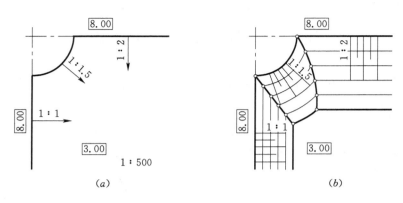

（a） 1 : 500 （b）

图 10 - 16　求土堤的坡脚线和坡面交线

二、同坡曲面

坡度处处相等的曲面称同坡曲面，图 10 - 17（a）所示弯曲上升的引道，其侧坡就是这种曲面。

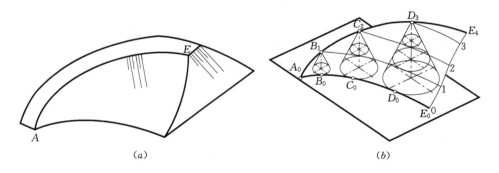

（a） （b）

图 10 - 17　同坡曲面的形成

由图 10 - 17（b）可见，这种曲面是由正圆锥的顶点沿曲导线 AE 运动形成的；运动时，锥轴始终垂直于 H 面且锥顶角保持不变，所有正圆锥的包络面就是同坡曲面；由于曲面上的素线都与某一正圆锥的素线相对应，所以，该曲面对水平面的倾角处处相等。

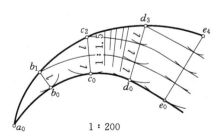

1 : 200

图 10 - 18　画同坡曲线的等高线

同时，还可看出同坡曲面与圆锥面同高程的等高线一定相切，且切点必在二者的公切线上，据此就可画出同坡曲面的等高线。

实际工程中同坡曲面的表示法与锥面类似，多采用两边界曲线和示坡线相结合的方式。图 10 - 18 示出了坡度为 1 : 1.5 时，同坡曲面上等高线的作图方法：分别以 b_1、c_2、d_3、e_4 为锥顶画出相应高程为 0、1、2、3 的水平圆，公切于同高程水平圆的曲线，就是同坡曲面的等高线。

【**例 10 - 7**】　今欲修筑一弯道将地面与平台相连，平台和地面的高程、平台及弯道两侧边坡的坡比如图 10 - 19（a）所示，试求坡脚线及坡面交线。

解：（1）坡脚线：平台边界为直线，其侧坡为斜平面，其高程为2、1的等高线和坡脚线（0）均与边界线平行，水平距离分别是1m、2m、3m，可按图示比尺直接画出；引道是等宽的斜坡面，图中示有高程为1、2的两条等高线；引道两侧为同坡曲面，分别以道边整数高程点1、2、3为圆心，以0.75、1.5、2.25为半径按比尺画弧，再自0作与这些圆弧相切的曲线，即得弯道内、外侧同坡曲面的坡脚线。

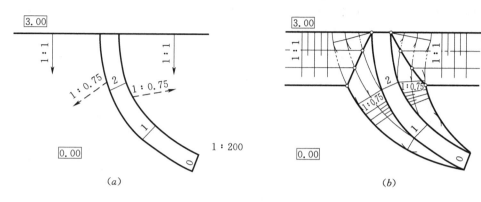

图 10-19 弯道的标高投影

（2）坡面交线：平台边坡与同坡曲面的交线为两段平面曲线。以上述坡脚线作图方法，作出同坡曲面上高程为1、2的等高线，依次连接它们与平台边坡同高程等高线的交点，即得坡面交线。

（3）画出各坡面的示坡线并标注坡度，见图 10-19（b）。

三、地形面

假想用一组高差相等的水平面切割地形，得到高程不同的等高线组（不规则的平面曲线），画出这些等高线的水平投影，并注出高程值，就得到地形面的标高投影，见图 10-20。工程上将这种图称为地形图，它是用测量方法按比例绘制的；图中等高线的高程值应朝上坡方向，相邻等高线的高差称为等高距。地形图中的比尺与等高距取决于地形条件及设计要求。

图 10-21（a）、（b）所示的地形，等高距均为5m，看起来大致相似，但图中等高线

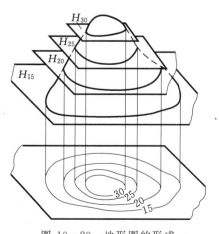

图 10-20 地形图的形成

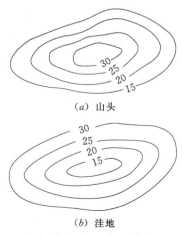

（a）山头

（b）洼地

图 10-21 山头和洼地

159

的高程标注却不同，图 10-21 （a）的等高线是四周低、中间高，表示山头；而图 10-21 （b）则是中间低、四周高，则为洼地。

在地形图中，通常都应标明比尺并加绘指北方向，以这种方式表示的地形图能清楚反映出地势陡缓、坡面朝向以及河流、道路的走向等。由图 10-22 可以看出，左边环状等高线中间高，四周低，是一个山头；山头南面的等高线稀疏，山坡较平缓；山头东南侧为一狭长的山梁，山梁南面等高线较密集，坡度较陡，而山梁北面有一条由东向西流的山沟。图中央所示"鞍部"，是指两头高、中间低，形状像马鞍的区域。

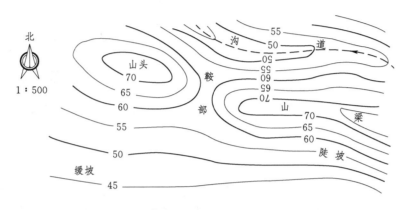

图 10-22　地形图

第四节　土石方工程的交线

土石方工程包括土石方的开挖与填筑，也就是对原有地形面的改造。例如：在修建道路，土石坝或楼房之前，先要平整场地、开挖基坑等。为了表达工程与地形面的衔接，就必须根据工程实体的平面形状，在地形图上画出各工程坡面之间的交线，以及坡面与地面的交线（坡脚线或开口线）。坡面可能是平面或曲面，地面也可能是水平面或不规则的曲面，交线的形状会有很大差别，但求解交线的基本方法都是用水平辅助面求相交两面的共有点。若交线是直线，只需求出两个共有点；若是曲线，则应求出一系列共有点，再依次相连。下面举例说明这些交线的求法。

【例 10-8】　拟在沟道上筑一土坝，坝顶、马道、坝轴线的位置、尺寸以及上下游坡面的坡度如图 10-23 （a）所示，求作坝体与地面的交线。

分析：由图可以看出，坝顶高程为 461，高于沟道地面，是填方。坝顶、马道为水平面，它们与地面交线是沟坡上一段同高程等高线；由于沟道地形是不规则曲面，上、下游坡面与它的交线（坡脚线）为不规则的平面曲线，需求出一系列共有点后才能连线。

作图：见图 10-23 （b）。

（1）将坝顶面的边界线延长至沟坡高程为 461 的等高线，即得它与地面的两段交线。

（2）上游坡面。根据相邻等高线间的水平距离应等于"等高距×坡面平距"（如 460 与 458 等高线间的水平距离＝2×2＝4m），在坡面上作与地形高程相应的等高线，如 460、458、456、…求出它们与沟坡上同高程等高线的交点，再依次光滑连接即可。

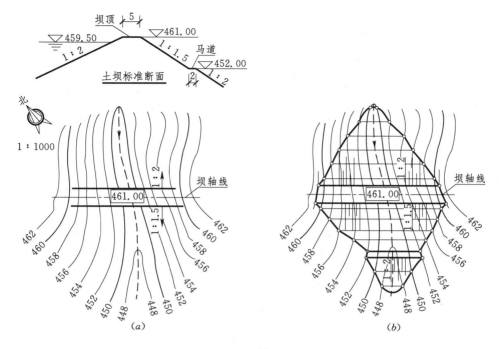

图 10-23 土坝坝体与地面的交线

（3）下游坡面。马道是高程为 452 的水平面，延长其边界至沟坡 452 等高线，得它与地面的交线；马道上、下坡面交线的作图与上游坡面基本相似，但应特别注意坡面坡比不同，相邻等高线间的水平距离也不同。另外，因马道的阻隔，其坡脚线也应分开连接。

【例 10-9】 在图 10-24（a）所示的地面上，修建一高程为 25 的方圆形水平场地，填方坡比取 1:1.5，挖方取 1:1，试求坡面与地面以及各坡面间的交线。

分析： 水平场地高程为 25，故地形图上高程 25 的等高线是填、挖方的分界线，它与场地边界线的交点，即为填、挖方的分界点。场地北侧高于 25，为挖方区，其半圆边界线部分的坡面是倒圆锥面；其直线边界部分的坡面是与倒圆锥相切的平面，两者之间没有交线。场地南侧低于 25，为填方区，因坡面是三个，故有三条坡脚线和两条坡面交线。由于地面是不规则曲面，所以挖方区的开口线和填方区的坡脚线都是曲线，需求出一系列点，再依次相连。

作图： 见图 10-24（b）。

（1）挖方区的开口线：在坡面上作出与地形高程相应的等高线，如 26、27、28、⋯求出它们与地形同高程等高线的交点，再依次光滑连接，即得挖方区的开口线。

（2）填方区的坡脚线：在Ⅰ、Ⅱ、Ⅲ坡面上分别作与地形高程相应的等高线 24、23、22、⋯同上述，依次光滑连接它们与地形同高程等高线的交点，即得各自的坡脚线。

（3）坡面交线：由于坡面交线是直线，所以，只要连接相邻坡面同高程等高线的两交点（如 25、23）即可。由于本例相邻坡面的坡度相等，其交线应同时在同高程等高线的角平分线上。

注意： 根据三面共点原理，填方区左右两侧坡脚线与坡面交线应汇交，图 10-24

161

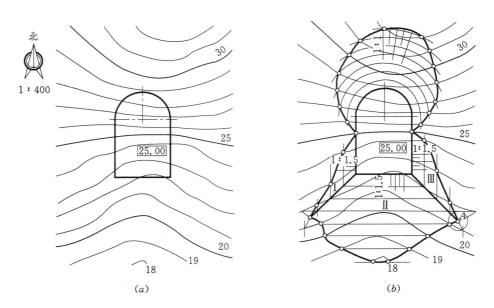

图 10-24　水平场地与地面的交线

（b）右侧的 A 点。另外，挖方和填方的坡面还应示出其示坡线和坡比。

【例 10-10】　在图 10-25（a）所示的地面上修建一条直坡道，填、挖方边坡均为 1：2，求作各坡面与地面的交线。

分析： 由图可以看出道路的西头，路面高于地面，需填；而东头的地面则高于路面，应挖。由于路的边界是直线，故两侧坡面是平面，坡面等高线为直线，而坡脚线与开口线均为平面曲线。

作图： 见图 10-25（b）。

（1）南侧坡面的坡脚线：路边线与地面等高线在高程 18 处相交，交点是填、挖方的分界点。以填方区路面边界高程 16 的点为圆心，平距 2 为半径按比尺画弧后，自边界高程 15 的点作该弧的切线，即得侧坡面高程为 15 的等高线。再自边界高程 16、17 点作高程 15 等高线的平行线，得 16、17 的等高线；最后依次连接侧坡与地面同高程等高线的交

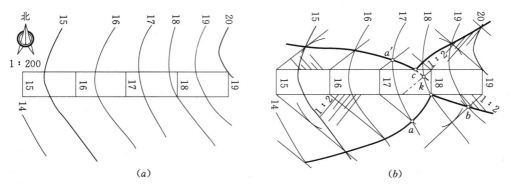

图 10-25　直坡道侧坡与地面的交线

点（如图中 a 点），得坡脚线。

（2）南侧坡面的开口线：挖方区侧坡等高线的作图方法与填方类似，但方向与填方相反。图 $10-25$（b）中 b 点即高程为 19 侧坡等高线与地面同高程等高线的交点。

（3）同理，可作出北侧填、挖方坡面的坡脚线和开口线。连点时应注意，填、挖方分界点 c 应在 17、18 等高线之间，其位置也可由作图确定，即假想填方坡面内扩，自路北边界高程 18 的点作 17 等高线的平行线（图中的双点划线），它与地面同高程等高线交于点 k；连接 $a'k$，得与边界线的交点，即填、挖方的分界点 C。

（4）画出各坡面的示坡线并标出坡比，完成全图。

第五节 地 形 剖 面 图

前面介绍了，土方工程中应用水平辅助面求作形体交线，绘制并完成标高投影图的方法。但是，许多情况下，仅画出工程的标高投影图（平面图），仍是不够的。

土建工程的许多建筑物是带状的，其长度方向的尺度远大于其他两个方向，例如，渠道、道路、隧洞、堤坝等。对于这类狭长建筑物，如果仅使用以标高投影表达的平面地形图，设计与施工都会感到不方便，不能一目了然地看出建筑物与地形之间的高差关系。同时，为了更明确地表达地层地质、水文的变化，或能更方便的计算土石方工程量（尤其是地形起伏很大的情况下），靠平面图也不能满足设计要求。因此，工程中还大量使用以铅垂面作辅助面得出的地形剖面图。

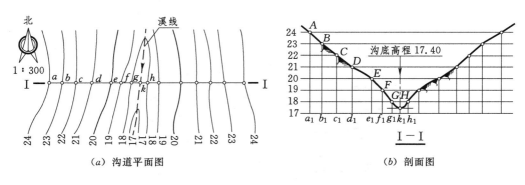

（a）沟道平面图　　　　　　　（b）剖面图

图 $10-26$　地形剖面图

用一铅垂面剖切地形面，单独画出剖切平面与地形表面交线的实形图，称为地形剖面图。对上述带状土建工程来说，利用地形剖面图求作坡脚线或开挖线则显得更为方便、实用。下面，我们先讲地形剖面图的一般画法，然后再举例说明如何利用它求作坡脚线或开挖线。

图 $10-26$（a）为一沟谷的平面图。今以 Ⅰ—Ⅰ 剖切地形面，它与等高线交于 A、B、C、…点，其标高投影就是图 $10-26$（a）中的 a、b、c、…。据此，可按下述步骤作出地形剖面图。

（1）按比例画出与地面等高线高程相应的平行线组，如图 $10-26$（b）中的 17、18、…、24。

（2）自最低高程线（17）起分别定出与上述 a、b、c、d、…相应的 a_1、b_1、c_1、…点。

（3）自 a_1、b_1、c_1、…作铅垂线，与相应的高程线相交，得 A、B、C、…各点。

（4）顺次光滑连接各交点，并根据地质情况画上相应的剖面符号，即得地形（地质）剖面图，见图 10 - 26（b）。

注意： 沟底 G、H 两点之间，不能直接连线，而应按剖面线与溪线相交的点位，内插一高程 17.5 的等高线，画出交点 K 后，再根据地形趋势光滑连接。

【例 10 - 11】 今欲筑一段傍山道路，中心线的位置及高程，路面宽度与挖、填方标准剖面如图 10 - 27（a）所示，求作坡脚线及开口线。

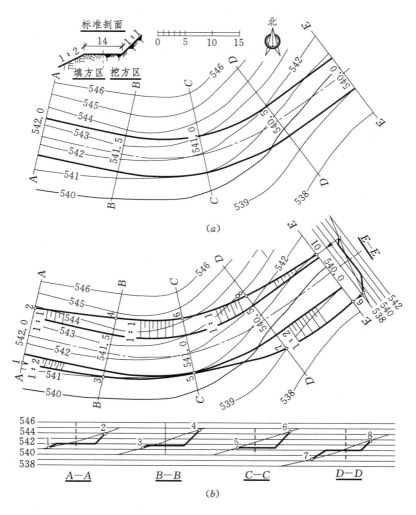

图 10 - 27　用剖面法求道路侧坡与地面交线

分析： 图示道路的路面为一由东向西逐渐抬升的等宽路面，沿程设有 5 个铅垂剖面，剖面的方向均应垂直于道路中心线。根据各剖面处设计高程与地形高程的比较可以看出：道路内侧（北）边界，设计高均低于地面，故为挖方，需画出开口线；道路外侧（南）边界的设计高，在 $C-C$ 剖面恰与地面高相等，应不挖不填，而其余各剖面的地面均低于设计高程，故为填方。

由图 10-27（a）还可以看出，西侧道路的走向与等高线接近平行，不宜采用前述坡面与地面同高程等高线交点的方法，而改用地形剖面法就十分简便。

作图：以 $A-A$ 剖面为例，见图 10-27（b）。

（1）按比例绘出 $A-A$ 地形剖面及道路中心线。

（2）套断面：以中心线为准，按 $A-A$ 剖面处设计高绘出相应的路面标准断面。剖面北侧为挖方，套挖方标准剖面；南侧为填方，套填方标准剖面。

（3）在上述剖面中，确定地形线与填、挖方边坡线的交点（Ⅰ、Ⅱ），再按它们到中心线的距离画在地形图上，即得填、挖边界点 1、2。同理可作其他剖面，得 3、4、5、…各点。

（4）分别光滑连接地形图中同侧各填、挖边界点，即得坡脚线和开口线。

复习参考题

1. 什么叫标高投影？工程中如何用它来表示直线和平面？
2. 直线的坡度与平距的含义及其两者之间的关系是什么？如何确定直线上整数高程的点？
3. 平面上的等高线和坡度线的含义以及两者之间的关系是什么？
4. 标高投影的基本作图方法是什么？它依据的原理又是什么？
5. 同坡曲面是怎样形成的？如何求作同坡曲面上的等高线？
6. 如何确定水平场地和斜坡道的填挖方区域及它们的分界点？
7. 工程图中如何表达坡面？如何利用坡度或平距求解坡脚线、开口线以及坡面之间的交线？
8. 什么是地形剖面图？如何利用地形剖面图求解形体的坡面与地面的交线？

第十一章　正投影图中的阴影

第一节　概　　述

建筑设计中，为了丰富图形的表现力、增加图面的美感，常采用加绘阴影的手法，也就是将光线斜射时形体表面所产生的明暗效果表达出来。阴影仅绘于建筑表现图，特别是反映建筑物外形的正立面图，而其结构图、施工图就不必画了。

一、阴和影的形成

在光线的照射下，形体的受光面称为阳面，背光面称为阴面（简称阴），阴阳面的分界线，称为阴线。影，是因光线被形体遮挡而出现在承影面上的阴暗区，影的轮廓叫作影线，实质上影线就是阴线的影。

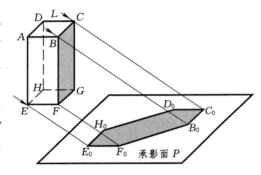

形体的阴和影统称为阴影。图 11-1 是四棱柱的阴影，它由形体上阴面可见部分 $BCGF$（涂色部分）和形体在承影面 P 上的影 $C_0 D_0 H_0 E_0 F_0 B_0 C_0$ 组成。

产生阴影的三要素是光线、物体和承影面。

图 11-1　阴和影的形成

二、常用光线

为了作图方便，又不失其表现力，在正投影图中加绘阴影的光线通常是确定的，称常用光线。这种光线的方向与正方体对角线方向一致，即由左前上方射向右后下方，如图 11-2 所示。

光线对三个投影面的倾角都等于 $35.3°$，而它在 V、H、W 面上的投影与相应投影轴

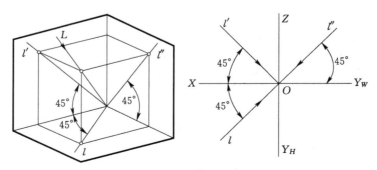

图 11-2　常用光线

166

的夹角都是 45°。显然，用这样的光线作图只需用 45°三角板，简捷方便。

鉴于常用光线的方向是倾斜于投影面的，为了区别于正投影中的"投影"，特把常用光线落下的影子称为"落影"。承受落影的面可以是墙面、地面、投影面，也可以是空间任意的阳面。

三、正投影图中的阴影

建筑设计以正立面为形体的表现图，常需加绘阴影以显艺术效果。图 11-3 是墙面凸起装饰体加绘阴影后的效果，可见，阴影丰富了形体的表现力，即使没有平面图，观者也能想出空间形状。

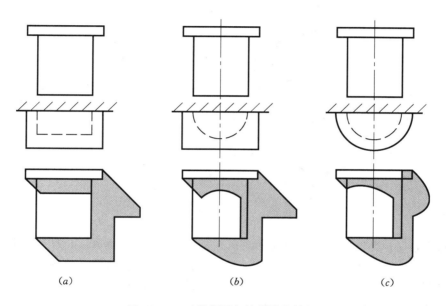

(a)　　　　　　　　　　　(b)　　　　　　　　　　　(c)

图 11-3　正投影图加绘阴影的效果

综上所述，正投影图中加绘阴影，实际上包含了两项内容：①相对于常用光线，建筑形体上哪些是阳面，哪些是阴面，也就是确定阴线；②哪些阳面因前面有遮挡而成为承影面，它上面将出现什么样的影子，也就是确定影线。所谓加绘阴影，就是求作形体在承影面上的落影，并将图中落影和阴面投影的可见部分涂色。

下面我们先讨论常用光线照射下，点、线、面在不同承影面上落影的投影规律。

第二节　点和直线的落影

一、点的落影

在常用光的照射下，空间点落于承影面的影子仍为一点，如图 11-1 中过角点 C 的光线 L 与承影面 P 的交点，称 C 在 P 面上的落影，记作 C_0，因此，求点的落影，可归结为求直线与平面的交点问题。

当承影面为投影面时，某点的落影就是过该点的光线与投影面的交点，即迹点。我们知道，直线在二面体系中有两个迹点，由于投影面是不透光的，所以，与光线先交投影面上的迹点是落影。

如图 11-4（a）中，过 A 的光线先与 V 面相交，故正面迹点 A_0 就是 A 点的落影，其正面投影 a_0' 与 A_0 重合，水平投影 a_0 则位于 OX 轴上；a_0'、a_0 又分别位于光线 L 的投影 l' 和 l 上，所以，a_0 是 l 和 OX 轴的交点；而 a_0' 为过 a_0 垂直于 OX 的直线和 l' 的交点。另外，若假想光线继续向前延伸，与 H 面的交点（迹点）称作 A 点的虚影，记作 $\overline{A}_0$。虚影一般不必画出，但作图时，常需用它作为辅助点求解。

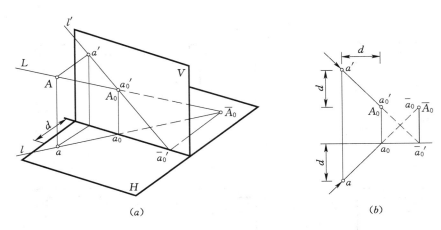

图 11-4　点在投影面上的落影

图 11-4（b）是已知 A 点的两面投影，求 A 点在 V 面落影 A_0 和 H 面虚影 $\overline{A}_0$ 的作图。由图可以看出，落影 a_0' 在 A 点正面投影 a' 的右下方，它们之间的垂直及水平距离都等于 A 点到 V 面（承影面）的距离 d，因此，知道 A 点的正面投影 a' 和它到正面的距离 d，就可以直接在 V 面上作出该点的落影 a_0'。

实际上，只要承影面是某投影面的平行面，上述的落影规律仍可应用，只是作图所量取的距离改为点到承影面的距离，见图 11-5（a）。

当承影面是其他位置面时，上述的规律就不能再套用了，此时，求 A 点的落影就是求作过 A 的光线和承影面的交点，可用求线面交点的方法求解。图 11-5（b）所示的承

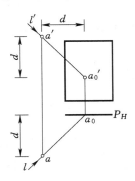

（a）投影面的平行面

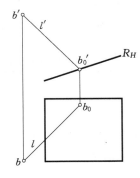

（b）正垂面

（c）一般位置面

图 11-5　点在不同位置面上的落影

影面是正垂面 R，可直接用积聚性求出 b_0'；再根据 B 是光线上的点，进而求出 b_0；而图 $11-5$（c）中的承影面是一般位置面 Q，可用求一般位置线面交点的方法解决，图中所用的辅助面是包含 L 的铅垂面 P_H，首先求出 P、Q 两平面的交线 I II 的正面投影 $1'$、$2'$，它与 l' 的交点即为 c_0'，再根据它是光线上的点，求出 c_0 来。

二、直线的落影

直线的落影实质上就是包含该线的光平面与承影面的交线。当承影面是平面，落影则为直线，通常采用求出直线上任意两点在承影面上的落影，再连以直线的方法，如图 $11-6$ 中的直线 AB；而当直线与光线平行时，落影则积聚成一点，如图 $11-6$ 中的直线 CD。

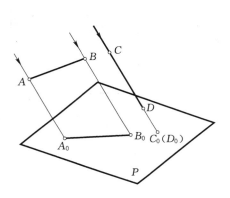

图 $11-6$　直线的落影

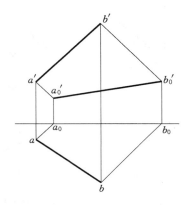

图 $11-7$　直线在投影面上的落影

如果承影面就是投影面，落影常用求光线与投影面迹点的方法作图，见图 $11-7$；当承影面是正垂面，可利用积聚性直接作图，见图 $11-8$；而当承影面为空间任意面时，则多用辅助面法，图 $11-9$ 是分别包含过 A、B 的光线，作铅垂面 P_H、Q_H，求出 A、B 两点的落影 a_0'、a_0，b_0'、b_0，然后连接同名投影即可。

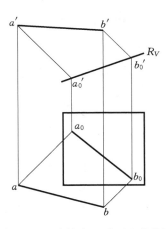

图 $11-8$　直线在正垂面上的落影

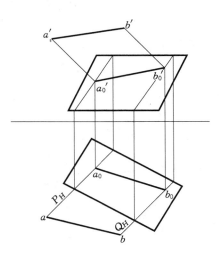

图 $11-9$　直线在一般位置面上的落影

三、直线的落影规律

1. 平行律

(1) 直线平行于承影面时，直线在承影面上的落影与直线本身平行且等长，它们的同名投影亦平行且等长。如图 11−10 (a) 所示，直线 AB 与铅垂承影面 P 平行，则 $a'b'$∥$a_0'b_0'$、ab∥a_0b_0，且 $a'b'=a_0'b_0'$、$ab=a_0b_0$。

(2) 两直线相互平行，它们在同一承影面上落影仍相互平行，如图 11−10 (b) 所示 AB∥CD，则它们在承影面上的同名投影平行，即 $a_0'b_0'$∥$c_0'd_0'$、a_0b_0∥c_0d_0。

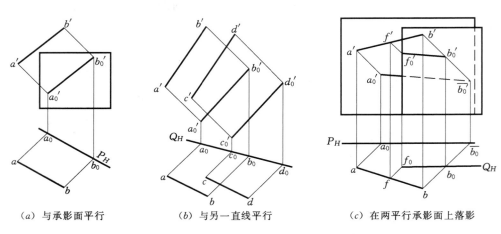

(a) 与承影面平行　　　　(b) 与另一直线平行　　　　(c) 在两平行承影面上落影

图 11−10　直线落影的平行律

(3) 直线在两平行承影面上的落影平行，如图 11−10 (c) 所示承影面 P、Q 是相互平行的正平面，直线 AB 在这两承影面上落影的同名投影相互平行，即 $a_0'\overline{b_0'}$∥$f_0'b_0'$、$a_0\overline{b_0}$∥f_0b_0。

2. 相交律

(1) 直线与承影面相交，直线的落影必然通过其交点，如图 11−11 中的 AB 与承影面 Q 相交于 C 点，那么，AB 落影 A_0B_0 的两个投影 $a_0'b_0'$、a_0b_0 的延长线必然分别通过 c_0' 和 c_0。

(2) 相交两直线在同一承影面上的落影必定相交，交点的落影即为落影的交点，见图

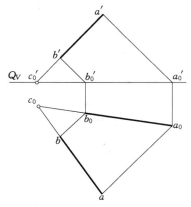

图 11−11　直线与承影面相交

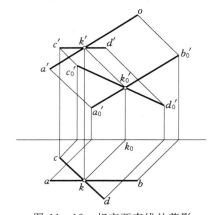

图 11−12　相交两直线的落影

11 - 12。

由于交点 K 是唯一的，投影 k_0' 应同时位于 $a_0'b_0'$ 和 $c_0'd_0'$ 上，所以，其落影也必然是唯一的。

（3）直线若与相交两承影面的交线不平行，那么该直线在两承影面上的落影必然相交，且落影的交点一定在交线上。

图 11 - 13（a）是一般位置线 AB 在相交两承影面上的落影分别是 $a_0'k_0'$ 和 $k_0'b_0'$，其交点 k_0' 必在两面的交线 $1'2'$ 上。线上 K 点的影 K_0（k_0'、k_0）又称折影点，可由返回光线法求得。

图 11 - 13（b）是直线 AB 在 V、H 面上都有影时，折影点 K_0 必在交线 OX 轴上，其作图可利用 B 点在 H 面上的虚影 $\overline{b_0}$ 求得，图中以双点划线示出。

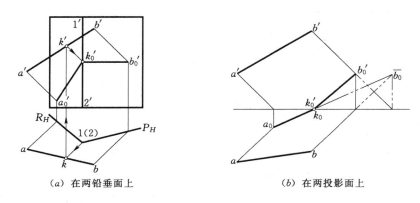

（a）在两铅垂面上   （b）在两投影面上

图 11 - 13 直线在相交两承影面上的落影

3. 垂直律

实践中常会遇到某投影面的垂线在本面（所垂直的投影面）与它面上的落影问题。由图 11 - 14 可看出如下的投影规律：

（1）垂线在本面上的落影是一条 45°斜线。图 11 - 14（a）所示为一直立于地面（H）的旗杆 AB，且距墙面（V）的距离为 d，它在地面（H）的落影就是斜线 bk_0。

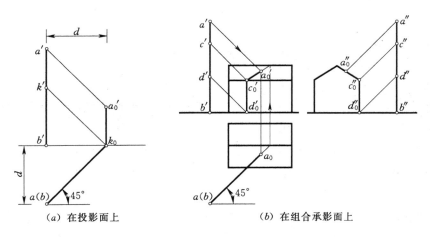

（a）在投影面上   （b）在组合承影面上

图 11 - 14 投影面垂直线的落影

由于包含该线的光平面是本面的垂直面，所以，即使承影面是曲面或组合面，其落影的本面投影都将积聚成一条45°斜线，如图11-14（b）所示旗杆在地面（H）和屋面上落影的水平投影都将积聚在同一条45°斜线 ba_0 上。

（2）垂线落影的它面投影为该垂线同名投影的平行线，两平行线的间距等于该垂线至它面的距离。图11-14（a）为铅垂线 AB 落影的正面投影 $a_0'k_0 /\!/ a'b'$，且间距等于 AB 到正面的距离 d。

（3）某投影面垂线落影在其他两面上的投影应呈对称图形。如图11-14（b）所示，由于通过铅垂线 AB 的光平面对 V 和 W 面的倾角相等，所以，落影在 V、W 面的投影必然是对称的，即 $a_0'c_0'd_0'$ 与 $a_0''c_0''d_0''$ 对称。

上述点、直线的落影规律是阴影作图的基础，一旦理解贯通，就能正确、迅速地绘图。

第三节　平面图形的阴影

平面图形的阴影，因形状和位置不同，有时会变得相当复杂。为了有效掌握建筑阴影的基本画法，下面只讨论承影面是投影面的情况。

一、多边形的阴影

欲求多边形在投影面上的落影，应先分别作出多边形各顶点的落影，然后用直线依次连接同名投影即可，如图11-15中的△ABC 落在 V 面的影子 $a_0'b_0'c_0'$。

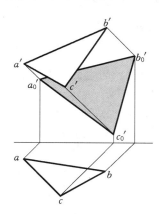

图11-15　平面图形的阴影

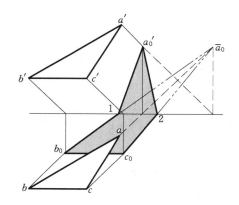

图11-16　平面在两投影面上的落影

需要指出，因多边形与投影面的距离不同，影子既可落在 V 面，也可落在 H 面，还可同时落在两个投影面上。图11-16所示的三角形，A 点的影落于 V 面，而 B、C 的影却落在 H 面，作出各顶点的落影后不能直接连线，还需作 A 点在 H 面上的虚影 $\bar{a}_0$，连接 $\bar{a}_0b_0$、$\bar{a}_0c_0$（以双点划线表示）得出折影点Ⅰ、Ⅱ后，才能确定图中所示的影线 $a_0'1b_0c_02a_0'$。

1. 多边形阴面和阳面的判别

由于常用光线倾斜于投影面，所以，平面的投影可以是阴面的投影，也可以是阳面的投影。图11-17（a）中的铅垂面 P 与 V 面的倾角小于45°，其正面是阳面的投影；而铅垂面 Q 与 V 面的倾角大于45°，其正面投影就是阴面了，应涂色。可见，平面图形的阴阳

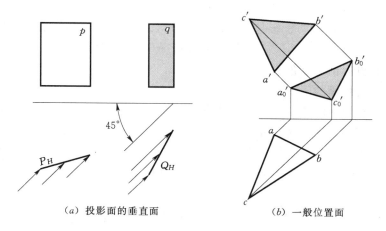

（a）投影面的垂直面　　　　　　　（b）一般位置面

图 11-17　多边形阴、阳面的判别

与它的方位有关。

多边形投影的阴阳，可借助两投影的角点旋转顺序判别：若两投影的角点顺序相同为同性面，即同为阳面或同为阴面；若角点顺序相反为异性面，即一阴一阳。由于承影面一定是阳面，所以，凡与落影角点顺序相同的投影必为阳面的投影；反之，则为阴面的投影。

图 11-15 中△ABC 两投影角点旋转顺序都与落影角点的相同，所以两投影同为阳面。图 11-17（b）中水平投影角点旋转顺序与落影的相同，为阳面投影；而正面投影与落影角点旋转顺序相反，则为阴面的投影，故应涂色。

2. 特殊位置多边形

任何平面图形，只要落影于与它平行的承影面上，其影子必与图形本身的形状、大小完全相同，因此，它们的投影也必定全同。

图 11-18（a）所示平面 ABC 是与承影面平行的铅垂面，其落影的正面投影 $a_0'b_0'c_0'$ 与平面的正面投影 $a'b'c'$ 全同，而其水平投影 $a_0b_0c_0$ 则平行于平面的积聚性投影 abc。

任何形状的平面图形，只要它处于与常用光线平行的位置，那么，它们在承影面（平

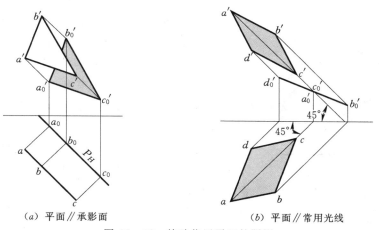

（a）平面∥承影面　　　　　　　（b）平面∥常用光线

图 11-18　特殊位置平面的阴影

面）上的影都是直线，即包含该平面图形的光平面与承影面的交线。图 11-18（b）所示平面 $ABCD$ 对角线 AC 的两投影与 OX 轴的夹角均为 45°，故 AC 平行于常用光线，该面在 V 面上的落影应为直线 $b_0'd_0'$。这种平面只有 AB、AD 两条线受光，因而，平面的两侧均为阴面，其投影都应涂色。

二、平行于投影面的圆

平行于某一投影面的圆，在所平行的投影面上的落影仍为一圆，而其他投影面上的影为椭圆；至于该圆的影究竟落在哪个投影面，应视它对各投影面的距离而定。我们以水平圆为例，说明其落影的特点及作图方法。

图 11-19（a）是个距 H 面较近的水平圆，其影全部落在 H 面，是一个与本身大小

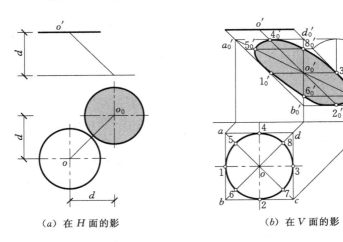

（a）在 H 面的影　　　　　　　　　　（b）在 V 面的影

图 11-19　水平圆的落影

相同的圆，但影圆的心则向上、向右都移动了 d（圆到 H 面的距离）；图 11-19（b）则是一个距 V 面较近的水平圆，它的影全部落于 V 面，其形状为一椭圆，可用八点法作图，其步骤如下：

（1）在水平投影中，作圆的外切正方形 $abcd$，连接对角线 ac、bd，它们与圆周交于 5、6、7、8 点。

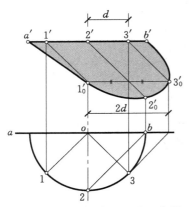

图 11-20　水平半圆在墙面落影

（2）求 $abcd$ 的落影 $a_0'b_0'c_0'd_0'$，连接对角线 $a_0'c_0'$、$b_0'd_0'$，其交点 o_0' 即椭圆的中心。

（3）落影四边形各边中点即圆切点 1234 的落影 $1_0'$ $2_0'3_0'4_0'$；然后再用八点法求出对角线 $a_0'c_0'$ 和 $b_0'd_0'$ 上的点 $5_0'6_0'7_0'8_0'$，依次光滑连接，即得椭圆 $5_0'1_0'6_0'$ $2_0'7_0'3_0'8_0'4_0'5_0'$。

图 11-20 为一突出于墙面的水平半圆，是建筑装饰常用的形体，它在墙面的落影是半个椭圆。由图可以看出，半圆上 A、B 两点在墙面上，其影即为本身，左前方点 1 的影 $1_0'$ 落在中心线上，正前方点 2 的影 $2_0'$ 落在 b' 的正下方，右前方点 3 的影 $3_0'$ 至中心线的距离等

于 $3'$ 至中心线距离的 2 倍；正因为半圆这五个点的影均处于特殊位置，故可直接在墙面上作出该半圆的落影。

第四节 基本立体的阴影

基本立体包括平面立体与曲面立体两类。一般来说，绘制阴影的步骤可分为：

（1）读图——了解立体的形状、大小和它与承影面的相对位置。

（2）判别阴线——根据光线方向，判别阳面与阴面以及它们的分界线（阴线）。

（3）求作落影——求作阴线上特征点在承影面上的落影，然后再绘出影线。

（4）着色——将影线之内和立体阴面投影的可见部分涂色。

有时，立体的某些表面或某些部位究竟是阴面还是阳面难以直接判断，这种情况则需先作落影，再根据落影的轮廓反过来判别阴阳面。为了不使问题复杂化，以下讨论的基本立体只限于典型的棱柱、棱锥和圆柱、圆锥等常见的形体，而且承影面就是投影面。

一、平面立体

1. 棱柱的阴影

位于 H 面上的棱柱，根据积聚性直接判定其左、前、上面是阳面，阴线为图 11-21（a）右上角所示的 $BCDHEFB$。由于形体的大小和位置不同，其影有下述三种情况：

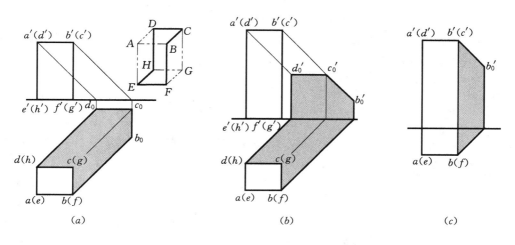

图 11-21　置于地面的长方体的阴影

（1）图 11-21（a）中长方体较低且距 V 面较远，其影全部落在 H 面上，由于阴线 HE、EF 在 H 面上，其影即为本身，所以，只需求出铅垂阴线 DH、BF（为 45° 斜线）、正垂阴线 BC 和侧垂阴线 CD（均为各自投影的平行线）的影即可。

（2）图 11-21（b）中长方体较高且距 V 面较近，阴线 BC 和 CD 的影都落在 V 面，BC 为正垂线，其影为 45° 斜线，而 CD 为侧垂线，其影为自身的平行线；阴线 DH、BF 的影在 V、H 面上都有，在 V 面的影亦为自身的平行线，而 H 面均为 45° 斜线。

（3）图 11-21（c）中长方体紧贴 V 面，阴线 CD 和 DH 在 V 面上，其影即为其本身，只需作出阴线 BC 和 BF 的影即可，其作图与图 11-21（b）类似，不再赘述。

注意：在影线范围内，凡被形体阳面遮挡的部分均不用涂色，如棱柱底面的落影 $efgh$。

图 11-22 是一置于 H 面上的正三棱柱，因 $d>h$，其影只能落在 H 面上。根据积聚性直接判定棱柱的顶面和左侧面是阳面，阴线为图 11-22（a）所示的 $ADEBCA$。由于底面 DEF 在 H 面，其影为本身，所以，只要作出 A、B、C 三点的落影即可。

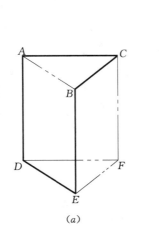

（a）

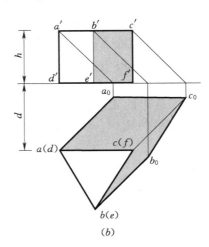

（b）

图 11-22 置于地面上直三棱柱的阴影

需要指出的是，因正面投影 $b'c'f'e'$ 是阴面的可见投影，应涂色；虽然水平投影 $\triangle def$ 也是影的一部分，但因顶面遮挡而不可见，故不必涂色。

2. 棱锥的阴影

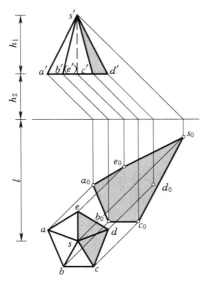

图 11-23 棱锥的阴影

图 11-23 是正棱锥 $S—ABCDE$ 的加绘阴影图，锥底比水平投影面高出 h_2。由于棱面均为一般位置面，其阴阳不便直接判别；通常是先作出落影，由影线定阴线，再定各棱面的阴阳。

由图 11-23 可见，锥顶 S 到 V 面的距离 l 大于它到 H 面的距离（h_1+h_2），锥顶的影落在水平投影面 H 上，故棱锥的影全部在 H 面上，只要作出棱锥角点 S、A、B、C、D、E 在 H 面的落影即可。角点落影的外轮廓线 $s_0e_0a_0b_0c_0s_0$ 就是锥的影线，与之对应的棱线 SE、EA、AB、BC、CS 就是锥的阴线，从而就可确定底面 $ABCDE$、棱面 SCD 和 SDE 是阴面，其余均为阳面。图中除了应在影线内涂色外，棱锥阴面的水平投影 scd、sde 和正面投影 $s'c'd'$ 均为可见，也应涂色。底面 $ABCDE$ 虽为阴面，但被棱面遮挡，其水平投影不可见，故不必涂色。

二、曲面立体

1. 圆柱的阴影

图 11 − 24（a）为正圆柱阴影的轴测图，由图可见，圆柱的顶面为阳面，底面为阴面，柱面上与光平面相切的两直线，将柱面分成大小相等的两部分；其中左前部分为阳面，右后部分为阴面。这样，阴线则是由顶面的右后半圆周，两条直素线切线及底面的左前半圆周围成的封闭线。

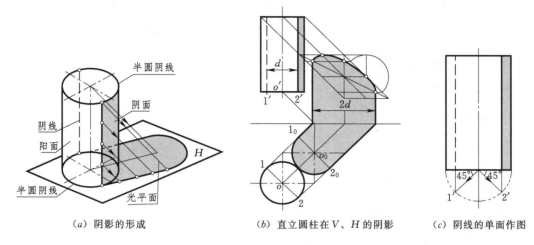

（a）阴影的形成　　　（b）直立圆柱在 V、H 的阴影　　（c）阴线的单面作图

图 11 − 24　正圆柱的阴影

图 11 − 24（b）是位于 H 面上方的圆柱，其顶面阴线的影落于 V 面，是半个椭圆周；底面阴线的影落于 H 面，是半圆周；柱面上的阴线（直素线）1、2 在水平面上的影为两条与底面落影相切的 45°斜线，在正面则为与本身平行的铅垂线。由图可见：①圆柱的大小和所处位置不同，其影的形状是不同的；②正面投影中两影线间的距离等于柱体上两阴线间距离（d）的 2 倍。

另外，由于柱面阴线为光平面与柱面的切线，故阴线也可在柱体的正面投影中直接作出，如图 11 − 24（c）所示；过底面辅助半圆的圆心作两不同方向的 45°线与圆周相交，再过交点 1、2 分别作铅垂线，即得两柱面阴线的投影，因右侧阴面投影可见，应涂色。

2. 圆锥的阴影

图 11 − 25（a）是正圆锥阴影的轴测图，由于锥面没有积聚性，不能直接判断阴、阳面。但是，锥面是以过锥顶 S 的直线旋转而成的，其素线均为直线，所以，光平面与锥面的切线必定为过锥顶的两素线 SA、SB。

可见，判定圆锥阴面的作图应先作出其落影，再根据影线确定阴线。图 11 − 25（b）为底面位于 H 面且远离 V 面的正圆锥，其影全部在 H 面。由于锥底在 H 面，落影就是本身；仅需作出锥顶 S 的影 s_0，再由 s_0 作底圆的切线 s_0a、s_0b 即得锥面阴线的水平投影，求出切点的正面投影 a'、b'，连接 $s'a'$、$s'b'$ 即为锥面阴线的正面投影，SA、SB 与底圆 A、B 间的左前大半圆周构成圆锥的阴线。

顺便指出，对于锥底角为 45°、35°或小于 35°的情况，锥面阴线可直接判定。下面以

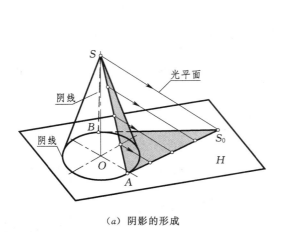

（a）阴影的形成

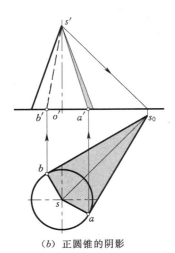

（b）正圆锥的阴影

图 11-25　正圆锥的阴影

图 11-26 为例，介绍锥底在 H 面、底角特殊的正、倒圆锥面的阴线作图：

（1）底角 45°正锥锥顶的影落在外切正方形的右后角点上，其阴线就是 SB、SD，右后 1/4 锥面是阴面；底角 45°倒锥锥顶的虚影落在外切正方形的左前角点上，其阴线为 SA、SC，前左 1/4 锥面为阳面，另 3/4 阴面的水平投影均为不可见，但前右 1/4 阴面因正面可见而涂色，见图 11-26（a）。

（2）底角 35°正锥锥顶的影落在右后圆周上，锥面只有右后一条阴线，其余均为阳面；而倒锥锥顶的虚影落在左前圆周上，锥面只有左前一条受光线（虚线），故此时锥面全为阴面，其水平投影不可见，但前半阴面正面投影可见而涂色，见图 11-26（b）。

（3）当锥底角小于 35°时，锥面或全为阳面（正锥），或全为阴面（倒锥）。

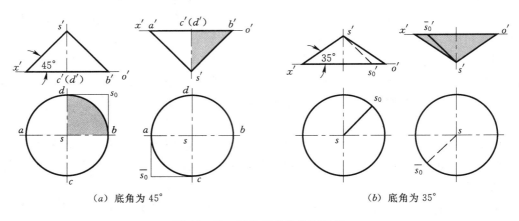

（a）底角为 45°　　　　　　　　　　（b）底角为 35°

图 11-26　特殊底角的锥面阴线

利用正圆锥的阴线特征，可引出求作锥面阴线的单面作图方法如下：

由底面辅助半圆周的前象限点 f 作左轮廓素线 $s'1'$ 的平行线，交底边于 d，再由 d 分别向右下和左下作 45°线交半圆于 a 和 b，从而可确定 a' 及 b'；连线 $s'a'$ 及 $s'b'$ 就是锥面上的两条阴线，如图 11-27（a）所示。上述作图方法的原理证明如下：

将图 11-25（b）的 H 面投影上移且使其两圆心重合，见 11-27（b）。由于常用光线与 H 面倾角 $\beta \approx 35.3°$，故铅垂线 os' 的影长 $os_0 = \sqrt{2}os'$（锥高）；阴线落影 as_0 与底圆相切即 $\angle oas_0 = 90°$。

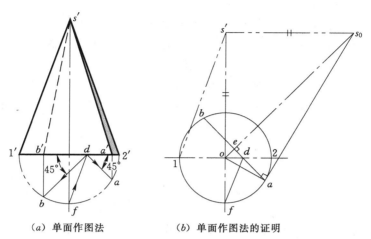

（a）单面作图法 （b）单面作图法的证明

图 11-27 锥面阴线的单面作图

在直角三角形 oas_0 和 oea 中，因 $\angle aos_0$ 公用，有 $\triangle oas_0 \backsim \triangle oea$，所以 $oe = (oa)^2/os_0 = R^2/os = R^2/\sqrt{2}os'$，$os' = R^2/\sqrt{2}oe$；今作 $fd // s'1$，则有直角 $\triangle o1s' \backsim \triangle odf$，故 $od = o1 * of/os' = R^2/os'$。将 $os' = R^2/\sqrt{2}oe$ 代入，有 $od = \sqrt{2}oe$，$\angle edo = \arcsin (oe/\sqrt{2}oe) = \arcsin (1/\sqrt{2}) = 45°$。故其对顶角 $\angle ad2 = 45°$。

3. 圆球的阴影

（1）球面的阴线：球面阴线是球面上垂直于光线的圆。因常用光线对三个投影面的倾角相等，所以，阴线的各个投影都是大小相同的椭圆，简称阴线椭圆，椭圆的中心就是球心的落影。

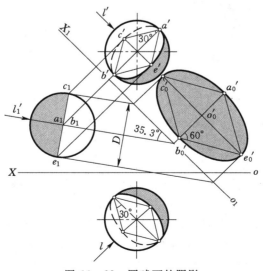

图 11-28 圆球面的阴影

图 11-28 所示球体高居 H 面之上且距 V 面较近，其影必落在 V 面上。由于阴线上每一点都是光线与球面的切点，所以，阴线椭圆的长轴必与光线的同名投影垂直，且长度为球径 D，如图中 $a'b' \perp l'$；其短轴则应与光线平行且垂直平分长轴，因光线与 V 面的倾角 β 为 35.3°，故得短轴 $c'e' = c_1e_1 \cdot \sin 35.3° \approx D \cdot \tan 30°$。作图时，应先画出长轴，再自长轴端点作 30°射线与过球心光线相交，其交点即为短轴的端点。

（2）球面的落影：球面在投影面上的落影就是球面上阴线圆的落影，其形状为一椭圆，称落影椭圆。该椭圆的中心就是球心的落影，如图 11-28 中的 o_0'。

由图 11-28 还可以看出，V 面阴线椭圆的长轴 $a'b'$（$\perp l'$），其落影 $a_0'b_0'$ 是落影椭圆的短轴，长度为球径 D；而与之垂直的短轴 CE 的落影是该椭圆的长轴，由变面法可得出落影椭圆的长轴 $c_0'e_0' = c_1e_1/\sin 35.3° \approx D \cdot \tan 60°$，据此就可用四心法画出球面的阴影椭圆和落影椭圆。

4. 曲线回转面的阴影

将回转面垂直于轴切一薄片，它和一定底角的圆锥台近似（切片越薄越相近），也就是说，某一位置的断面（纬圆）可看成是一虚锥的锥底，而该处回转面的倾角就是虚锥的底角。因此，前述关于锥面阴线的作图方法，仍能用于求作立轴曲线回转体任一断面（纬圆）上阴线所在的点位，进而画出阴线来。这种利用相切锥面求作曲线回转面阴线的方法，称为切锥面法。图 11-29 中 s 即为断面 1—2 虚锥的锥顶，对照图 11-27（a）单面作图可以看出，二者的作图是完全相同的，不再赘述。

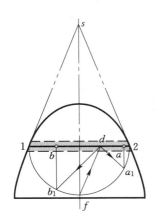

图 11-29　切锥面法的原理图

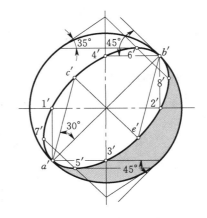

图 11-30　用切锥面法确定球面阴线

下面以图 11-30 为例，介绍如何用切锥面法求解球面的阴线，其作图步骤如下：

（1）用与赤道圆相切的柱面求出水平大圆上的阴点 $1'$、$2'$。

（2）用底角为 45°的正倒外切锥面定出外形轮廓线上的阴点 a'、b' 和轴线上的 $3'$、$4'$。

（3）用底角为 35°的正倒外切锥面求出阴点 $5'$、$6'$ 和它们的对称点 $7'$、$8'$。

（4）过 a'、b' 分别作与长轴夹角为 30°的射线，与 $a'b'$ 的中垂线交于 c'、e'，即得阴线椭圆的短轴。顺次连接这 12 个阴点，并在阴面的可见部分涂色即可。另外，若要使阴线椭圆画得更准确，还可用底角为 α 的正倒外切锥面补中间点。

切锥面法是求曲线回转面阴线最常用的方法，下面再用它求解环面的阴影，以加深理解。

图 11-31 是附于墙面上半环面的阴影图，其作图步骤如下：

（1）环面阴线：用与赤道圆相切的柱面求出的阴点 $4'$；用底角为 $45°$ 的正外切锥面求出轮廓线上的阴点 $5'$、$1'$ 及轴线上的阴点 $3'$；用底角为 $35°$ 倒外切锥面求出可见最低阴点 $2'$，将这些点依次连接并涂于深色，即为阴线正面投影，见图 11-31（a）。

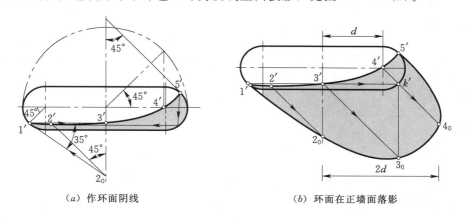

（a）作环面阴线　　　　　　（b）环面在正墙面落影

图 11-31　附于正墙面半环面的阴与影

（2）半环面在墙面上的落影因阴点 $1'$、$5'$ 位于墙面，其影即本身；最低阴点 $2'$ 的影应落在回转轴上；正前方阴点 $3'$ 的影必在其纬圆右端 k' 的正下方；阴点 $4'$ 是用柱面法求出的，故其影 4_0 到轴的距离等于 $4'$ 到轴距离的 2 倍，依次用曲线光滑连接并涂色，即得其阴影图，见图 11-31（b）。

第五节　建筑细部的阴影

一、遮阳板、窗洞、窗台

图 11-32 为窗洞立面加绘阴影的效果图。落影的形体是遮阳板、窗台及窗框等，阴线都是投影面的垂直线，只要知道阴线到承影面的距离，按照垂直律就可直接作图。

要注意的是窗框的影落在窗扇，窗台的影落在墙面，而遮阳板的影在墙面与窗扇都有，其承影面都是正平面。

二、门洞、门柱及雨篷

房屋的大门和雨篷是形体装饰重点部位之一，其正面或侧面还常伴有花墙、台阶、休息凳、门灯等一类小品，以显示该楼的功能属性（住宅楼，还是服务楼）。大型公共建筑雨篷的造型则显得尤为重要，其尺度、形式、色彩乃至排水都应仔细斟酌。

雨篷可以是带有立柱或阳台的重型结构，也可以是薄壳或折板为主的悬挑式轻型结构。

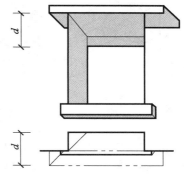

图 11-32　遮阳板、窗洞、
窗台的阴影

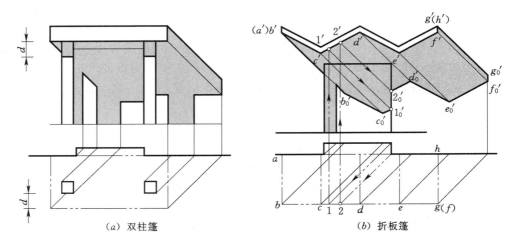

图 11-33 门洞、门柱及雨篷的阴影

图 11-33（a）为一简单的双柱篷，值得注意的是，雨篷的影不仅落在墙面和门扇上，有一部分还落在柱面上；两方柱的影一个落在门扇，另一个落在墙面，由于柱到门扇和墙面的距离不同，所以影子一个高，一个低。图 11-33（b）是一个悬挑式的折板篷，阴线为折线 ABCDEFGH，其中，阴线 AB、GH 是正垂线，FG 是铅垂线，它们的影可根据垂直律直接作出；阴线 BC、CD、DE、EF 都是承影面（门扇和墙面）的平行线，它们的影应与本身平行，不过由于它们到承影面的距离不同，影的高、低亦不同。至于影线上折影点 I、II 的确切位置，则可用反射光线法推求（图中用双点划线表示）。

三、台阶和栏墙

图 11-34 所示的台阶由踏步和左右栏墙组成，左侧栏墙的 AB、BC 和右侧栏墙 DE、EF 为阴线。

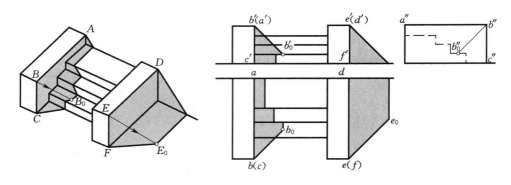

图 11-34 台阶的阴影

左墙水平阴线 AB 在墙面和踢面的落影是 45° 斜线，在 I、II、III 级踏面的影均为 ab 的平行线；铅垂阴线 BC 在地面和 I 级踏面的影子是 45° 斜线，而在 I 级踢面上的影子则平行于 $b'c'$。另由侧面投影可知，B 点的影应落在 I 级踏面 b_0'' 处，其水平投影 b_0 则为 BC 和 AB 两落影的交点。

至于右栏墙阴线 DE、EF，只在地面上和墙面上有落影，可用垂直律直接作图，不再赘述。

四、墙面饰体的阴影

1. 方帽圆锥台的阴影

图 11-35 是附于墙面半个方帽圆锥台的阴影。该阴影由五部分组成，其中锥台的阴面以及方帽、锥面、锥底在墙面上的落影用前述方法不难解决，下面仅讨论方帽在锥面上的落影。

由图可知，只有方帽下沿左、前两阴线 AB、BC 在锥面上有影，由于它们同高且至锥轴的距离相等，过 AB 和 BC 的光平面与锥面的交线应是形状全同的两个椭圆。又因形体是半个锥台，所以，它们的影只是正交两椭圆上的部分弧段，折影点则是两阴线交点 B 在锥面上的落影 b_0'。

正垂线 AB 的影线在锥面上积聚于过 (a') b' 的 $45°$ 的光平面上，该面与锥面左轮廓线的交点 $1_0'$ 是落影的最高点；光平面与最前素线的交点 $2_0'$ 应是落影的最低点。过侧垂线 BC 的光平面与锥体交线为一以轴线为对称的椭圆弧，由于它与 AB 等高，故过 $1_0'$ 作水平线与轴的交点 $3_0'$ 即是椭圆弧的最高点，而过 $2_0'$ 的水平线与左右轮廓的交点 $5_0'$、$6_0'$ 是最低点。

折影点 b_0' 可用旋转法作出，即将过 b 光线 l' 绕锥轴旋转到 V 面得 l_1'，它与水平线的夹角为 $\alpha \approx 35°$；过光线 l_1' 与左轮廓素线的交点 b_{10} 作水平线，再与过 b' 的 $45°$ 斜线交于 b_0'，即得所求的折影点（图中用双点划线示出其作图）。最后根据曲线的对称性求出 $4_0'$，用直线连接影点 $1_0'$、b_0'，用曲线光滑连接 b_0'、$3_0'$、$4_0'$、$6_0'$ 即得所求。

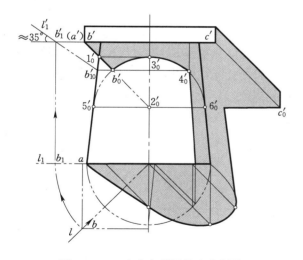

图 11-35　半个方帽圆锥台的阴影

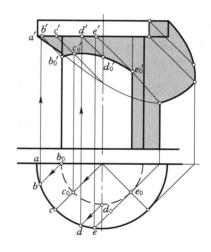

图 11-36　半个圆帽圆柱的阴影

2. 圆帽圆柱的阴影

图 11-36 是附于墙面的半个圆帽圆柱面的阴影。它的阴线由五部分组成，其中圆帽、圆柱面的阴和它们在墙面上落影的作图方法前面已解决，下面只需分析圆帽在柱面上落影的作法。

由图可见，帽檐的左下沿为阴线，在所有与柱轴平行的光平面（铅垂面）中，阴线上以过柱轴光平面 C 的落影距离最短，所以 c_0' 是落影曲线上的最高点；而以过柱面阴线光

平面上 E 的落影距离最长，所以影点 e_0' 是落影曲线的最低点。只需再用返回光线法作出落于最左、最前素线上的 b_0'、d_0'，依次连接 $b_0'c_0'd_0'e_0'$，即得圆帽在柱面上的落影。

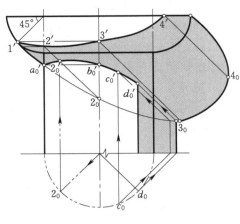

图 11 - 37 半个环帽柱面的阴影

3. 环帽柱面的阴影

图 11 - 37 是突出于墙面的半个环帽柱面的阴影图。其阴影由五部分组成，其中环帽、柱面的阴面以及它们在墙面上的落影，这些阴影的作图前面已做过介绍，不再述及。下面着重分析环面落于柱面上的影。

形体是直立的同轴回转体，影线应对称于过轴的光平面，落于最左和最前素线的影同高，故由环面在墙面上的落影与半柱左轮廓的交点 a_0' 就可求得 b_0'。而环帽阴线上位于对称平面上的 II 点在柱面上的落影 $2_0'$ 是落影的最高点，其影的水平投影必重合于柱前素线上的 2_0，可用素线法作出（图中以双点划线示出）。

为了使落影画得更准确，图中还增补了 c_0' 和位于柱面阴线上的影点 d_0'，它们都是利用返回光线法，借助柱面水平投影积聚性画出的。

五、坡顶房屋的阴影

图 11 - 38 是 L 形同坡屋面房屋的阴影图，其檐口等高，顶为倾角 $\alpha = 30°$ 的两面坡。因坡面倾角小于 35°，故屋顶均为阳面，阴线为檐口 $ABCDE$、$FGHJKMNA$ 及墙棱 II、IV、VI。由于所有阴线都是某投影面的平行线或垂直线，所以，该坡顶房的阴影作图，只需灵活运用平行律与垂直律即可，兹简述如下：

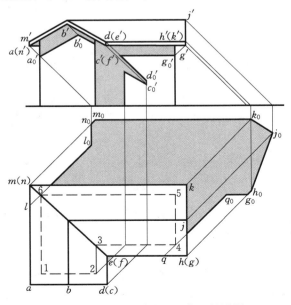

图 11 - 38 L 形同坡屋面房屋的阴影

（1）正面图中的阴影：正平线 AB 平行于侧房的山墙面，故影 $a_0'b_0'$ $/\!/$ $a'b'$ 且等长；正平线 BC 除在山墙面有落影外，还有一部分则落于正墙面上，画出控制点的落影 b_0' 和 c_0'，再分别作 $b'c'$ 的平行线即可得出其影；檐棱 CD 是铅垂线，其影落于正墙面，$c_0'd_0'$ $/\!/$ $c'd'$ 且等长，侧垂线 FG 的影落在正墙面上，它们都可用平行律直接作出；墙棱 Ⅱ 为铅垂线，仅在正墙面上有落影，是其本身的平行线。另外左端房角（$m'n'$ 处）露出的小三角，是房顶阴面的投影，也应涂色。

（2）平面图中的阴影：因屋顶全为阳面，故平面图中的阴影全落在地面上。墙棱 Ⅳ、Ⅵ 以及檐棱 HG、MN 均为铅垂线，其阴影均为 $45°$ 斜线，其控制点的落影 g_0、h_0、n_0 均可直接得出。应注意的是，墙棱 Ⅱ 落在地面上的影大多被房檐遮挡，平面图中仅显示出了一小角；檐棱 CD 的影子全落在正墙面，地面无落影；左檐阴线 LN 是正垂线，落影与本身平行，可得点 l_0；阴线 KM、QG 为侧垂线（$/\!/H$），由平行律直接得 k_0、m_0、q_0；而右檐阴线 HJ 和 JK 是侧平线，应先按落影规律求出 j_0、k_0 点，再连线 h_0j_0、j_0k_0。

六、建筑立面图中的阴影

图 11-39 为一住宅楼南立面加绘阴影的效果图。由水平投影可知，该楼具有突出墙面的楼檐、阳台和隔墙，故它们在墙面、门窗上都会有落影，现讨论如下：

（1）楼檐被分为三段，由于三层门框和窗框上沿的影均落在檐影范围之内，故在该层墙面、门扇和窗扇上的不同高低水平影线是各段侧垂檐口阴线的落影；而西户门扇和东户窗扇的 $45°$ 斜影线，则是正垂檐口阴线的落影。

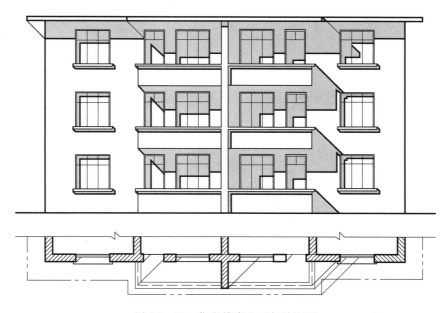

图 11-39 住宅楼南立面加绘阴影

（2）二、三层阳台在一、二层墙面、门扇、窗扇上的影是相同的。阳台西侧底部正垂阴线落影于西户门扇上，为 $45°$ 斜影线，而底部侧垂阴线落影于西户墙面和门窗扇上，为高低不同的水平线。阳台东侧铅垂阴线落影于外墙面，其阴影为铅垂线；而底部侧垂阴线落影于东户墙面和门窗扇上，影线为高低不同的水平线。一层阳台只有一部分影子落在墙面上。

（3）隔墙的影一部分落在东户的阳台正面，另一部分则落在东户的窗扇上，所以东户窗扇上的影带要比西户（仅由窗框形成）的宽了许多。

（4）还有一些细部，如楼檐在隔墙顶部和其外伸东拐角处在三层窗扇上有落影，窗台在墙面上、阳台扶手在阳台正面、东墙面及窗扇上都有落影，绘制时均需注意。

复习参考题

1. 什么是形体的阴影？产生阴影的三要素是什么？

2. 为什么正投影图中以"常用光线"作图？阴线和影线的关系是什么？

3. 怎样求作点在投影面上落影和虚影？如何求作折影点？

4. 简述直线落影的三大规律。

5. 如何判定平面图形的阴面和阳面？

6. 如何确定基本形体（棱柱、棱锥、圆柱、圆锥）的阴和影？

7. 为什么有些形体要先画出影线，然后再反过来确定阴线？

8. 绘制建筑细部的阴影时应注意哪些问题？

第十二章 透 视 投 影

第一节 概 述

一、透视图的特点

透视图是以中心投影法绘制的形体画面，它表达或呈现了用视线对形体所作的锥状扫描。图12-1是某校教学楼的透视图，可以看出，它和绘画一样，服从于"近大远小"的视觉规律，即原本等高的不等高、等距的不等距、平行的不平行等。图12-1中，空间坐标 X、Y、Z 三个方向上的平行线都是不平行的，称为三点透视。民用建筑绘图中，多取画面为铅垂面，只在 X、Y 两方向的平行线不平行，即所谓两点透视，因作图方便，应用最广。

图 12-1 某教学楼的透视图

透视图具有很强的立体感和表现力，因此，在建筑群或建筑物的规划与初步设计阶段，需要比较各个方案布局和造型特色时，用透视法作图并加以色彩渲染，就十分恰当、有效。透视图按中心投影原理作画，虽然画面中的每一线段都有相应的尺寸，但不能像正投影那样用比例尺直接度量，自然也不必标注数字。

透视画面在于充分表达视觉效果，而形体、画面和视线的相对位置不同，其效果会有明显差异。所以，在构图上要考虑形体的特征，视点位置和视线角度，才能更好地突出建筑物的整体风格和布局，至于其细部则无需苛求，常用近似方法绘出。

二、常用术语

透视作图的常用术语，参看图12-2。

（1）基面 G——建筑物坐落的水平面，也是观察者所站的平面，常以地面为基面。

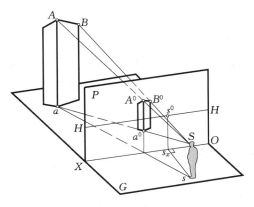

图 12-2　透视的常用术语

（2）画面 P——透视图所在的平面，一般是基面的垂直面，也可以与基面倾斜。

（3）基线——画面与基面的交线，基面上以 ox 表示，画面上以 $o'x'$ 表示。

（4）视点 S——光线的源点或汇点，即投影中心，也就是观察者眼睛所在的位置。

（5）站点 s——视点在基面 G 上的正投影。

（6）视高 H——视点到基面的距离，即视点与站点的连线 Ss。

（7）心点 s^0——视点在画面上的正投影。

（8）中心视线——过视点且垂直于画面的视线，即视点与心点的连线 Ss^0。

（9）视距——视点到画面的距离，即中心视线 Ss^0 的长度。

（10）视平面——过视点的水平面。

（11）视平线——视平面与画面的交线，以 $H-H$ 表示。

（12）视角 α——两边缘视线的夹角，常以中心视线为轴的圆锥面作控制面。

下面，我们仅讨论基面是水平面、画面与基面垂直时，透视投影的一般规律。

三、点的透视与基透视

图 12-3（a）是点透视的直观图。通过 A 点的视线 SA 与画面 P 的交点 A^0，称为 A 点的透视；A 在基面 G 上的正投影 a，称为 A 点的基点；过基点的视线 Sa 与画面 P 的交点 a^0，称为 A 点的基透视。由于△SAa 是含视线的铅垂面，它与画面的交线应为铅垂线。SA、Sa 是铅垂面上的线，它们与画面的交点 A^0、a^0 必在交线上，也就是说，点的透视和基透视必在同一铅垂线上。不难看出，某点基透视与透视的距离反映了该点在基面以上的高度。

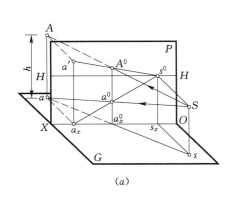
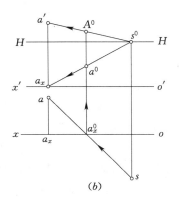

（a）　　　　　　　　　　　　　　　（b）

图 12-3　点的透视与基透视

下面，讨论视点与画面的相对位置确定时，空间点 A 在画面 P 和基面 G 构成的二面体系（$P-G$）中，A 点的两个正投影 a'、a 和透视 A^0、基透视 a^0 之间的几何关系。

为使图形不重叠，通常将画面与基面分开，并上下对齐安放，且使视平线 $H-H$、

画面的基线 $o'x'$ 与基线 ox 平行（画面也可放在基面下方），通常不画边框，如图 12 - 3（b）所示。

过 a 作基线 ox 的垂线，其垂足 a_x 是基点的画面投影。视点 S 的画面投影为 s^0（心点）、基面投影为 s（站点），连线 s^0a'、s^0a_x 即视线 SA、Sa 的画面投影，而 sa 则为 SA、Sa 的基面投影。过 sa 与 ox 轴的交点 a_x^0 作垂线，与 s^0a'、s^0a_x 的交点 A^0、a^0，即 A 点的透视和基透视。

由图 12 - 4 可以看出，当 C、D 在同一视线上时，它们的透视重合为一点 C^0（D^0），所以，仅根据点的透视，并不能确定其空间位置。但若再知道它们的基透视，其空间位置就唯一确定了。如图中 c^0 比 d^0 更靠近基线 ox，说明 C 点比 D 点距画面更近，因此，点的基透视不仅是确定透视高的起始点，而且，是表达该点空间位置的基础。

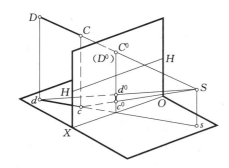

图 12 - 4 同一视线上的两点

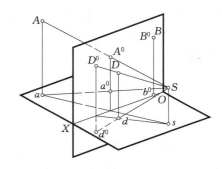

图 12 - 5 根据基透视确定点的位置

图 12 - 5 示出 A（画面后）、B（画面上）及 D（画面前）点的透视和基透视。由图可知，A 的基透视 a^0 高出基线 ox；B 的基透视 b^0 在基线上；而 D 的基透视 d^0 则在基线以下。

第二节 直 线 的 透 视

一、直线的透视与基透视

图 12 - 6 所示为一般位置线 AB 透视的直观图。视点 S 与直线 AB 构成的视线面与画面的交线就是 AB 的透视 A^0B^0，而 S 与 ab 构成的视线面与画面的交线 a^0b^0，则为该线的基透视。因此，一般情况下，直线的透视与基透视仍为直线。

在特殊情况下，图 12 - 4 中直线 CD 的延长线恰好通过视点，其透视重合于一点（C^0）D^0，基透视为一铅垂线段 c^0d^0；而当直线 EJ 垂直基面时，其基透视重合于一点 e^0（j^0），透视则为一铅垂线段 E^0J^0，见图 12 - 7。

二、直线上的点

1. 线段内的点

直线上点的透视与基透视应分别在该线的透视与

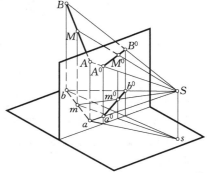

图 12 - 6 直线的透视与基透视

基透视上，如图 12-6 中 AB 线上的 M 点。

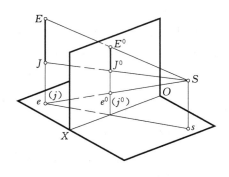

图 12-7 基面垂直线

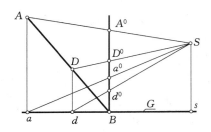

图 12-8 线段内 D 点透视的直观图

图 12-8 是 AB 线及线段内 D 点透视的直观图，为使图面清晰些，特将画面积聚成线。由图 12-8 可见，$\triangle DBD^0$ 和 $\triangle ABA^0$ 间不存在相似关系，故透视线段间不再保持其原有的分割比例。

2. 直线的迹点

直线延长后与画面的交点叫作该直线的画面迹点（简称迹点）。如图 12-9（a）中 AB 延长后交画面于 T 点，T 就是 AB 的迹点。迹点的透视就是它本身（T），其基透视则为迹点在基面上的正投影 t。由于画面垂直于基面，基透视 t 就在基线上，亦即 AB 的基面投影 ab 延长后与画面的交点。由图可以看出，直线的透视（A^0B^0）延长后必过迹点 T，而基透视（a^0b^0）延长后必过迹点的基透视 t，见图 12-9（b）。

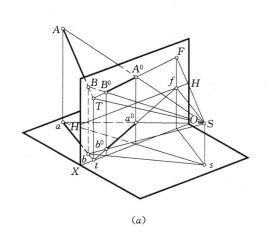

（a）

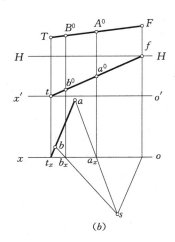

（b）

图 12-9 直线的迹点与灭点

3. 直线的灭点

平行于某直线的视线与画面交点，称为该直线的灭点，实际上也是该方向所有平行线无限延伸后在画面上的公共尖灭点。图 12-9（a）中平行于 AB 的视线 SF 与画面的交点 F，就是 AB 方向所有平行线的画面灭点；而与 AB 基面投影 ab 平行的视线与画面的交点，称为 AB 直线的基灭点，因平行于 ab 的视线必为水平线，故基灭点 f 必定在视平线上。由于 F 和 f 是空间同一点的透视与基透视，所以其连线必位于同一铅垂线上，即 $Ff \perp o'x'$ (ox)，见图 21-9 (b)。

4. 直线的全透视

一般位置线 AB 的迹点 T 与灭点 F 都是画面上的点，它们的连线 TF，称为该线的全透视，从图 12-9 (b) 可以看出，AB 线的透视 A^0B^0 必然在其全透视 TF 上。同样，迹点的基透视 t 与基灭点 f 也都在画面上，连线 tf，称为该线的全基透视，AB 的基面投影 ab 的基透视 a^0b^0 也必在其全基透视 tf 上。总之，直线的透视在它的全透视上，其基透视在全基透视上。

三、常见的特殊位置线

一般位置线的迹点可在基线以上也可在基线以下，灭点可在视平线以上也可在视平线以下，全透视和全基透视亦可长可短，它们的作图方法将在后面结合形体作图具体讨论。由于土建工程建筑的轮廓线，大多是处于特殊位置的直线，充分了解和掌握这类直线的透视特点，不仅可使作图过程大为简化，而且不易出错，所以，下面先介绍常见特殊位置线的透视作图方法。

1. 画面平行线

画面平行线是指与画面平行的各种位置线。它们的共同特点是不与画面相交，故既无迹点也无灭点。常见的有下述三种类型：

（1）基线平行线——是既平行画面又平行基面的水平线，如图 12-10 (a) 中的 AB，因 $AB // ox$，所以，它的透视 A^0B^0 与基透视 a^0b^0 也都是基线平行线。同时，又因直线 AB 与其基面投影 ab 平行且等长，故透视 A^0B^0 与基透视 a^0b^0 也平行且等长。

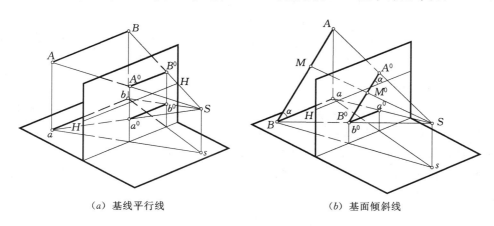

（a）基线平行线　　　　　　　　（b）基面倾斜线

图 12-10　画面平行线

（2）基面垂直线——就是最常见的铅垂线，如图 12-7 所示铅垂线 EJ，因画面垂直于基面，故透视 E^0J^0 仍为铅垂线，而基透视则重合于一点。

（3）基面倾斜线——图 12-10 (b) 中 AB 的透视 A^0B^0 仍为一倾斜线，但因 AB 与画面平行，故 A^0B^0 与视平线的夹角等于直线对基面的倾角 α，基透视 a^0b^0 为基线的平行线。另外，由于视线面上 $\triangle SA^0B^0 \backsim \triangle SAB$，所以 AB 上 M 点对线段的分割比例，在透视投影 A^0B^0 上仍可保持不变，即 $A^0M^0 : M^0B^0 = AM : MB$。

2. 基面平行线

基面平行线通常指各种位置的水平线，除上述基线平行线不与画面相交外，其他都相交，既有迹点，也有灭点。由于这类直线平行于视平面，所以，其灭点 F 在视平线 H—H 上，与基灭点 f 重合，见图 12 - 11（a）。为清楚起见，图中直线的一端直接取为迹点。

画面垂直线 BT 也是水平线，它的灭点和基灭点则与心点 s^0 重合，参看图 12 - 11（b）。

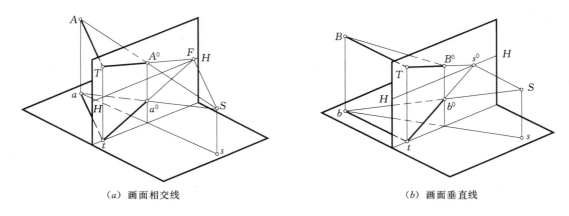

（a）画面相交线　　　　　　　　　　　　　　　　（b）画面垂直线

图 12 - 11　基面平行线

3. 基面上的直线

基面上的基线平行线与一般基线平行线一样，既无迹点也无灭点，而且透视和基透视合二为一。基面上的其他线都与画面相交，其共同特点是迹点 t 在基线 $o'x'$ 上，灭点 F 在视平线 H—H 上，全透视 tF 为一斜线。图 12 - 11 中两直线的投影 at、bt 就是基面上的直线，它们的全透视分别为斜线 tF 和 ts^0。

四、透视高的量取

所有工程建筑物都离不开地坪（基面），因此，画建筑物的透视图通常是先画出其基面轮廓的透视，然后用量取透视高的方法确定各层的点位，再完成相应的轮廓透视。

某点透视与基透视间的距离，称为该点的透视高。不难想象，若有一铅垂线恰位于画面上，那么，它的透视高就是本身；因此，我们就可利用平移铅垂线的方法，解决透视高的度量问题。

1. 真高线法

图 12 - 12（a）中空间点 A 距基面的高度为 h，过 a 任作一基面辅助线与基线 ox 相交，交点 t 为其迹点；作视线 $SF /\!/ at$ 与视平线相交，交点 F 即辅助线 at 的灭点，tF 为其全基透视。若铅垂线 Aa（高为 h）沿辅助线 at 平移，铅垂线顶点 A 的运动轨迹，是平行于 at 的水平线 AT，T 是它的迹点，灭点仍为 F；故 A^0 必在 TF 上，a^0 在 tF 上。当 Aa 向画面靠近，透视高 $A^0 a^0$ 必随之增高，而与画面重合时，其透视 Tt 即为 h，故 Tt 又称为真高线；反之，当它远离画面，透视高则相应缩小，最终消失于灭点 F。由图不难看出，虽然辅助线的方向是任选的，方向不同有不同的迹点和灭点，但只要 A、S 与画面的

位置不变，无论迹点、灭点在哪里，A^0a^0 总是保持不变的。

根据点的基透视利用真高线确定透视的方法，称为真高线法，如图 12-12（b）所示。在视平线上任取一灭点 F_1，连接 F_1a^0 并延长交基线于 t_1，在画面上作出真高线，即垂直量取 $t_1T_1=h$（真高），连 T_1F_1 与过 a^0 的铅垂线相交，即得 A 点透视 A^0，A^0a^0 为真高 h 在 a^0 处的透视高。由图可见，若将灭点 F_1 改取 F_2，其结果也是同样的。

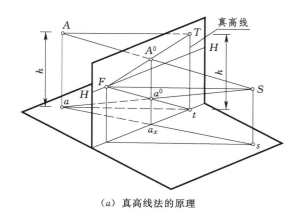

（a）真高线法的原理

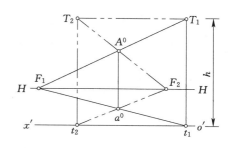

（b）确定透视高度的方法

图 12-12　真高线法

2. 集中真高线法

图 12-13（a）中两条铅垂线的透视 B^0b^0 与 A^0a^0，若两者透视高相等（$B^0b^0=A^0a^0$），且基透视 a^0、b^0 与视平线 H—H 距离相等，则两直线等高且与画面距离相等，其真高线均为 Tt。据此，我们就可利用一条真高线作出多个点的透视高，该真高线又称集中真高线。这种方法可避免每确定一透视高，就要画一条真高线的弊端。

图 12-13（b）是已知 A、B、C 的基透视 a^0、b^0、c^0，而当 A、C 的真高 h_1、B 的真高 h_2 时，采用一条真高线求作各点透视的方法，即集中真高线法。

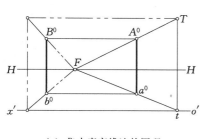

（a）集中真高线法的原理

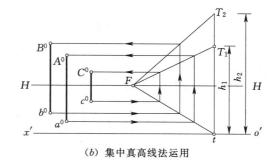

（b）集中真高线法运用

图 12-13　集中真高线法

五、直线透视的画法

作直线透视的一般步骤是：先确定直线的基透视，再根据两端的透视高作出透视。按基透视的作图特点，透视作图的方法又可分为视线法和量点法。

1. 视线法

利用视线的基面投影确定基透视的作图方法，称为视线法，这是最基本的作图方法。下面以图 12-14 中倾斜于画面的基面平行线 AB 为例说明其作图。

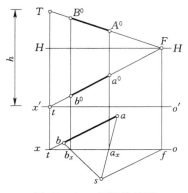

图 12-14　用视线法画
直线的透视

（1）延长基面投影 ab 与基线 ox 相交，过交点作垂线与 $o'x'$ 交于 t 即得 AB 的基迹点；过站点 s 作 $sf /\!/ ab$ 交基线 ox 于 f，自 f 引垂线与 $H\!-\!H$ 相交，交点 F 即基灭点。连接 Ft，得 AB 全基透视。

（2）连接 sa、sb 与 ox 交于 a_x、b_x，过交点向上作垂线与全基透视的相交，得 AB 的基透视 $a^0 b^0$。

（3）自 t 向上截取 $tT = h$（AB 高度），得迹点 T。因基面平行线的灭点与基灭点重合，故连接 TF 即为 AB 的全透视。

（4）因点的透视与基透视在同一铅垂线上，分别过 a^0、b^0 作垂线与 TF 相交，连接交点 $A^0 B^0$，即得 AB 的透视 $A^0 B^0$。

2. 量点法

在图 12-15（a）中，基面直线 AB 的迹点为 t，灭点为 F，Ft 为其全透视。今过直线端点 A、B 在基面上作两条相互平行的辅助线 AA_1、BB_1，且使 $tA_1 = tA$、$tB_1 = tB$，A_1、B_1 就是辅助线的迹点。显然，平行于辅助线的视线 SM 与 $H\!-\!H$ 的交点 M 应为 AA_1、BB_1 的画面灭点。连线 $A_1 M$、$B_1 M$ 就是辅助线的全透视，它们与 AB 的全透视 Ft 相交，交点的连线即透视 $A^0 B^0$。因 $\triangle A_1 tA$ 和 $\triangle B_1 tB$ 均为等腰三角形，且 $SM /\!/ BB_1$、$SF /\!/ Bt$，故 $\triangle SFM \backsim \triangle B_1 tB$，得 $FM = FS$。据此，若在视平线上直接量取 $FM = FS$（$= sf$），得辅助灭点 M。由于灭点 M 作图时，只需在画面上直接量取，故亦称量点法。

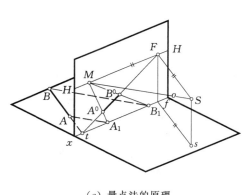

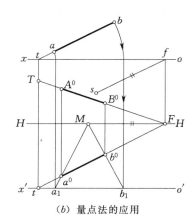

（a）量点法的原理　　　　　　　　　　（b）量点法的应用

图 12-15　用量点法画直线的透视

下面以图 12-15（b）中倾斜于画面的基面平行线 AB 为例，说明量点法的作图步骤：

（1）延长基面投影 ba 与基线 ox 相交，过交点作垂线与 $o'x'$ 相交得基迹点 t，过站点 s

作 $sf /\!/ ba$ 与 ox 交于 f，过 f 作垂线与视平线的交于灭点 F，连接 Ft 得 AB 的全基透视。

（2）在视平线 H—H 上自 F 点量取 $FM=fs$，得量点 M。

（3）在基线上自 t 点量取 $ta_1=ta$、$tb_1=tb$ 得 a_1、b_1，连接 Ma_1、Mb_1 与全基透视 Ft 相交，两交点的连线即为 AB 的基透视 a^0b^0。

（4）用真高线法确定 AB 透视 A^0、B^0，作图同图 12-14，不再赘述。

为使图面清晰，基面作图可简要示出，但基线和视平线上的主要点位（a_1、b_1、M）应标记清楚。

第三节　基面图形的透视

一、基面多边形

一般来说，基面多边形的透视仍为其类似形。图 12-16 为视线法求基面矩形 $abcd$ 透视的作图。为作图方便和节省图幅，习惯把基面图形放在上方，透视作图在下方，两图可酌情重叠。图中 12-16（a）是先确定平行线组的共同灭点，再求各角点的透视，依次相连即可，作图步骤如下：

（1）角点 a 就在画面上，其透视即本身，所以只要作出 b、c、d 的透视即可。

（2）作 $sf /\!/ ab$，求得灭点 F，即 ab 方向的共同灭点；由于 a 为 ab 的迹点，连接 Fa 得 ab 的全透视；延长 cd 与基线的交点 t 为其迹点，连接 Ft 得 cd 的全透视。

（3）过 b、c、d 视线的基面投影与基线 ox 的交点作垂线，分别与 Fa 和 Ft 交于 b^0、c^0、d^0，即为另三角点的透视。连接 $ab^0c^0d^0a$，得基面矩形 $abcd$ 的透视。

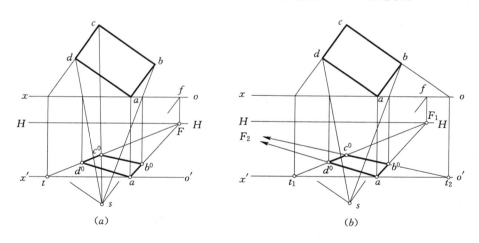

(a)　　　　　　　　　　　　　　　　(b)

图 12-16　用视线法求基面矩形的透视

显然，本例也可如图 12-16（b）所示，直接作出四条轮廓线的全透视 F_1a、F_2t_2、F_1t_1、F_2a，它们两两相交所围成的图形 $ab^0c^0d^0$，也就是基面矩形的透视。

图 12-17 是用视线法求作基面多边形透视的实例。图中共有 8 条线段（即①～⑧），由于点 a 在基线上，则 a 就是线段①、④、⑧的共同迹点，这样全图共有 6 个迹点（t_2、t_3、a、t_5、t_6、t_7）。图示基面多边形两组平行线的灭点为 F_1、F_2，F_1 是①、③、⑤、⑦

的灭点，F_2 是②、④、⑥、⑧的灭点。画出各线段的全透视，它们两两相交所围成的图形，即多边形的透视。

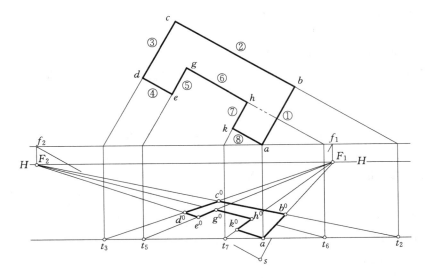

图 12-17 用视线法作基面多边形的透视

图 12-18 是用量点法求作上例中基面多边形透视的步骤：

（1）图示基面多边形两组平行线的灭点分别是 F_1、F_2。

（2）在视平行线上自 F_1、F_2 量取 $F_1M_1 = sf_1$，$F_2M_2 = sf_2$，M_1、M_2 分别为 ab、ad 两个方向的量点。

（3）角点 a 在基线上，其透视为本身。自 a 向左量 $ak_1 = ak$、$ae_1 = ae$、$ad_1 = ad$；延长 gh 与 ab 交于 1，自 a 点向右量使 $a1_1 = a1$、$ab_1 = ab$。

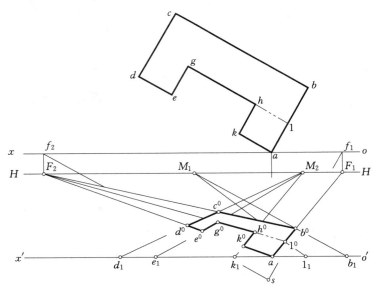

图 12-18 用量点法作基面多边形的透视

（4）连接 M_2d_1、M_2e_1、M_2k_1，它们和全透视 F_2a 的交点分别为角点 d、e、k 的透视 d^0、e^0、k^0；再连接 M_11_1、M_1b_1 与全透视 F_1a 的交点，得辅助点 1 和角点 b 的透视 1^0 和 b^0。

（5）连接 F_21^0，它与 M_2e_1、M_2k_1 的交点，即角点 g、h 的透视 g^0、h^0；连接 F_2b^0，它与 M_2d_1 的交点，即角点 c 的透视 c^0。

二、基面圆

基面圆的透视为一椭圆，其透视大小及形状随外切正方形的位置变化而变化，通常是先求出外切正方形各边切点以及对角线与圆周交点等的透视，再依次光滑连接。

为作图方便，应取基线垂直线为基面圆外切正方形的一组对边，如图 12-19（a）中的 a^0e^0、b^0d^0，它们的灭点为心点 s^0，基迹点为 t_1、t_3，而两迹点的间距就是圆的直径。正方形透视 $a^0b^0d^0e^0$ 对角线的交点 c^0 就是圆心 c 的透视（注意：不是透视椭圆的中心）。过 c^0 作两对应边的平行线得 1^0、2^0、3^0、4^0，即圆周四切点的透视。

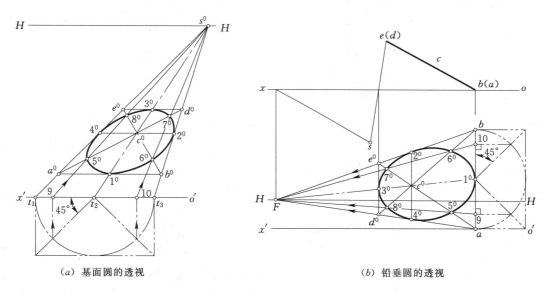

（a）基面圆的透视　　　　　　　　　　（b）铅垂圆的透视

图 12-19　基面圆和铅垂圆的透视

另外，圆周与正方形对角线的四个交点 5^0、6^0、7^0、8^0，可采用图示作辅助圆的方法得出：以 t_1t_3 为直径作辅助半圆、外切正方形及其对角线，过对角线与圆周的交点作基线的垂线，得 9、10，连接 s^09、s^010 与 a^0d^0、b^0e^0 的交点，即为所求。然后用曲线光滑连接，即得透视椭圆 $5^01^06^02^07^03^08^04^05^0$。

顺便指出，上述作图方法，对铅垂面上的圆也是适用的，只是外切正方形的透视作图方法略有区别而已，图 12-19（b）示出了这种圆的作图。

第四节　画 面 与 视 点

画面、视点与建筑形体的相对位置不同，透视效果差别很大；若处理不当，不仅反映不了设计意图，甚至给人以畸形感。所以，在绘图前，除了对建筑物的形状特征应有清楚的了解外，还需对画面与视点的位置作适当地比较与选择。

一、画面

1. 画面与建筑物主立面间的位置关系

建筑物的主立面，本身就是富表现力的投影图，所以，在透视图中，主立面必然也是首先需要照顾的面。它与画面之间通常有如下三种处理方式。

（1）主立面与画面平行。主立面与画面平行时，两组主向轮廓线（X、Z）为画面平行线，既无迹点也无灭点，而另一组主向轮廓线（Y）垂直画面，其灭点即为心点，故这种透视称一点透视或正面透视。

图 12-20（b）是某建筑物的一点透视图，因主立面与画面重合，其主画面和正投影是一样的，当形体的宽度较小时，其效果与图 12-20（a）中的斜二测图差不多。

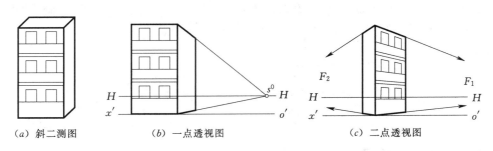

（a）斜二测图　　　　（b）一点透视图　　　　（c）二点透视图

图 12-20　轴测图与透视图

（2）主立面与画面相交。形体有两组主向轮廓线（X、Y）与画面相交，而另组主向轮廓线为基面垂直线，这时视平线上有两个主向灭点，故称两点透视或成角透视，其效果见图 12-20（c）。显然，它比一点透视的表现力要强许多。

两点透视应用很广，表现单体建筑物时，易于突出设计意图。主立面与画面之间的夹角 β，一般在 25°～35°为宜。当 $\beta>45°$，主立面会被削弱；而 $\beta<20°$，主立面过宽，侧面则显得单薄。

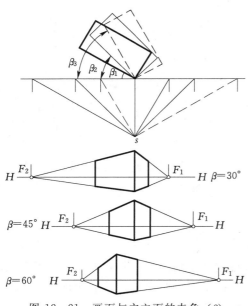

图 12-21　画面与主立面的夹角（β）

由图 12-21 可见：$\beta_1=30°$时，主立面的高、宽接近实际比例，视觉效果较好；$\beta_2=45°$时，图形两边主次不分，显得呆板；而当 $\beta_3=60°$时，主立面则被过度的削弱了。

（3）倾斜画面（画面不垂直于基面）。画面倾斜于基面。形体上的 X、Y、Z 三组主向轮廓线均与画面相交，就有三个主向灭点，所以称作三点透视或斜透视，参看图 12-1。三点透视主要用于大型文化、观光类建筑及工业产品的造型设计，一般土建工程较少采用，同时，画面倾斜后，作图也十分麻烦，就不再介绍了。

2. 画面与形体之间的位置关系

由图 12-22 可以看出，当形体与站点的位置固定时，画面向前移，越靠近视点，透视也就越小。

绘制建筑物透视图不同于实地素描写生，这时形体只是工程设计的平、立面图；是按比例绘制的，因此，必然会遇到透视图的幅面多宽、图形多大等具体问题。

一般来说，直接使用设计平面图绘制透视图，首先要考虑的问题是基透视的大小。通常以调整画面与基面图形间的距离，即基线 ox 的位置，来改变基透视。

图 12-22 为不同基线位置，透视大小的变化，其中 o_1x_1 绘出的透视图和设计图大小相近，而 o_3x_3 的图面宽度则缩小了约 1.4 倍。如果 o_1x_1 仍感到图形不够大，还可以把画面推到形体的背后去，总之画面距视点越远，图就放得越大。习惯上，把画面置于形体前面的称为缩小透视，而放在形体后面的称为放大透视。

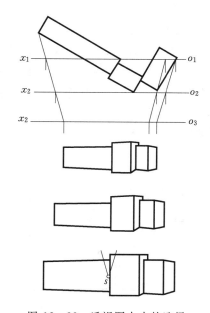

图 12-22 透视图大小的选择

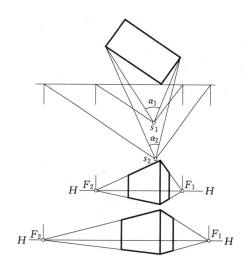

图 12-23 视角大小对透视图形的影响

二、视点

视点是由站点和视高确定的。由于视点的位置和高低不同，同一形体的透视图差异也很大，选定视点通常应考虑以下要求。

1. 站点

（1）视角大小要合适。人眼以中心视线为轴，视锥角约在 60° 范围之内，以 30°～40° 最为清晰。图 12-23 的站点 s_1 距形体过近，两边缘视线夹角 α_1 接近 60°，因视角偏大，透视图有些失真。如将站点移至 s_2，此时 α_2 接近 40°，两灭点较远，墙面比较开阔，效果就有明显改善。但若视角过小，所有的水平线收敛过慢，则会大大降低透视图的效果。

另外，在选择站点时，还应使中心视线（视点与心点的连线 ss^0），处于视角 1/3 的范围内，以促使看图人把注意力集中在设计的精彩部分。一般情况下，由于建筑物的宽度大于高度，从视角的控制看，站点距画面多在 1.5～2B（画面近似宽）之间。

（2）充分体现建筑形体的特点。现代化的建筑造型多有主体和辅体之分，以增强力度和美感，因此，在透视图中需要表现的意图往往是综合效果。在选择站点时，除了必须体

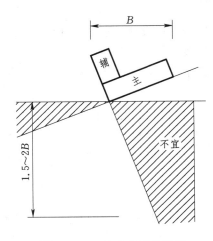

图 12-24　站点位置的选择

现主体的主立面之外，还应考虑能否把辅体衬托作用也发挥出来。以图 12-24 为例，图中画有斜线的部分，作为站点显然是不合适的，因为在该范围内不能把主楼一侧还有辅楼这一基本特征反映出来。为了较充分地表现主辅关系，应在图示的中心视线，且距画面 1.5～2B 附近选择站点。

（3）考虑实地环境，避免虚构、夸张。对那些可能是最优位置，而实际上已被其他建筑或水域占据了的位置，一般应予舍弃。

2. 视高

一般情况下，视高应按人的身高（1.5～1.8m）来选定，但为了突出某种效果也可另作处理。图 12-25（a）将视高降至地平线，这样，使建筑物的形体更具高耸雄伟感；图 12-25（b）则是将视线抬高到建筑物的上方，由于增加了顶面，就更能表达它所占据的空间。当需要进一步展示建筑群的平面布局时，以图 12-25（b）这种俯视方式拓宽视野，绘制所谓"鸟瞰图"，几乎就是唯一的选择了。

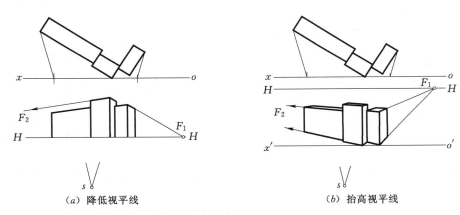

（a）降低视平线　　　　　　　　　（b）抬高视平线

图 12-25　视高对透视图的影响

另外，现代兴起的高层建筑，其高度往往比长宽尺寸大许多倍，这种情况下，如仍按常规将视高定在 2m 之内，且站点选得又较近，透视图则可能完全失形，为此，宜将视高加大、站点移远，以改善视觉效果，参看图 12-26 中之对比。

三、确定站点与画面的步骤

1. 先定站点，再定画面

（1）先定站点，使视线到平面图两边缘角点的夹角 α 在 30°～40°，见图 12-27（a）。

（2）在两边缘视线之间，从站点按建筑物表现要求，引一中心视线。

（3）垂直中心视线作画面（基线 ox）。一般情况下，基线宜通过平面图的一个角点（即画面上包含建筑物的一条真高棱线），这样可使作图过程简化。

2. 先定画面，再定站点

（1）先定画面，过图形主立面一角点作画面（ox），使与主立面的夹角 β 在 30°左右，

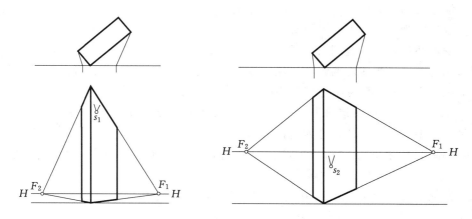

图 12-26 高层建筑不同视高的透视效果

见图 12-27（b）。

（2）由平面图两边缘角点向基线作垂线，得画面近似宽度 B_1。

（3）在 B_1 中部选心点的基面投影 s_x 并作基线的垂线，然后在垂线 $1.5 \sim 2B_1$ 范围内选站点 s。

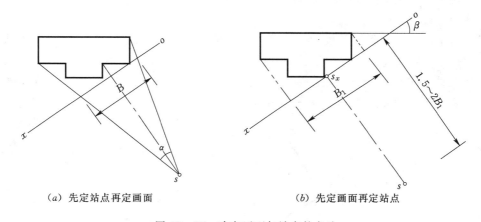

（a）先定站点再定画面   （b）先定画面再定站点

图 12-27 确定画面与站点的方法

第五节 建筑形体的透视

绘制建筑形体透视图的基本思路是：先确定它的基透视，再作出形体各控制点的透视高，最后画建筑细部，从而得出透视图，具体步骤如下：

（1）掌握基本情况：读设计图，了解建筑物周围环境及征求使用者对透视画面的要求等。

（2）选定画面与视点的恰当位置，必要时可作方案比较。

（3）根据设计平面图画出基透视，再按设计立面图或侧面图，用真高线法画出外形轮廓。

（4）按设计图画其建筑细部。

（5）清整成图。必要时也可增绘阴影并配景渲染，提高画面表现力与真实感。

下面以房屋为例，讲解外形及其细部的画法。

一、房屋外形轮廓线的画法

房屋结构多由铅垂线与两组主向轮廓线（基面平行线）组合而成，所以，只要能确定可见轮廓线并定出其高度，形体的透视图就不难完成了。

以图 12-28 所示单面楼房为例，讲解两点透视的画法。由设计图可知，该楼房形体的特点是一个中间凹进去的长方体，作图如下：

（1）取画面与主立面夹角 $\beta=30°$，基线过房角 Aa 棱线，视角 $\alpha=45°$，视线高为 $Aa/3$。

（2）作 $sf_1 /\!/ ab$、$sf_2 /\!/ ad$ 与基线相交，过交点 f_1、f_2 作垂线与视平线相交，得主灭点 F_1、F_2。

（3）a 是直线 ad 和 ab 的迹点，连 aF_1、aF_2 即为 ab、ad 的全透视；用视线法定出角点 b、d、e、k 的透视 b^0、d^0、e^0、k^0，即得外墙体可见部分的基透视。

（4）Aa 棱在画面上，根据正立面图的设计高度定出 A^0a（真高），连 A^0F_1、A^0F_2 分别与过 b^0、d^0、e^0、k^0 的竖直线的交点 B^0、D^0、E^0、K^0，可得楼房外墙体的透视。

（5）连 E^0F_1、e^0F_1，用视线法得 G^0、g^0；连接 F_2G^0、F_2g^0 并延长与 K^0k^0 相交，即得凹进部分的透视。

（6）由平面图中檐板和基线 ox 交点 1、2 作竖直线与 $o'x'$ 相交，自交点向上量取檐板的真高及板厚，得 $1_1^0 1^0$、$2_1^0 2^0$；连接 $F_1 1_1^0$、$F_1 1^0$、$F_2 2_1^0$、$F_2 2^0$ 并延长相交，得 3 棱的透视 3_1^0。用视线法求出 4、6 棱的透视 4^0、6^0，再以 $F_2 4^0$、$F_1 6^0$ 连线画檐板两侧后轮廓。

（7）擦去多余的线如 E^0K^0、e^0k^0，并完成全图。

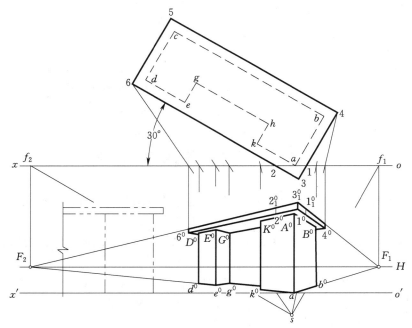

图 12-28 用视线法作房屋外形轮廓透视

顺便指出，形体的基透视本应包括形体平面图中各轮廓线的透视，但实际作图时，往往没有必要把所有线条都画出来，例如，图 12-28 中不可见墙体和屋檐的透视作图就没有示出，这样不仅作图简便，而且画面清晰、整洁，易于保证作图质量。

二、房屋细部的画法

房屋的细部如门窗洞、阳台等，它们的位置和尺寸变化常是比较规律的。为充分利用图幅，灭点、站点常会不在图内；如果画细部图仍然采用视线法找点作图，就很不方便。特别是形体较复杂时，作图效率低且会影响图面质量。

由于房屋轮廓线已界定了主要墙面，为了提高作图效率和保证画面质量，通常是先在墙面上作出细部构造的控制线，再在控制线内画构造线。兹分述如下。

1. 控制线的画法

画控制线的目的是框定细部构造的位置，如门窗洞边沿线、立柱中心线、孔洞轴线以及踏步的坡沿线等。在透视图中，需要按设计要求分割透视线段，由于只有画面平行线的透视才能保持原有的分割比，因此，多用这种线作为辅助线来确定分割点。作图时，先在基透视上求出分割点，再过这些点作竖直线与透视相交，得透视分割点。

图 12-29 是以画面平行线为辅助线，分割基面平行线透视 A^0B^0 的作图方法：先过基透视的端点 a^0（或 b^0）作 $o'x'$ 的平行线，且按设计要求使 $a^0c_1^0$：$c_1^0d_1^0$：$d_1^0b_1^0=2:3:1$；连接 $b_1^0b^0$ 并延长与视平线交于辅助灭点 F'，连接 $F'c_1^0$、$F'd_1^0$ 与 a^0b^0 的交点 c^0、d^0，即基透视的分割点；再过 c^0、d^0 作竖直线与 A^0B^0 相交，交点 C^0、D^0 即透视的分割点。

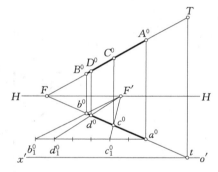

图 12-29 透视线段的分割

房屋门窗的轮廓线为基面的平行线和垂直线，基面平行线的分割方法已如图 12-29；而基面垂直线平行于画面，其透视可直接按设计比例分割，因此，可用纵横格网控制门窗的位置。

图 12-30 是在透视墙面上，绘制门窗纵横分格线的作图。将图 12-30（a）所示门窗宽度方向的位置，以实长绘于过 B^0 的水平线上，得 1、2、3、…、C_1，连接 C_1C^0 并延长与视平线交于辅助灭点 F'，自 F' 向 1、2、3、…引直线于 B^0C^0 得 1^0、2^0、3^0、…，再

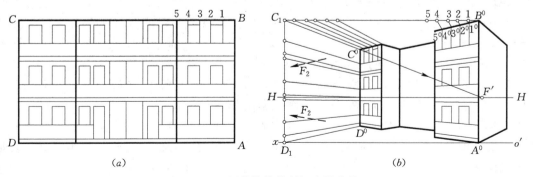

（a）   （b）

图 12-30 用分格线控制门窗洞的位置

由这些点作铅直线，即为门窗的纵向分格线。

墙角 A^0B^0 为真高，通常可将设计分格高度移到 A^0B^0 上，再向主灭点 F_2 引线，得门窗横向分格线；但当图 12-30（b）所示的主灭点 F_2 较远时，则宜过 C_1 作真高线 C_1D_1 并定出设计分格高度，再引向 F' 确定 C^0D^0 上各点的位置；然后，连接 C^0D^0 与 A^0B^0 上的对应点，得横向分格线。

至于凹进去墙面上门窗洞的分格线，其作图留给同学自己思考。

2. 细部构造线的画法

细部构造线或因距离较远，或因本身太小，多无必要确切地表达出来，通常可在画面控制线分格内，用简捷作图法完成。下面先介绍斜灭点的作图及其应用，再结合典型结构，介绍一些细部构造线的作图方法。

（1）斜灭点及其应用。通常将既不平行于基面、也不平行于画面的直线（一般位置线）称为"斜线"，而将它的灭点特称为"斜灭点"。绘制建筑形体，特别是建筑细部结构的透视图时，若能利用斜灭点作图，则更为简便。下面以图 12-31 介绍斜灭点的特点及作图方法，为了有别于基面平行线的灭点 F，特将斜灭点的符号加注角标 "x"，即 F_x。

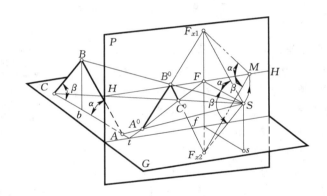

图 12-31 斜灭点的作图原理

图示 $\triangle ABC$ 为铅垂面，AC 为其基面交线（也是 AB、BC 的基面投影），t 为基迹点。与 AB 平行的视线上升，称为上行线段，而与 BC 平行的视线下降，称为下行线段，两者对基面倾角分别为 α、β。视线 $SF/\!/AC$ 与视平线的交点 F 为 AB、BC 线的基灭点；而平行于 AB、BC 的两视线与画面交点 F_{x1}、F_{x2}，就是 AB、BC 的斜灭点。因 $\triangle F_{x1}SF_{x2}$ 平行于 $\triangle ABC$，它也是铅垂面，故连线 $F_{x1}F_{x2}$ 为一铅垂线；又因该面与视平面的交线既平行于基面又平行于 $\triangle ABC$，故必与它们的交线 AC 平行，重合于 SF。由此可知，斜灭点 F_{x1}、F_{x2} 与基灭点 F 在同一条铅垂线上。

若将 $\triangle F_{x1}SF_{x2}$ 绕 $F_{x1}F_{x2}$ 旋转到画面上，SF 重合于视平线，得 $\triangle F_{x1}MF_{x2}$，MF_{x1}、MF_{x2} 与视平线夹角分别为 α、β。由此，斜灭点的作图方法如下：

在 $H—H$ 上，自 F 量取 $FM=fs$ 得量点 M，过 M 向上作 α 角射线且与过 F 的铅垂线相交，交点即上行线段 AB 的斜灭点 F_{x1}；向下作 β 角射线与过 F 的铅垂线相交，交点即下行线段 BC 的斜灭点 F_{x2}。为了加深印象，图中还示出了两斜线的透视 A^0B^0、B^0C^0 与其斜灭点之间的关系。

综上可知，对任一斜线 AB，由于它与其基面投影 ab 组成铅垂面，故斜灭点必在基灭点的垂线上，上行线段在视平线上方，反之则在下方。

下面，以图 12-32 中台阶的透视作图为例，说明斜灭点的用法。台阶的踢面和踏面总是在两条坡线（起台线与台顶线）之间往复，因此，如果先画坡线再画台阶就比较简捷、准确。首先，在确定主灭点（F_1、F_2）并完成基透视 $a^0b^0c^0d^0$ 后，就可根据斜灭点画台阶的透视；在视平线上量取 $F_1M_1=sf_1$ 得量点 M_1，再过 M_1 作 α 角射线与过 F_1 的铅垂线相交，得斜灭点 F_{x1}；因台阶的右角点 a^0 在基线 $o'x'$ 上，量取踢面高 a^0A^0，连接 a^0F_{x1} 和 A^0F_{x1} 得两条限制线的全透视；而用 A^0F_2 确定 D^0 后，连接 d^0F_{x1} 和 D^0F_{x1}，得台阶左端两控制线的全透视。这样，就可用灭点 F_1、F_2，由下向上逐级完成台阶的透视了。

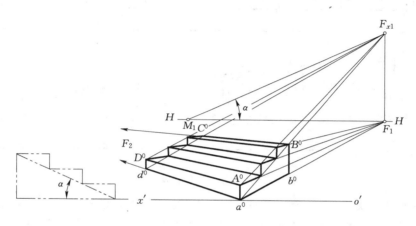

图 12-32　用斜灭点作台阶的透视

（2）条形平面的分割与追加。建筑设计常采用在一个相当长的范围内，在两条水平线之间连续重复某一种单元图形，例如，公园的围墙、走廊的栏墙、桥梁的栏杆和灯柱、楼顶的花墙、墙面的橱窗或装饰以及室内的隔断等。这类情况的作图：一是在已知长度内如何分段布置多个单元图形；二是在长度方向如何界定重复出现的已知单元图形。故称"条形平面的分割或追加"。下面介绍两种常用的简捷作法。

图 12-33（a）是将矩形透视 $A^0B^0C^0D^0$ 竖着三等分。自竖线 A^0B^0 向上量取 3 个单

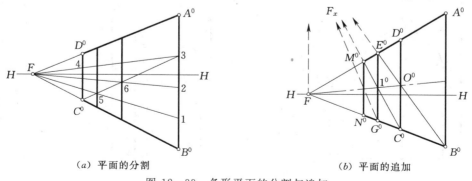

（a）平面的分割　　　　　　　　（b）平面的追加

图 12-33　条形平面的分割与追加

位长度，得 1、2、3 点，连 $F3$ 与 C^0D^0 交于 4，再过 B^034C^0 对角线 $3C^0$ 与 $F1$、$F2$ 的交点 5、6 作竖直线即可。

图 12-33（b）是在已知矩梯透视 $A^0B^0C^0D^0$ 左侧，追加两个全等矩形的作图。0^0 是矩形左边线 C^0D^0 的中点，连线 $F0^0$ 则为各矩形的水平中线，若将相邻两矩形看成一个大矩形，0^0 又是大矩形对角线的交点。故连接并延长 B^00^0 交 A^0F 于 E^0，自 E^0 作竖线，得追加矩形的左边线 E^0G^0；而 1^0 为 E^0G^0 中点，再连接并延长 C^01^0 即可继续追加。另外，因各矩形对角线相互平行，故也可用其斜灭点作图，如图示虚线。

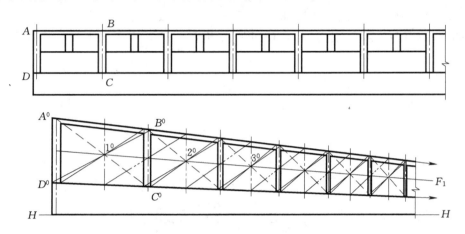

图 12-34　矩形平面追加的实例

图 12-34 是由矩形单元 $A^0B^0C^0D^0$ 组成的栏墙，扶手和栏板座的上沿 A^0B^0 和 C^0D^0 的延伸线是两条水平控制线，灭点为 F_1；虽然栏板间增加了立柱，但仍可先用视线法作出一单元的透视 $A^0B^0C^0D^0$ 后，再用类似图 12-33（b）的方法追加作图。由图 12-34 还可以看出，单元 $A^0B^0C^0D^0$ 内还有立柱中心线和内棱线围成的两个矩形，三者的对角线都交于 1^0；故以水平中线为辅助线，直接利用对角线的交点，依次传递完成全图。为清晰起见，图中双点划线演示对角线交点 1^0、2^0、3^0 的追加，虚线演示立柱中心线的追加，而立柱的左右棱线则由两组细实线递推。

（3）圆拱门的透视。图 12-35 为一圆拱门的透视作图，关键是求作前后两个半圆弧

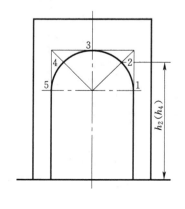
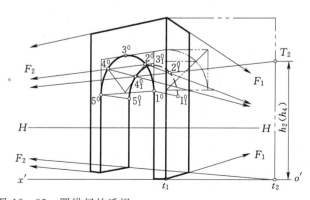

图 12-35　圆拱门的透视

的透视。半圆弧透视的作图方法可参看 12-19（b），即先将前半圆弧纳入半个正方形中并作出它的透视，就得半圆象限点 1、3、5 的透视 1^0、3^0、5^0，再作出正方形对角线与半圆弧交点的透视 2^0、4^0（图中用双点划线示出了它们的作图），依次光滑连接五点，即前拱门半圆弧的透视。

同理，亦可作出后拱门的半圆弧。图 12-35 中示出了以 2_1、4_1 的全透视（迹点 T_2 与灭点 F_2 连线），与拱圈内过 2^0、4^0 的柱面素线 $F_1 2^0$、$F_1 4^0$ 相交，得后拱门弧上 2_1^0、4_1^0 的作法。

3. 透视图的阴影作图

透视图阴影的作法与正投影图不同，由于它需突出艺术效果，光线的方向和角度可因建筑形体而异。为作图方便，多用画面平行光，透视图中的光线与基线平行线的夹角 α 可取为 $60°$、$45°$ 或 $30°$。显然，选用画面平行光，就可在透视图上直接作图了。

以简单的等高墙面透视为例，图 12-36 中示出了不同倾角画面平行光的地面落影。作图时要注意：对于画面平行光，无论倾角多大，透视图中墙顶线 $A^0 B^0$ 与落影线 $A_1^0 B_1^0$ 的灭点都是 F；另外，光线和铅垂线在水平面上的落影都是基线平行线。

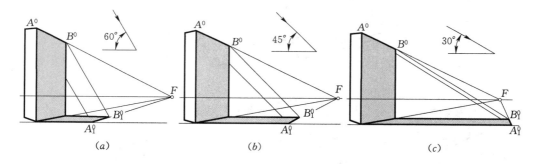

图 12-36　画面平行光的阴影

在加绘阴影时，常需确定空间某点 G^0 在图中某一立面（墙面）上的落影 G_1^0，见图 12-37。由于过 G^0 点光线 L 的基透视 l^0 为基线平行线，所以，求作 G^0 的落影时，可借助基面投影 g^0，即过 g^0 作光线的基透视 l^0 交墙面基线于 n^0，再过 n^0 作竖直线使与光线 L 的透视 L^0 相交，交点 G_1^0 即 G^0 在墙面的落影。由图 12-37 还可看出，若与 G^0

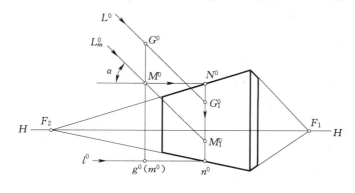

图 12-37　透视点的墙面落影

在同一光平面上另有一点 M^0，且该点与墙顶等高（在同一水平线上），因光线 L_m 的基透视仍为 l^0，故不必再作 $m^0 n^0$；同时，又因 M^0 与墙顶等高，还可过 M^0 作水平线交墙顶 N^0，再过 N^0 作垂线与 L_m 相交，交点即墙面落影 M_1^0；显然，这对求作屋檐、雨篷、台阶等在墙面上的阴影将更为简便。

图 12-38 是在门洞透视图上加绘阴影的实例。下面着重讨论雨篷在墙面和门扇上的落影，取画面基线 $o'x'$ 通过雨篷右外角 B 的基面投影 b^0，光线与基线的夹角 $\alpha=45°$。

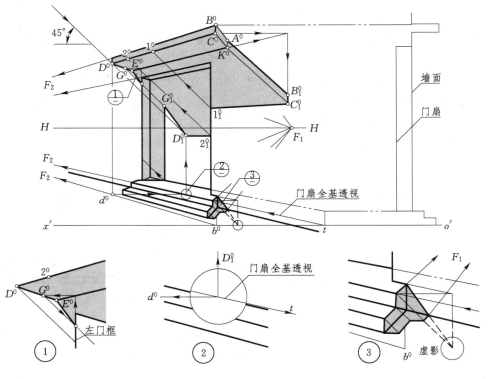

图 12-38　门洞透视的阴影

透视图中雨篷阴线 $A^0 B^0 C^0 D^0 E^0$ 上的 A^0、E^0 在墙面上，影即自身。$B^0 C^0$ 为竖直棱，其影 $B_1^0 C_1^0$ 应落于墙面；由于雨篷底面与墙面的交线 $E^0 K^0$ 和 C^0 等高，故可过 C^0 作水平线，使与 $E^0 K^0$ 的延长线相交，再向下作垂线与过 C^0 的光线相交得 C_1^0，向上量取 $B_1^0 C_1^0=B^0 C^0$ 即得 $B^0 C^0$ 的墙面落影，而连线 $A^0 B_1^0$ 则为阴线 $A^0 B^0$ 的墙面落影。灭点 F_2 与 C_1^0 的连线与右门框交于 1_1^0，$C_1^0 1_1^0$ 即阴线 $C^0 1^0$ 的墙面落影。

雨篷左侧阴线 $D^0 1^0$ 段的落影较复杂，可先用返回光线作图找出阴线上落于左侧门框的点位，即将门框线向上延伸与 $E^0 K^0$ 相交，再过交点作水平线与 $D^0 E^0$ 相交得 G^0（放大图①）。连接 E^0 和过 G^0 光线与左门框的交点，即得 $E^0 G^0$ 阴线在墙的落影。因门洞的左外棱为竖直线，而台阶面为基面平行面，它在台阶上的落影为过其底角的基线平行线，又因门扇是直立面，故在门扇底沿处影线转为竖直线，并与过 G^0 擦着门框的光线相交得 G_1^0。

由作图可知，$G^0 D^0$ 的影落入门洞内，但因 D^0 和门扇顶沿不同高，则需过 D 点的基

透视 d^0 作水平线,定出它和门扇的全基透视 tF_2（放大图②）的交点,再作竖线与过 D^0 的光线相交,才能求得 D^0 在门扇上的落影 D_1^0,连线 $G_1^0 D_1^0$ 即阴线 $D^0 G^0$ 落在门扇上的影。连接 $F_2 D_1^0$ 并右延至门框,即得雨篷阴线 $D^0 2^0$ 在门扇上的落影;而阴线 $2^0 1^0$ 段的影因视线被阻,不可见。另外,图中还用 3 条带箭头的返回光线,分段查验了作图的正确性。

台阶阴影中值得注意的是,阶面右角点是铅垂阴线和正垂阴线的转点,过该点的光线一旦落地,影线则必由水平线而转向灭点 F_1,第二角点的落影还可借助其墙面虚影校核（放大图③）。

4. 应用实例

图 12-39、图 12-40 为一幢二户三层住宅楼的立面图及二点透视图。在图 12-40 中,我们已经看到了该楼立面加绘阴影的效果,而它的二点透视图则有更强的表现力,同时还可看清楼的侧面结构。

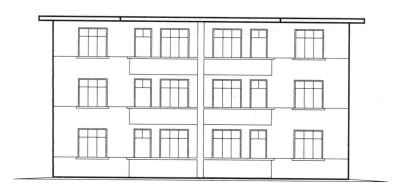

图 12-39　住宅楼的正立面图

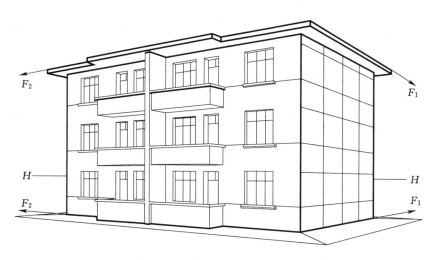

图 12-40　住宅楼的二点透视图

由于画面与立面的夹角取 35°、基线过右墙角,且视平线在一、二层之间（视高 2m）,所以各层阳台、门、窗等细部结构的表现不同,如一层的阳台栏墙和窗台顶面可见,而三层阳台的底面和门窗框的顶面可见。

由图 12 - 40 还可看出，该楼立面各细部的层次关系，透视图也给予了充分的展示：三层阳台上面的楼顶檐最靠前，其后依次是隔墙的立面和阳台扶手的外沿、阳台的栏墙和窗台的外立面、墙体的外立面，最后才是窗扇和门扇。显然，如果用传统的手绘方式，要准确的表达以上所有层次是困难的，也是不必要的，至少门窗可示意绘出。

复习参考题

1. 透视投影与轴测投影有何异同？

2. 建筑形体的透视图依据什么分类？

3. 什么是点的基透视，如何根据它判别点的空间位置？

4. 什么是直线的迹点、灭点、全基透视和全透视？基面平行线的全透视与全基透视有何特点？

5. 试比较三种典型画面平行线透视的异同。

6. 如何利用真高线确定基面垂直线的透视高度。

7. 确定站点、画面和建筑形体相对位置时，应考虑哪些问题？

8. 什么叫视线法、量点法？试述运用它们画建筑形体透视的步骤。

9. 作两点透视图，若其中一个灭点远在图外，可采取哪些辅助作图方法？

10. 怎样按设计比例分割基面平行线的透视？

11. 试归纳建筑细部透视的简捷画法？

12. 试述基面平行圆的透视特点及其画透视的作图步骤。

第十三章 制图的基本知识

第一节 制图的基本规定

土建工程图是表达水利、房屋及给水排水等土木建筑工程设计思想的主要手段。为了便于工程管理与技术交流，图样格式、表达方法、尺寸标注等都制定有统一的国家或行业标准，例如，国家建设部颁布 GB/T50001—2001《房屋建筑制图统一标准》，自 2002 年 3月 1 日起执行；水利部颁布 SL73—95《水利水电工程制图标准》，自 1995 年 10 月 1 日实施。本节仅摘录标准中图纸幅面、比例、字体、图线及尺寸标注的基本规定，而有关图样绘制的要求将在其他章节陆续介绍。

一、图纸幅面及格式

1. 图纸幅面

为了合理利用图纸，便于技术文件的装订和存档，应优先选用表 13-1 中规定的幅面尺寸。

表 13-1　　　　　　　　　　国标规定的基本幅面尺寸

图 幅 代 号		A0	A1	A2	A3	A4
$B \times L$		841×1189	594×841	420×594	297×420	210×297
留装订边	a	25				
	c	10			5	
不留装订边	e	20		10		

另外，必要时还允许选用在基本幅面的基础上将图幅加大，水利工程图通常以短边成整数倍增加的方式加大幅面；图 13-1 中的粗实线为表 13-1 中规定的基本幅面，细实线为第二选择，虚线为第三选择。表 13-2 中列出了第二、三选择的各种幅面尺寸，其中带下划线的数字为第二选择，如 A3×3 的幅面为 420×891，A4×5 的幅面为 297×1051。

对于房屋建筑图，一般不加长短边，而是将其长边按表 13-3 所示尺寸加长。

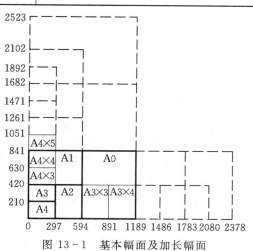

图 13-1　基本幅面及加长幅面

表 13-2　　　　　　　　　　图纸加大短边的第二、第三可选幅面

代号	短边	短边加大后的尺寸	代号	短边	短边加大后的尺寸
A0	841	1682、2523	A3	297	891、1189、1486、1783、2080
A1	594	1783、2378	A4	210	630、841、1051、1261、1471、1682、1892
A2	420	1261、1682、2102			

表 13-3　　　　　　　　　　图纸加大长边的可选幅面

幅面尺寸	长边尺寸	长边加大后的尺寸
A0	1189	1486　1635　1783　1932　2080　2230　2378
A1	841	1051　1261　1471　1682　1892　2102
A2	594	743　891　1041　1189　1338　1486　1635　1783　1932　2080
A3	420	630　841　1051　1261　1471　1682　1892

2. 图纸格式

（1）图框。无论图纸是否装订，都应画出图框和标题栏。图框用粗实线绘制，线宽 $1 \sim 1.5b$，其尺寸见图 13-2。留装订边的图框左边距纸边 $a=25\text{mm}$，其余三边均为 c；不留装订边的图框距纸边 $a=e$，对于同一项目的图纸只能采用一种格式，其 c、e 值的规定见表 13-1。

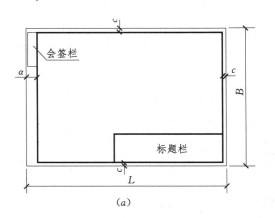
（a）

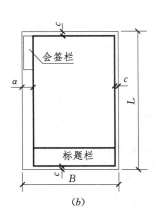
（b）

图 13-2　图框格式

（2）图幅分区。为了便于查找视图内的详细结构，标注内容及修改处必要时可用细实线在图纸的周边进行分区，见图 13-3。图幅分区的数目应视图样的复杂程度确定，但必须是偶数，每一分区的长度应在 25～75mm 之间选取。

在分区内按标题栏的长边方向，从左到右用直体阿拉伯数字依次编号，按标题栏的短边方向从上到下用大写直体拉丁字母依次编号，其顺序应从图纸的左上角开始，并在对应的边上重复一次。分区的代号由数字和字母组合而成，字母在左，数字在右并排书写，如 B3、C5。

（3）对中标志。为使图纸复制和缩微摄影时定位方便，在其一个边上附有一段准确的

米制尺度（标尺），4个边上应附有对中标志，标尺的总长度应为100mm，分格为10mm（图中未示出）。对中标志应用粗实线绘制在幅面线的中点处，从周边界画入图框内约5mm，如图13-3所示。

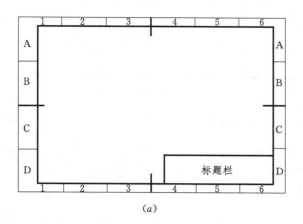

（a）　　　　　　　　　　　　　　　　（b）

图13-3　图幅分区及对中标志

二、标题栏与会签栏

工程图纸上应注出工程名称、图名、图号、设计、制图、描图和审批人的签名、签注日期等，将它们集中起来列表水平放在图框的右下角，称为标题栏，见图13-2。

标题栏的外框线为粗实线，分格线为细实线。水利工程中，A2～A4和A0～A1图幅标题栏的内容、格式和尺寸分别如图13-4和图13-5所示；立式使用的A4幅面的标题栏，宜采用底部通栏式。

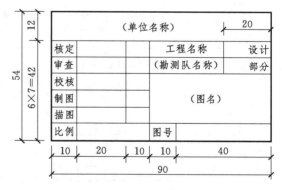

图13-4　水利工程的标题栏（A2～A4）

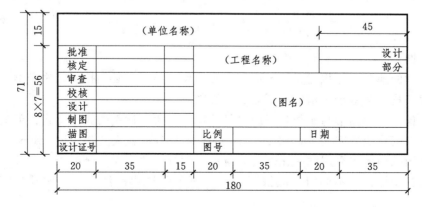

图13-5　水利工程的标题栏（A0～A1）

房屋建筑的 A0～A3 图纸一般采用横式，其标题栏格式见图 13－6，栏中各分区的大小按需要自定。应注意，签字区内应包含实名列和签名列。

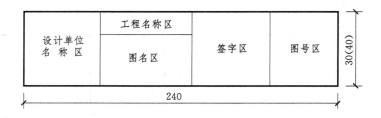

图 13－6　房屋建筑的标题栏

会签栏是施工各工种负责人签字的表格。图 13－7（a）所示是房屋建筑工程图的会签栏，可按图 13－2 所示的位置配置；图 13－7（b）所示是水利水电工程图的会签栏，可按图 13－8 所示的位置布图，不需会签的图纸则可不设置。

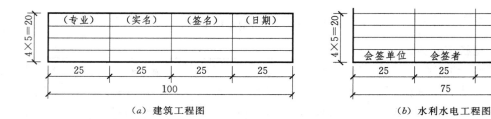

图 13－7　会签栏的格式

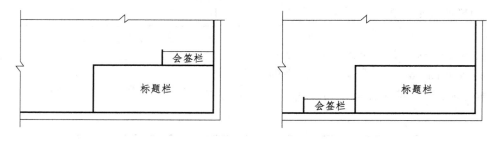

图 13－8　水利工程中会签栏的位置

三、比例

土建工程的建筑物体积庞大，不可能按实际尺寸绘图，必须按一定法则缩小绘制；相反，对于建筑物上某些细小构件，则需放大绘制。

图样的比例，为图形与实物相对应的线性尺寸之比。比例的大小是指比值的大小，没有单位，常以阿拉伯数字表示，如 1∶50，即图纸上 1cm 代表实物长度 50cm。

当一张图纸内各图采用同一比例时，应把比例统一注写在标题栏内。

当图内各图样比例不同时，应按图 13－9 所示的样式标注，图名比其他字号大 1～2 号。

绘图比例应根据图样的用途与物体的复杂程度决定，并优先选用常用比例，土建工程

图为 $1:1\times10^n$、$1:2\times10^n$、$1:5\times10^n$，其中 n 为正整数。

平面图 1:200   平面图 1:100   ⑤ 1:20

图 13-9 比例的标注样式

四、字体

在工程图纸上的汉字、数字或字母，按规范要求必须从左向右书写，且应作到：字体端正、笔划清楚、排列整齐、间隔均匀，标点符号清楚、正确。

1. 汉字

图样中的汉字应采用国家正式公布实施的简化汉字，并尽可能书写成长仿宋体。对同一图样，只允许选用一种字型。手工书写时，为了保证字体大小一致，应先打格子后写字。

字体的号数系指字体的高度，图样中的字号有：20mm、14mm、10mm、7mm、5mm、3.5mm、2.5mm 等 7 种。汉字的高应不小于 3.5mm；拉丁字母、阿拉伯数字及罗马数字的高应不小于 2.5mm。

斜体字的字头向右倾斜，与水平线约成 75°角，其格式如图 13-10 所示。用作指数、分数、极限偏差、注脚等的数字和字母，一般采用小一号字体。

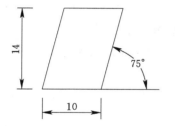
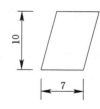

图 13-10 斜体字格

长仿宋字体，本号字宽为下一号字高，其宽度与高度关系应符合表 13-4 的规定。

表 13-4   长仿宋体的字高与字宽（mm）

字高	20	14	10	7	5	3.5	2.5
字宽	14	10	7	5	3.5	2.5	1.8

长仿宋字体的示例：

10号 书写工整 笔划清楚 间隔均匀 排列整齐

7号 字体笔划 横平竖直 注意起落 结构匀称 填满方格

215

5号 罗马阿拉伯数字拉丁字母和汉字并列书写时 它们的字高要比汉字高小一二号

3.5号 校核设计绘制描图单位比例水利工程溢流坝冲刷闸电站位置钢筋混凝土结构建筑设备施工基础平面布置剖视面配电系统

从字例可以看出，长仿宋体有以下特点：

（1）横平竖直：横笔基本要平，可稍向上倾斜；竖划要直。

（2）起落分明：横竖的起落、撇的起笔、折钩的转角都要有提顿，形成小三角形顿点。

（3）笔锋满格：上下左右笔锋要触及或靠近字格，但外围是"口"字形的字应略缩格。

（4）结构平稳：字形的结构端正，平衡稳重，见图 13 - 11。

土木基面全　上正水平审　三曲垂直量
以砌规沙泥　比斜杆部触　钢墙梯混凝

图 13 - 11　长仿宋体字形的布局

书写时应注意以下几点：

（1）字形基本对称的应保持其对称，如图中的土、木、基、面、全等。

（2）有一竖笔居中的应保持该笔竖直而居中，如图中的上、正、水、平、审等。

（3）有三四横竖笔划的要大致平行且等距，如图中的三、曲、垂、直、量等。

（4）左右组合要紧凑，尽量少留空白，如图中的以、砌、规、沙、泥等。

（5）要注意偏旁所占的比例，有约占一半的，如图中的比、斜 、杆、部、触等；有约占 1/3 的，如钢、墙、梯、混等；有约占 1/4 的，如凝。

要写好长仿宋体，必须多看、多摹、多写，持之以恒。

2. 数字与字母

数字与字母有直体与斜体之分，下面以 7 号常用的数字与字母作为示例：

（1）斜体拉丁字母。

$ABCDEFGHIJKLMNOPQ$

$PQRSTUVWXYZ$

$abcdefghijklmno$

$pqrstuvwxyz$

（2）斜体希腊字母。

$\alpha\ \beta\ \gamma\ \delta\ \varepsilon\ \zeta\ \eta\ \theta\ \iota\ \kappa\ \lambda\ \mu$

（3）斜体罗马数字。

$$I \ II \ III \ IV \ V \ VI \ VII \ VIII \ IX \ X$$

（4）阿拉伯数字。

1234567890   *1234567890*

五、图线

为保证图样所示内容主次分明，清晰易看，图样必须以不同型式和粗细的图线绘制。常用图线的线型有粗实线、虚线、点划线、折断线和波浪线等，推荐的线宽分别为 0.18mm、0.25mm、0.35mm、0.5mm、0.7mm、1.0mm、1.4mm、2.0mm，表 13 - 5 中列举了常用图线的名称、线型、宽度和适用范围。

表 13 - 5　　　　　　　　　　常 用 图 线 及 用 途

序号	名称	线　型	宽度	适 用 范 围
1	粗实线		b	①可见轮廓线；②剖切位置线；③移出剖面图轮廓线；④结构分缝线；⑤材料分界线；⑥钢筋
2	中粗线		$0.5b$	①次要结构可见轮廓线；②檐口、窗台、台阶等外轮廓线
3	细实线		$0.35b$	①尺寸线、尺寸界线；②剖面线；③示坡线；④曲面的素线；⑤引出线；⑥重合剖面轮廓线
4	粗点划线		b	结构平面图中梁和桁架轴的位置线
5	点划线		$0.35b$	①对称线；②定位轴线；③中心线
6	粗虚线		b	地下管道位置线
7	虚线		$0.5b$	①不可见轮廓线；②不可见结构分缝线；③原轮廓线；④某些图例（如吊车、隔板）轮廓线
8	双点划线		$0.35b$	①原轮廓线；②假想投影轮廓线；③运动构件在极限或中间位置的轮廓线
9	折断线		$0.35b$	①中断线；②构件断开处的边界线
10	波浪线		$0.35b$	①构件断开处的边界线；②局部剖视的边界线

画线时应注意以下几点：

（1）应视图样的复杂程度与比例大小先确定粗实线的宽度"b"，可在 0.5～2mm 之间选择；再根据表 13 - 5 规定的线宽比确定其他图线的宽度。

（2）同张图纸上同类图线的粗细应全图一致，各线型的深浅全图应一致。虚线、点划线和双点划线的线段长度和间隔应各自大致相等。

（3）点划线的线段长约 15～30mm，"点"是长度约 1mm 的小短划，间隔约 3～

5mm。当用点划线绘制圆的中心线或对称轴线时，点划线应超出轮廓线 2～5mm 且首末两端及两中心线相交处均为线段，如图 3-12 所示。若在直径小于 10mm 的圆上，绘制点划线有困难时，可用细实线代替。

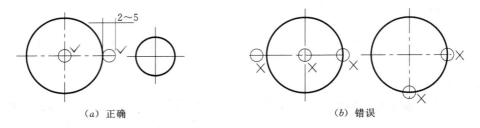

（a）正确　　　　　　　　　　　　　（b）错误

图 13-12　圆的中心线画法

（4）虚线的线段长 2～6mm，间隔约为 1mm。虚线与虚线相交，或虚线与其他图线相交时，应以线段交接；若虚线为粗实线的延长线时，应留空隙以示分界，虚线画法见图 13-13。

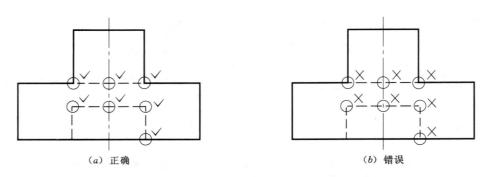

（a）正确　　　　　　　　　　　　　（b）错误

图 13-13　虚线连接时的画法

（5）图线不得与文字、数字或符号重叠、混淆，如不可避免时，应首先保证文字。

（6）图中两平行线的距离应不小于粗实线的宽度，其最小间距为 0.7mm。

各种图线在工程图中的用法，参看图 13-14。

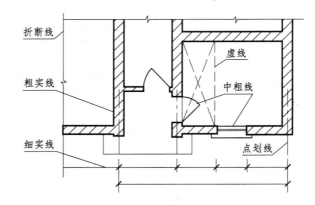

图 13-14　各种图线的应用举例

六、尺寸标注

在土建工程图中，除了按比例画出建筑物或构筑物的形状外，同时，还必须标注完整的实际尺寸，以表示各组成部分的大小及相对位置。建筑物在施工或验收时，其大小应以图样上所注的尺寸数字为依据，而与图形的大小及绘图的准确度无关，即不得从图中直接量取。

1. 尺寸的要素

尺寸是由尺寸界线、尺寸线、尺寸起止符号和数字四部分组成的，见图13-15。

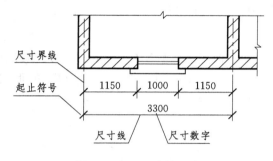

图13-15 尺寸的组成

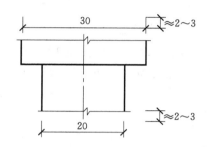

图13-16 尺寸界线

（1）尺寸界线。尺寸界线用于控制尺寸范围，应与被标注线段垂直，用细实线绘制；它可自图形的轴线或中心线引出，其一端距轮廓线2～3mm，另一端应超出尺寸线2～3mm，见图13-16。

（2）尺寸线。尺寸线是用来标注尺寸的，应与被标注的线段平行，且不宜超出尺寸界线，尺寸线必须用细实线单独画出，不能用任何图线代替。

（3）尺寸起止符号。在房建标准中，起止符号为中粗短划线，与尺寸界线成顺时针45°角，长度宜为2～3mm。

在水利工程图中，起止符号通常采用箭头；有时，也用长度为2～3mm45°的细短划线，但标注半径、直径、角度和弧长的起止符号，一律要用箭头，其画法见图13-17。

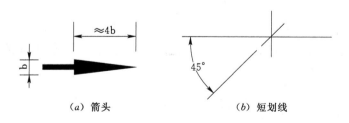

（a）箭头 （b）短划线

图13-17 尺寸的起止符号

（4）尺寸数字。图中的尺寸单位，除标高、桩号、规划图和总平面图以"m"为单位外，其余以"mm"为单位，则不必说明；若采用其他单位，应在图纸中加以说明。

任何图线不得穿过尺寸数字，当不可避免时，应在尺寸数字处将图线断开，如图13-18。

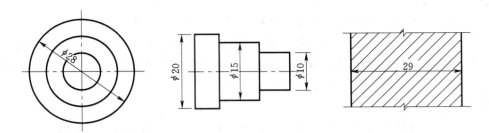

图 13-18 任何图线不得穿过尺寸数字

2. 线性尺寸标注

（1）线性尺寸数字应按图 13-19（a）规定的方向书写。数字应注写在靠近尺寸线上方的中部，且尽量避免在 30°斜线区内注写，当无法避免时，可按图 13-19（b）的形式标注。

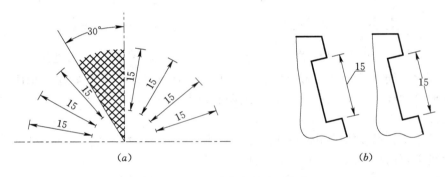

图 13-19 尺寸数字的注写方向

（2）尺寸线应整齐地排成一排或数排，相邻两尺寸线的距离不应小于 7mm，且使小尺寸在内层，大尺寸在外层，以避免尺寸线交叉，见图 13-15。

（3）如果连续尺寸之间无法画箭头，可用小黑圆点代替；当尺寸界线之间距离过小，尺寸数字可按图 13-20 所示形式标出。

图 13-20 线性尺寸的标注

3. 半径、直径、圆球的尺寸标法

（1）小于或等于半圆的圆弧尺寸应标半径，大于半圆的圆弧尺寸应标直径。

（2）直径和半径的尺寸线必须通过圆心，箭头指到圆弧；标注直径时，在数字前应加注符号"ϕ"或"D"（金属材料用"ϕ"，其他材料用"D"）；标注半径时，应在数字前加注符号"R"；注写圆球的半径或直径时，应在半径或直径符号前加注"S"，见图13-21。

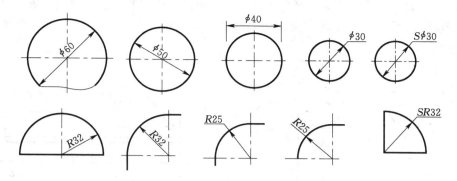

图 13-21 圆、圆弧及圆球的直径或半径注法

（3）没有足够位置画箭头和注写数字时，可按图 13-22 将箭头或尺寸数字标在外面。

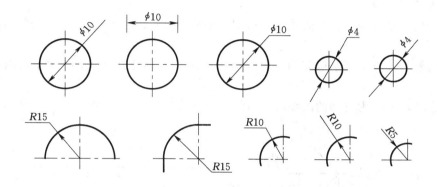

图 13-22 狭小部位的引出注法

（4）圆心不在图纸内时，尺寸线可画成折线，见 13-23（a）；若不需指明圆心时，尺寸线可中断，见图 13-23（b），但尺寸线必须指向或其延长线通过圆心。

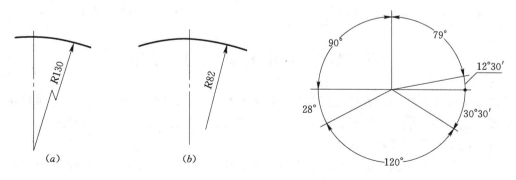

图 13-23 大半径圆弧的注法

图 13-24 角度的注法

4. 角度、弧长、弦长的尺寸标法

（1）标注角度时，应以角的两边作为界线，角顶为圆心的圆弧作尺寸线，箭头为起止符号。若没有足够的位置画箭头，可用圆点来代替；尺寸数字应水平书写在尺寸线的中断处，必要时，也可写在尺寸线的上方或外侧，见图 13-24。

（2）标注圆弧的弦长或弧长时，尺寸界线应平行于该弦的垂直平分线，弦长的尺寸线应平行于该弦；弧长的尺寸线应为其同心圆弧，并在尺寸数字上方加注弧长符号"⌒"，见图 13 - 25。

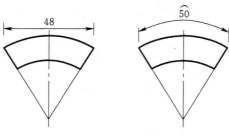

图 13 - 25　弦长及弧长的注法

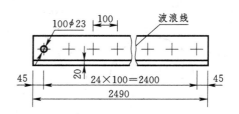

图 13 - 26　均布相同构件的注法

5. 其他尺寸注法

（1）均匀分布的相同构件或构造，可用"个数×等长尺寸＝总长"的形式标注，如图 13 - 26 所示。

（2）桁架的杆件单线结构简图，可直接将杆件长度标注在杆线的一侧，如图 13 - 27 所示。

（3）当结构形体为复杂的曲线时，可用坐标形式标注尺寸，如图 13 - 28 所示。

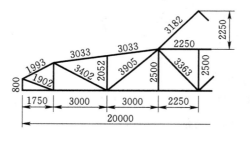

图 13 - 27　桁架单线图的注法

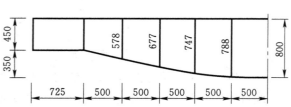

图 13 - 28　用坐标法标注曲线尺寸

第二节　制图工具及其使用

绘制工程图，应熟悉各种绘图工具和仪器性能，掌握它们的用法，并经常维修保养，才能提高出图的效能，保证图面质量。下面介绍几种常用绘图工具和仪器的使用方法。

一、图板、丁字尺和三角板

（1）图板：图板的板面应平整，左、右两边应平直，不能用水洗或在日光下曝晒。图板置于桌面应略向上倾斜。

（2）丁字尺：由尺身和与之垂直的尺头组成，二者必须牢固连接成一整体，且尺身的工作边必须保持平直光滑，见图 13 - 29。切勿用丁字尺击物或沿工作边裁纸。丁字尺用毕后，要挂起来，防止尺身变形。

用丁字尺画线时切记：只能用工作边画线，如图 13 - 30 所示。不得把尺头靠在图板

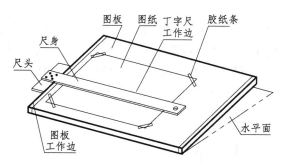

图 13-29　图板、丁字尺和三角板

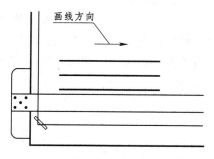

图 13-30　用丁字尺画水平线

的右边、下边或上边画线。

（3）三角板：一副三角板有 30°、60° 和 45°、90° 的两块。三角板和丁字尺配合使用时，可画竖直线以及与水平线成 15° 整数倍角的斜线，如图 13-31 中的 15°、75° 等。

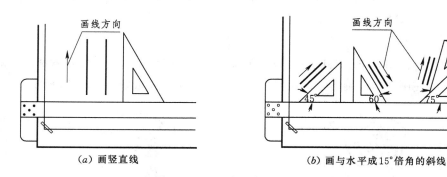

（a）画竖直线　　　　　　　（b）画与水平成15°倍角的斜线

图 13-31　三角板与丁字尺配合使用

二、铅笔

铅芯是用字母表示软硬的，"H" 前面的数字愈大，铅芯愈硬；"B" 前面的数字愈大，铅芯愈软。

工程图不得使用过硬或过软的铅笔。建议画底稿和细线时用 "H"，画粗线用 "B"；写字时用 "HB"。削铅笔时，应保留有标号的一端，以便识别软硬程度，其削法如图 13-32 所示。

画图时，铅笔与纸面成 60°，如图 13-33 所示。画长线时，肘臂移动而手腕不动，笔力要均匀。

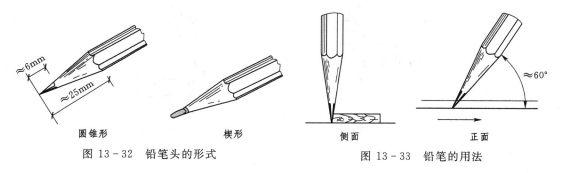

圆锥形　　　　　楔形　　　　　　　侧面　　　　　　正面

图 13-32　铅笔头的形式　　　　　　图 13-33　铅笔的用法

三、圆规与分规

（1）圆规是画圆弧线的专用仪器，它的铅芯最好比画直线铅芯软一号，削成约 65°斜面。使用前先调整针脚，使其略长于铅芯，针尖通常使用台阶形的一端，以免圆心孔因刺扎而扩大、加深；画圆时，针尖和铅芯应垂直于纸面，画大圆时加装延伸杆，如图 13 - 34 所示。

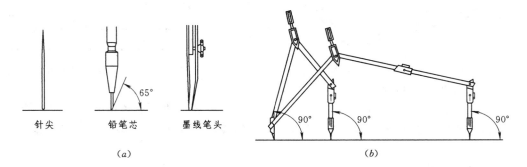

针尖　　铅笔芯　　墨线笔头

（a）　　　　　　　　　（b）

图 13 - 34　圆规的用法

画圆和圆弧时，用右手大拇指和食指捏住圆规顶部，用左手食指帮助扎准圆心，顺时针转动圆规，并使圆规略向旋转方向倾斜，一气呵成，作图方法如图 13 - 35 所示。

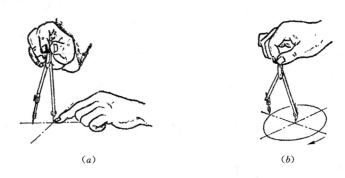

（a）　　　　　　　　　（b）

图 13 - 35　用圆规画圆或圆弧

（2）分规是用来量取和等分线段的工具。合拢时，两针尖应会合于一点，用法如图 13 - 36 所示。

（a）量取线段　　　　　（b）等分线段

图 13 - 36　分规的用法

四、比例尺

比例尺是刻有不同比例的直尺，绘图时不必通过计算，可直接用它在图纸上量取物体的实际长度。三棱尺就是在三个面上刻有六种不同比例的棱形比尺，常刻 1：100、1：200、1：300、1：400、1：500、1：600。尺上所注数字单位为 m，如图 13－37 所示。

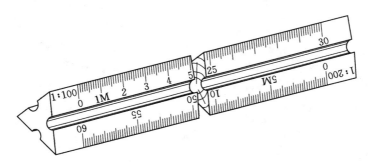

图 13－37　三棱比例尺

以刻面 1：100 为例，尺面刻度 1M 就表示实际长度为 1m，也就是说，尺上 0 到 1M 间的长度是实际尺寸 1m 的 1/100。1：200、1：300、…的用法照此类推。

绘图时，应根据建筑物的大小和复杂程度确定用什么比例，也就是要缩小多少倍画图。如图 13－38 所示某房屋两墙轴线的间距为 3300（即 3.3m）。若用 1：100 的比例绘图就可以直接从比例尺中量得 3.3m。若要画 1：50 比例的图，却没有 1：50 的刻面，则可用 1：500 的刻面，但因比例缩小了 10 倍，所以，尺子上的 33 m 才是 1：50 的 3.3m。其他比例的用法依此类推。

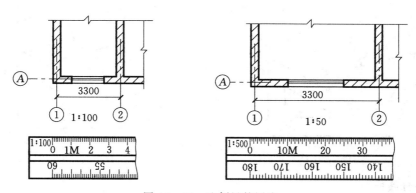

图 13－38　比例尺的用法

五、曲线板

曲线板是绘制非圆曲线的工具。例如，今欲用曲线板绘制，过图 13－39（a）所示各点的非圆曲线，作图步骤如下：

（1）用铅笔徒手轻轻地把各点依次连成曲线，如图 13－39（b）所示。

（2）找出曲线板与曲线相吻合的一段（至少含 4 点），连接该段曲线，如图 13－39（c）所示。

（3）同法找出下一段，注意画图时应留有一段与已画段相吻合（俗称找 4 连 3），如图 13－39（d）所示。

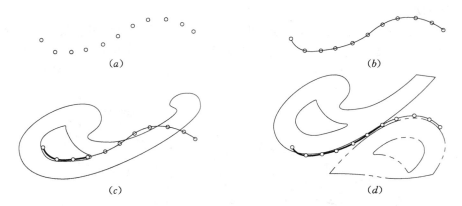

图 13-39 用曲线板画非圆曲线的步骤

第三节 基 本 作 图

建筑物的形状各异，但基本上都是由直线、圆弧或其他线段构成的几何图形，为了保证绘图的准确、高效率，必须掌握以下几种基本几何作图的方法。

一、作已知直线的平行线、垂直线

（1）过已知点 C，用三角板作直线与已知直线 AB 平行，如图 13-40 所示。

（2）过已知点 C，用三角板作直线与已知直线垂直，如图 13-41 所示。

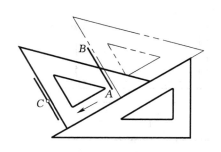

图 13-40 作已知直线的平行线

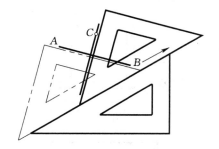

图 13-41 作已知直线的垂直线

二、等分线段

已知平行线 AB、CD，用直尺 6 等分两平行线间的距离，见图 13-42：

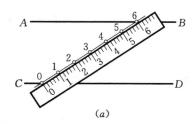

(a)

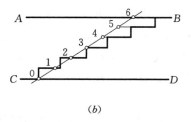

(b)

图 13-42 等分两平行线间的距离

（1）将直尺刻度 0 放在 *CD* 上，摆动尺身使刻度 6 落在 *AB* 上，标记出各整数点，见图 13 - 42（*a*）；

（2）过各等分点作 *AB*（或 *CD*）的平行线，即得所求的等分距，见图 13 - 42（*b*）。

三、作圆内接正多边形

圆内接正三角形、正方形、正六边形，除用圆规作图外，还可以用三角板配合丁字尺作出。

（1）已知外接圆，作圆内接正六边形，见图 13 - 43。

1）用圆规作图：因正六边形边长等于其外接圆半径，因此可直接用圆规在圆上截取各顶点，见图 13 - 43（*a*）。

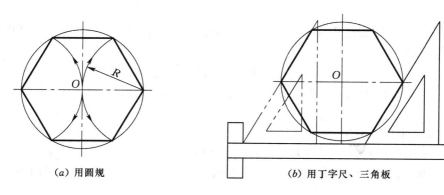

（*a*）用圆规　　　　　　　　　　　（*b*）用丁字尺、三角板

图 13 - 43　作圆内接正六边形

2）用丁字尺配合 60° 三角板作图：作圆内接或外切正六边形，见图 13 - 43（*b*）。

（2）已知外接圆，作圆内接正五边形，见图 13 - 44。

1）等分半径 *OF*，得中点 *M*，见图 13 - 44（*a*）。

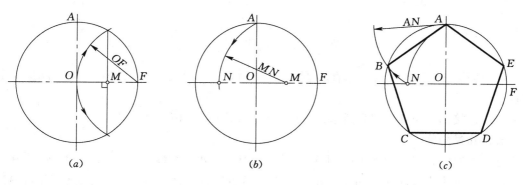

（*a*）　　　　　　　　　（*b*）　　　　　　　　　（*c*）

图 13 - 44　作圆内接正五边形

2）以 *M* 为圆心，*MA* 为半径画弧，交 *FO* 的延长线于 *N* 点，见图 13 - 44（*b*）。

3）*AN* 长即为其边长，用它等分圆周，得 *B*、*C*、…点；顺次连接，即得圆内接正五边形，*ABCDE* 见图 13 - 44（*c*）。

（3）已知外接圆，作圆内接正 n 边形（如七边形），见图 13-45。

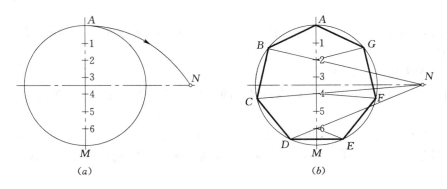

（a）　　　　　　　　　　　　（b）

图 13-45　作圆内接正七边形

1）七等分外接圆的直径 AM，再以 M 为圆心、MA 为半径画弧，交水平中心线于 N 点，见图 13-45（a）。

2）自 N 连接双数等分点 2、4、6，并延长与圆周相交即得正七边形角点 B、C、D，再找出 B、C、D 的对称点 G、F、E、顺次连接各角点即得圆内接正七边形 $ABCDEFG$，见图 13-45（b）。

四、作圆的切线

过已知点 A 作已知圆（圆心为 O、半径为 R）的切线，见图 13-46（a）。

（1）以 AO 的中点 B 为圆心，以 BO 为半径画弧交圆 O 于 C、D 两点，见图 13-46（b）。

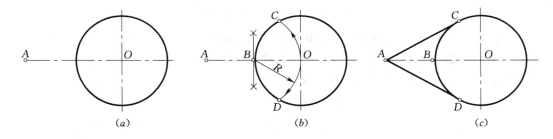

（a）　　　　　　　　　（b）　　　　　　　　　（c）

图 13-46　作已知圆的切线

（2）因 $\angle ACO$ 是以 AO 为直径圆的圆周角，故 $\angle ACO=90°$，所以 C、D 应为两切点。

（3）连接 AC 和 AD 即为所求的两条切线，见图 13-46（c）。

五、作抛物线

已知抛物线顶点 K（轴 OO_1 上）及任一点 A，求作抛物线，见图 13-47（a）。

（1）以轴为中线，A 为角点，作一长方形 $ABCD$，且使其顶边通过 K 点。并将 AD、DK、KC、CB 作相同等份（4 等份），见图 13-47（b）。

（2）连接点 K 与 AD、BC 各等分点，与过 DK、KC 上的各等分点作轴 OO_1 的平行线相交，将对应线段（如 $K1$ 与过 4 的平行线）的交点用曲线光滑连接，即为所求，见图 13-47（c）。

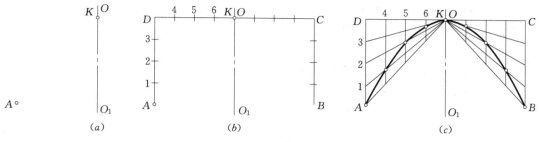

(a)　　　　　　　　　(b)　　　　　　　　　　(c)

图 13-47　过顶点及任一点作抛物线

六、圆弧连接

圆弧连接是指用已知半径的圆弧，光滑连接（即相切）两已知线段（直线或圆弧），这种起连接作用的圆弧，称为连接弧。作图时，必须先找出连接弧的圆心和切点，才能保证光滑连接。

1. 圆弧连接的作图原理

（1）半径为 R 的圆弧与已知直线Ⅰ相切，其圆心 O 的轨迹是与直线Ⅰ平行且距离为 R 的直线Ⅱ，由圆心 O 向直线Ⅰ作垂线，垂足 K 即为切点，如图 13-48（a）。

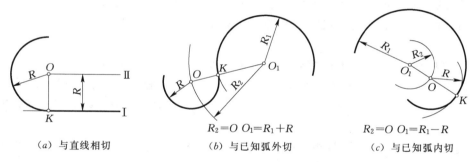

（a）与直线相切　　　　　（b）与已知弧外切　　　　　（c）与已知弧内切

图 13-48　圆弧连接的作图原理

（2）与已知圆弧（圆心 O_1，半径 R_1）相切的圆弧（半径 R），其圆心 O 的轨迹是已知圆弧的同心圆，连心线 OO_1 与已知弧的交点即为切点。同心圆的半径应视相切情况而定：当两圆弧外切时，同心圆的半径为 $R_2 = R_1 + R$，见图 13-48（b）；当两圆弧内切时，同心圆半径为 $R_2 = R_1 - R$，见图 13-48（c）。

2. 圆弧连接的几种情况

（1）用已知半径为 R 的圆弧连接直线Ⅰ和直线外一点 A，见图 13-49（a）。

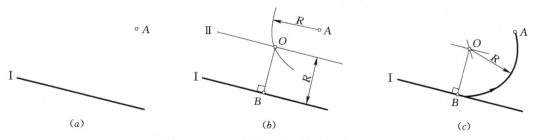

(a)　　　　　　　　　(b)　　　　　　　　　(c)

图 13-49　以圆弧连接直线及线外一点

1）与直线Ⅰ距离为 R 的直线Ⅱ和到点 A 距离为 R 的轨迹圆的交点 O 即为圆心。

2）自 O 向直线Ⅰ作垂线，其垂足 B 即为连接点（切点），点 A 为另一连接点，见图 13-49（b）。

3）以 O 为圆心，以 R 为半径画圆弧，从 A 画到 B 点，见图 13-49（c）。

（2）用已知半径为 R 的圆弧连接两相交直线Ⅰ、Ⅱ，见图 13-50（a）。

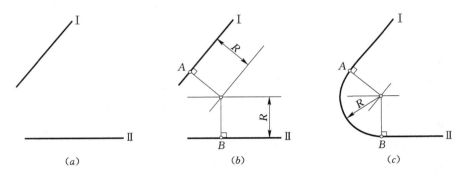

图 13-50 以圆弧连接两相交直线

1）分别作距已知直线为 R 的两条平行线，其交点 O 即为连接弧的圆心。

2）自点 O 向两直线Ⅰ、Ⅱ分别作垂线，垂足 A、B 即为连接点（切点），见图 13-50（b）。

3）以 O 为圆心、R 为半径画圆弧，从 A 点画到 B 点，见图 13-50（c）。

（3）用已知半径为 R 的圆弧连接直线Ⅰ和圆弧 O_1（半径 R_1），见图 13-51（a）。

1）以 O_1 为圆心、R_1+R 为半径画弧，与距直线Ⅰ为 R 的平行线交于点 O，即得连接弧圆心。

2）连心线 OO_1 与圆弧 O_1 相交得切点 B，自 O 作直线Ⅰ的垂线，其垂足 A 为另一切点，见图 13-51（b）。

3）以 O 为圆心、R 为半径画弧，从 A 点画到 B 点，见图 13-51（c）。

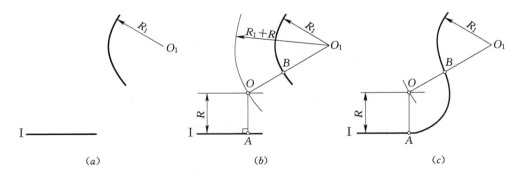

图 13-51 以圆弧连接直线及圆弧

（4）用半径 R 的圆弧内切连接已知圆弧 O_1、O_2（半径分别为 R_1、R_2），见图 13-52（a）。

1）分别以 O_1、O_2 为圆心，$R-R_1$、$R-R_2$ 为半径画弧，其交点 O 即为连接弧的圆心。

2）外延连心线 OO_1 和 OO_2 分别与圆弧 O_1、O_2 的交点 A、B，即为两切点（连接点），见图 13-52 （b）。

3）以 O 为圆心，以 R 为半径画弧，从 A 画到 B 点，见图 13-52 （c）。

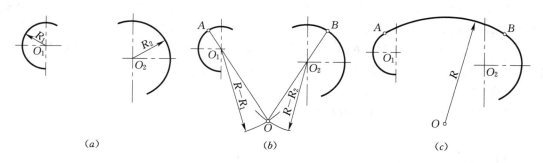

（a）　　　　　　　　　（b）　　　　　　　　　（c）

图 13-52　用圆弧内切连接两圆弧

（5）用半径为 R 的圆弧内外切连接两已知圆弧 O_1、O_2（半径分别为 R_1、R_2），见图 13-53 （a）。

1）分别以 O_1、O_2 为圆心，以 $R+R_1$ 和 R_2-R 为半径画弧，其交点 O 为连接弧的圆心。

2）连心线 OO_1 和外延连心线 OO_2 与圆弧 O_1、O_2 的交点 A、B，即为两切点（连接点），见图 13-53 （b）。

3）以 O 为圆心，以 R 为半径画圆弧，从 A 画到 B 点，见图 13-53 （c）。

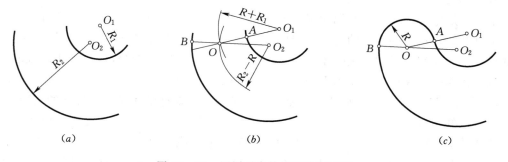

（a）　　　　　　　　　（b）　　　　　　　　　（c）

图 13-53　用圆弧内外切连接两圆弧

第四节　平面图形的绘制

一、平面图形分析

设计或施工图纸中的建筑形体都是平面图形，而图中各线段的作用并不相同，绘图时必须分清主次，先画哪些控制性线段，再画尺寸确定的线段和连接线段。因此，绘图前，要对图形的构成加以分析，明确绘图步骤。同样，若把图形各组成线段的关系交代得清楚，对施工者来说，读图不易出错，更利于施工放样按步执行。

平面图形分析包括尺寸分析和线段分析。

1. 尺寸分析

平面图形的尺寸根据其作用分为三种：

（1）定形尺寸：用以确定几何元素大小的尺寸（线段的长度、圆及圆弧的直径或半径、角度的大小等），如图 13-54 中的 44、R15、R9 等。

（2）定位尺寸：用以确定几何单元间相互位置的尺寸（图形各线段及封闭图形间的相对位置），如图 13-54 中的 28、17 等。平面图形中的每一线段或线框都需有水平和垂直两个方向的定位尺寸，而每个方向上标注尺寸的起点，称为基准。常用的尺寸基准有对称轴线、圆和圆弧的中心线和重要轮廓线等。如图 13-54 中的底边线是上下方向的基准，而对称轴线则是左右方向的基准。

（3）总体尺寸：用以确定形体的总长、总宽或总高尺寸，如图 13-54 中的 44 和 25。

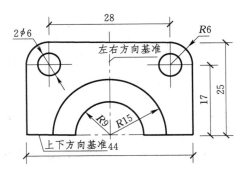

图 13-54　定形尺寸和定位尺寸

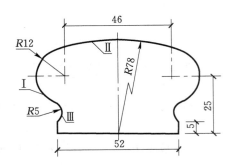

图 13-55　楼梯扶手断面的线段分析

2. 线段分析

平面图形中有些线段，它们的定形尺寸和定位尺寸已完全确定，根据尺寸可直接绘出的称为已知线段；有些线段的定形和定位尺寸并未给出（或未完全给出），而是要按已给出的尺寸及与相邻线段的连接关系，通过作图才能画出的称为连接线段（或中间线段）。

现以楼梯扶手断面的图形为例加以分析，见图 13-55。

由图 13-55 可以看出，底边线是垂直方向的基准，对称轴线是水平方向的基准。

（1）已知线段：具备齐全的定形尺寸和定位尺寸的线段，如图 13-55 中两侧的弧段 I（R12 是定形尺寸；46、25 是定位尺寸）和底部的直线段。

（2）中间线段：定形尺寸已定，缺少一个方向的定位尺寸的线段，如图 13-55 中顶部的弧段 II（R78 是定形尺寸；圆心在左右方向基准上，但缺少垂直方向的定位尺寸）。

（3）连接线段：只有定形尺寸，没有一个定位尺寸的线段，如图 13-55 中弧段 III（R5 是其定形尺寸），而无定位尺寸。

二、作图步骤

根据以上分析，图 13-55 的绘图步骤可归纳如下：

（1）画基准及已知线段，即底部直线段和弧段 I，见图 13-56（a）。

（2）画中间线段，即顶部弧段 II，见图 13-56（b）。

（3）画连接线段，即左右弧段 III，见图 13-56（c）。

（4）检查无误后，描深图线，见图 13-56（d）。

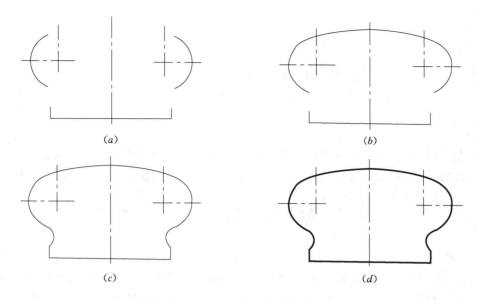

图 13-56　扶手断面的作图步骤

三、平面图形的尺寸标注

标注尺寸是一项重要而细致的工作，标注时，应对图形进行必要的分析并选定尺寸基准，弄清楚哪些地方要注定形尺寸，哪些地方要注定位尺寸，要从几何作图的角度完整、清晰地注出全部尺寸。图 13-57 列举了一些平面图形的尺寸注法，供分析参考。

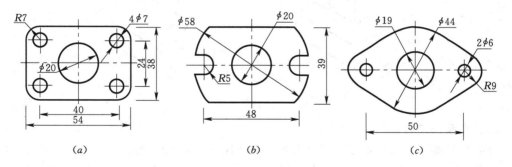

图 13-57　平面图形尺寸标注举例

第十四章 组 合 体

任何复杂的形体都可以看成由一些基本形体叠加或切割而成。由两个或多个基本形体组合而成的形体，称为组合体。本章重点讨论组合体视图的绘制、尺寸标注和阅读方法。

第一节 概 述

一、形体分析法

根据组合体的形状，先设想它由哪些基本形体组合而成，然后分析形体间界面的投影特点，这种分析问题的方法，称为形体分析法。图14-1中的挡块，可以看作由一被切去了左上角的四棱柱底板Ⅰ和另一顶部是半圆柱而其间穿有一圆洞的竖板Ⅱ叠加而成。

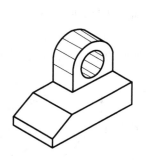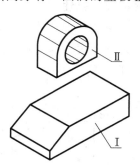

图 14-1 组合体的形体分析

二、表面连接方式

叠加是形体组合的基本方式，两形体的界面在视图中一般为直线或平面曲线，这种分界线都应画出，如图14-2所示。基本形体相邻界面的衔接关系可分为：平齐、相切和相交。

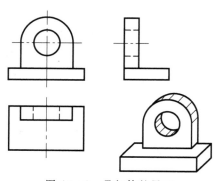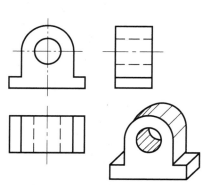

图 14-2 叠加体的界面　　　　　图 14-3 相邻界面平齐

（1）当相邻界面平齐（即共面）时，连接处就不存在分界线，故不能再画线，如图 14-3 所示。

（2）当相邻界面相切时，相切处两表面是光滑过渡的，没有明显的分界线，所以，该处就不能画线了。如图 14-4（a）、（b）分别示出了平面与曲面、曲面与曲面相切处的画法。

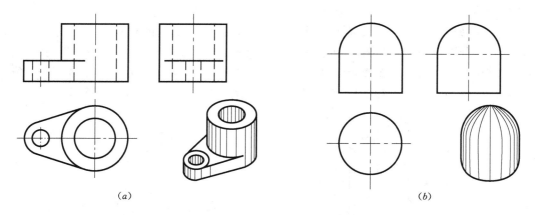

(a)　　　　　　　　　　　　　　(b)

图 14-4　相邻界面相切

（3）当相邻界面相交时，相交处必然产生交线，故应在该处画出交线的投影。图 14-5（a）、（b）分别表示了平面与曲面及曲面与曲面相交处交线的画法。

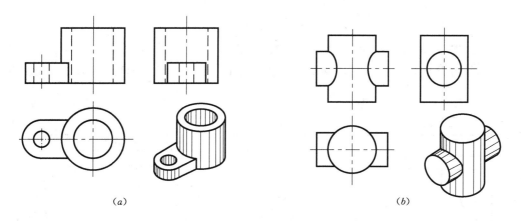

(a)　　　　　　　　　　　　　　(b)

图 14-5　相邻界面相交

应当指出，只有掌握了形体的组合方式及界面连接关系，才能正确表达其形状，绘图时做到不多线也不漏线，也便于读图者顺利而准确地想出形状来。

第二节　组合体视图的画法

绘制组合体的视图，应先用形体分析法研究其组合特点，确认各基本形体间界面的投影特征，从而通过视图的选择和比较，得出表达形体的最佳方案。

一、视图的选择

视图的选择，就是确定形体对投影面的相对位置及视图的数量。

（1）建筑形体安放位置的选择——实质上是确定形体与水平面的相对关系。建筑形体通常是按其工作位置坐落的，对土木建筑工程而言，其工作位置的基面就是地平面。建筑物的构件，通常应使其主要平面或主要轴线，平行或垂直于水平面。如图 14－6（a）所示的挡土墙，应使底板在下，直墙在上，且底板的顶面呈水平位置。

（2）正视图的选择——实质上是确定形体与各铅垂投影面的相对关系。正视图的方向，应尽可能充分表达形体各组成部分的特征及相互位置。如图 14－6（a）所示的挡土墙，它是由底板、直墙和支撑板组成的。从图示箭头方向去看，不仅表达了各部分的位置关系，同时还能反映底板和支撑板的形状特征，所以该方向作为正视图较合适。

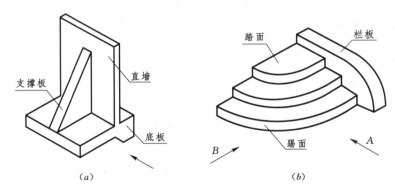

图 14－6 正视图的选择

选择正视图时，还应同时考虑尽可能减少其他视图中的虚线，如图 14－6（b）所示的台阶，若用 B 向作为正视图，踏步在左视图中的投影为虚线，且所占幅面长宽几乎相

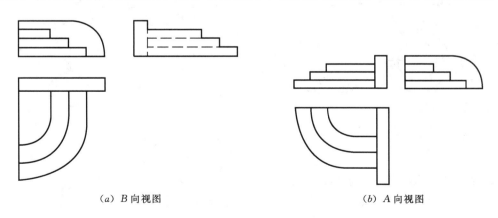

（a）B 向视图 　　　　　　　　　（b）A 向视图

图 14－7 正视方向对三视图的影响

等，图纸利用不充分，见图 14－7（a）；而改用 A 向作为正视图则可避免这些弊端，见图 14－7（b）。

（3）确定视图的数量。正视方向确定后，接着就要考虑组合体上还有哪些部位在正视图中无法表达清楚，应选择什么视图来解决。如图 14－6 中台阶以 A 向作为正视图后，其踏面和栏板形状还需俯视图和左视图来表示，所以采用了正视图、俯视图和左视图来表达，见图 14 - 7 (b)。

二、画图的方法和步骤

1. 选比例、定图幅

视图表达方案确定后，应根据形体的大小和复杂程度确定绘图比例。一般来说，对大而简单的形体采用较小比例，反之则用较大比例，并根据视图和注写尺寸的需要选用标准图幅。另外，还应注意，所选的图幅需留有余地，以便画图框、标题栏和书写文字说明。

2. 布置视图

在选定的图幅上先画出图框和标题栏，以明确图纸可利用的范围。布图时，应力求图面匀称、间隔恰当，再画各视图的基准和形体的对称线，格式见图 14 - 9 (a)。

3. 画底稿

画图时，先用细线（可区分线型）依次画出各组成部分的投影，一般步骤是：

(1) 先画主要形体，再画次要形体，最后完成细部。

(2) 对每一形体都应先画反映其形状特征明显的视图，再画与之对应的其他视图。

(3) 三个视图常需结合起来画，以保证投影正确和提高画图速度。

(4) 检查无误后，再描深；描深时，同类线型的粗细和浓淡应全图一致。

三、画图举例

画图时，首先判断形体的主要组成方式是叠加还是切割。对于叠加体，应先分析其组成及其界面的投影特性，故以"形体分析法"为主；而画切割体的关键是求出切割面与形体表面或切割面与切割面之间的交线，则以"线面分析法"为主，一般先画切割前的基本形体，然后画切割面有积聚性的投影，最后再画交线的投影。

下面，分别以典型的"叠加"和"切割"为例说明其画图步骤。

【例 14 - 1】　画出表达图 14 - 8 所示轴承座的一组视图。

形体分析：由图可以看出，轴承座主要由底板、圆筒、支撑板和筋板叠加而成。支撑

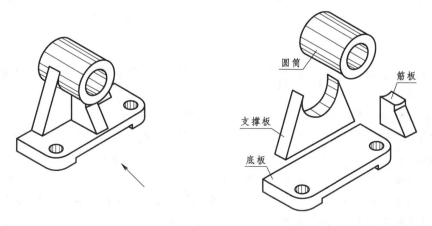

图 14 - 8　轴承座的形体分析

板的左右侧面与圆筒相切；筋板的顶面与圆筒相交，其交线为直线和圆弧。

视图选择： 根据轴承座的工作位置应使它的主要轴线——圆筒的轴线水平放置。图示箭头方向能反映底板、圆筒和支撑板的形状特征，而且还能示出各组成部分的上下、左右位置关系，故作为正视图较好。

在正视方向确定后，底板的形状和螺栓孔的中心位置需俯视图，而筋板形状还需左视图来表达，因此，选正视、俯视和左视三个视图是必要的。

作图： 由以上分析可知，轴承座的圆筒和底板是起控制作用的主要形体，它们之间有严格的定位要求，所以，作图必须先从它们入手，再画支撑板和筋板，见图 14-9。

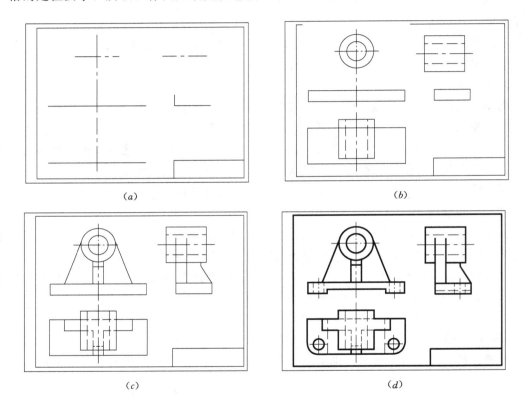

图 14-9 轴承座的画图步骤

(1) 在选定图幅上先用细实线画图框、标题栏和视图的基准，再用细点划线画形体的对称线，见图 14-9（a）。

(2) 画底板和圆筒时，其俯视与正视的形状特征明显，应先画，见图14-9（b）。

(3) 画支撑板和筋板时，其正视和侧视的形状特征明显，应先画，见图 14-9（c）。

(4) 画底板的切槽、圆角和螺栓孔的视图。检查无误再描深，见图 14-9（d）。

描深应遵循先粗后细、先曲后直、先平后竖再斜的原则。描深水平线应由左及右，竖直线应由上而下；同心圆先描小圆，再描大圆；多圆弧连接每次保证一个切点光滑；以粗实线描深可见轮廓线；以虚线描深不可见轮廓线、以细点划线描深对称线和中心线。

【例 14-2】 画出表达图 14-10 所示形体的一组视图。

形体分析：由图可以看出，该形体未切割前是图 14－11（a）所示的五棱柱，分别在其顶面和底面切出半圆形和矩形通槽后，再在顶部从左到右切一矩形通槽而成的。

视图选择：图示箭头方向能反映形体的主要特征及各切割面的相互位置，作为正视图较合适；为了反映左右通槽的形状和整个形体的宽度，还需用左视图和俯视图补充。

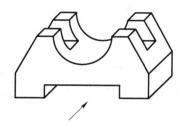
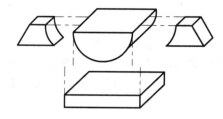

图 14－10 切割体的形体分析

作图：见图 14－11。

（1）在选定图幅上先画图框、标题栏和未切割的五棱柱，再用细点划线画其对称轴线，见图 14－11（a）。

（2）先画半圆柱和矩形通槽的正面投影，再画交线的其他投影，见图 14－11（b）。

（3）先画左右通槽的侧面投影，再画与形体表面交线的其余投影，见图 14－11（c）。

（4）检查无误再描深，见图 14－11（d）。

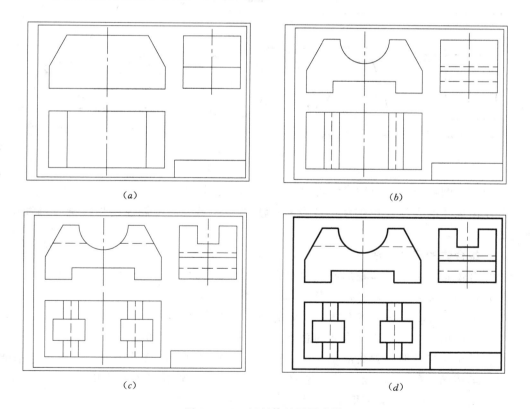

图 14－11 切割体的画图步骤

239

第三节　组合体的尺寸标注

组合体的视图完成后，还要标注形体的定形尺寸及各组成部分的相互位置尺寸。标注时，除应遵守国家标准的有关规定外，还需结合形体的形状特征，考虑视图上究竟应标哪些尺寸，以及这些尺寸应如何配置等两个问题。

一、基本形体的尺寸标注

任何基本形体都有长、宽、高三个方向的尺寸，所以在形体的视图中，就应根据形体的特点将它们完全、准确标注出来，如图 14-12 所示。对棱柱和棱锥应注出决定底面形状尺寸和形体的高。

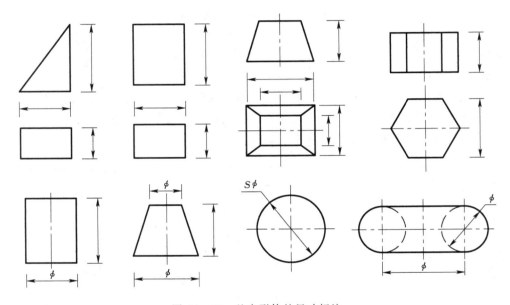

图 14-12　基本形体的尺寸标注

对圆柱、圆锥应将这两种尺寸集中注在反映母线形状特征（即非圆）的视图上；对圆球只要注出球体的直径，并在直径符号前加注"S"；对圆环则需注出母线圆及母线圆心轨迹的直径。

二、组合体的尺寸标注

因组合体是由基本形体叠加或切割而成，故应标注如下三类尺寸：

（1）定形尺寸——确定各基本形体形状的大小尺寸。

（2）定位尺寸——确定各基本形体间的相对位置尺寸。

（3）总体尺寸——确定组合体的总体尺寸，即总长、总宽和总高尺寸。

在标注定位尺寸时，首先应确定长、宽、高三个方向定位尺寸的起点，即尺寸基准。一般可选形体的对称平面、底面、重要的端面和回转体的轴线作为尺寸基准。

1. 尺寸标注的方法和步骤

下面仍以图 14-8 所示的轴承座为例，说明组合体尺寸标注的方法和步骤。

由图 14-8 可以看出，轴承座左右对称，选对称平面为长度方向的基准，底板和支撑板的后端面为宽度方向的基准，底板的下底面是轴承座的安装平面，则以它为高度方向的基准。轴承座的尺寸标注步骤，见图 14-13。

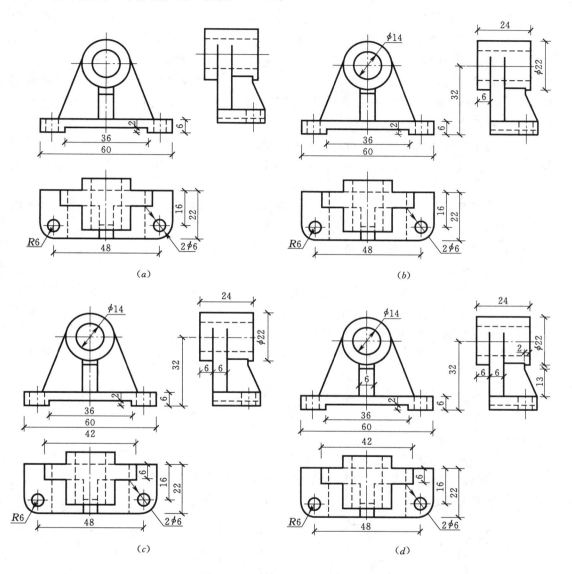

图 14-13　轴承座的尺寸标注

（1）先标底板和螺栓孔的定形尺寸，再标螺栓孔长、宽方向的定位尺寸 48、16，见图 14-13（a）。

（2）标圆筒的定形尺寸及其高、宽方向的定位尺寸 32、6，见图 14-13（b）。

（3）标支撑板的定形尺寸 42、6，见图 14-13（c）。

（4）标筋板的定形尺寸 13、6 及其定位尺寸 2，见图 14-13（d）。

（5）标总体尺寸：形体总长尺寸与底板的长度一致，不用再标；由于回转体或回转面在设计、制造过程中，都是以轴线定位的，故该形体只标注中心高 32，而没标注总高（中心高 32 和外径 $\phi22/2$ 之和）和总宽（底板宽度 22 和圆筒的定位尺寸 6 之和）。

2. 尺寸配置应注意的问题

确定了应标注的尺寸后，还须考虑这些尺寸标注在哪里，图面才具有明显、清晰、整齐的效果。一般来说，除遵守标准中有关尺寸标注的规定外，还应注意：

（1）为了便于读图，表示同一结构和构造的尺寸应尽可能集中注在反映形状特征的视图上，并将其配置在相关视图之间。如图 14 – 13（b）中底板螺栓孔的定形尺寸 $2\phi6$ 和定位尺寸 48、16 就集中注在反映底板形状特征的俯视图上，而表示轴承孔的中心高 32 则注在正、左视图之间。

（2）为了使所注尺寸明显、清晰，尺寸尽量注写在视图轮廓线之外，且靠近被标注的线段。在不影响视图清晰的情况下，个别尺寸也可注在视图之内，如支撑板和筋板的宽度 6。

（3）为了避免尺寸线和尺寸界线交错，应将同一方向的定形和其定位尺寸整齐地排成一行或几行，且使小尺寸在里面，大尺寸在外面。

（4）半径尺寸通常注写在反映圆弧实形的视图上。如图 14 – 13（a）中，半径 $R6$ 标在反映圆弧实形的俯视图上。

（5）直径相同、分布规律的小孔，只需标出一孔的尺寸，并在直径符号前注明孔数，如图 14 – 13（a）中的 $2\phi6$；而半径相同且规律分布的圆弧，只标其中的一个尺寸，而不必在半径符号前注明圆角数，如图 14 – 13（a）中的 $R6$。

（6）尽可能不在虚线上标注，如图 14 – 13（b）中圆筒内径 $\phi14$ 就因此注在反映为圆的正视图上。

视图上的尺寸是形体建造与加工的依据，任何疏忽和遗漏都会给施工带来麻烦，甚至造成损失。所以，标注后应认真检查、复核，要求作到尺寸齐全、数字准确、书写清楚、字体端正。

三、切割体和相贯体的尺寸注法

（1）切割体上的切口形状与切平面位置有关，所以必须在切平面有积聚性的投影上，明确标出切平面的定位尺寸，而无须标出反映切口形状的大小尺寸，如图 14 – 14 所示。

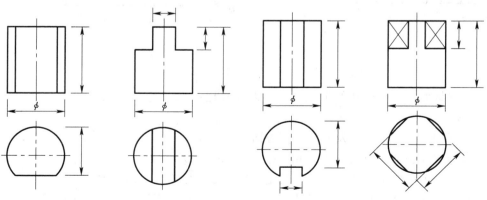

图 14 – 14　切割体的尺寸标注

（2）具有相贯线的叠加体，它的尺寸注法与切割体相似，即只标注相贯体的定形尺寸和定位尺寸，不注相贯线的定形尺寸，如图 14-15 所示。

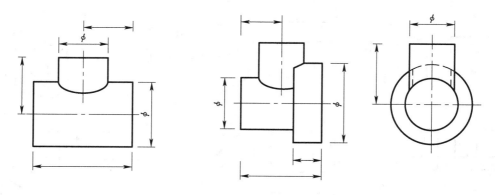

图 14-15 相贯体的尺寸标注

第四节　组合体视图的阅读

读图就是根据已知视图去想象所表达形体的空间形状和结构。

工程图纸是反映设计思想、指导施工作业的主要依据。对工程技术人员来说画图能力和读图能力都是不可缺少的，画图通过读图来提高，读图又通过画图来深化。另外，读图能力还与实际工程经验有关，因此，只要多接触实际，才能逐步提升这两种能力。

一、读图应注意以下几个问题

（1）图纸是采用多面正投影绘制的，表达形体的一组视图是互相联系、不可分割的整体，它们彼此配合，共同表达形体的结构。读图时应注意，不能孤立的只看一个视图，而必须以某一视图为主，结合其他视图一起阅读。

图 14-16（a）、（b）、（c）的正视图都相同，对照俯视图就可看出它们是三个不同的形体，而图 14-16（d）、（e）、（f）的正、俯视图完全相同，但右视图的形状和图线有差别，所以，它们也是不同的形体。

（2）视图上的一条线可能是形体某表面的积聚性投影，也可能是面与面交线的投影，如图 14-17（a）中的线段 $1'2'（3'）（4'）$ 就是水平面 1234 的积聚性投影；而线段 14 既是柱面与水平面交线的投影，又是柱面轮廓线的投影。

（3）视图上一个封闭线框可能是平面的投影，也可能是曲面的投影，还可能是孔洞的投影。如图 14-17（a）俯视图中线框 1456 就是柱面的投影，而图 14-17（b）俯视图上同心圆就是阶梯孔的水平投影。

（4）视图上相邻两线框通常是两个不同的表面，它们之间可能有平斜、高低、前后、左右之分，如图 14-17（c）所示。因此，各视图要相互对照，才能准确判定各个表面的相对位置。

（5）视图中反映形体某表面的线框，若在其他视图中没相对应的类似线框，则必为一线段，即所谓的"无类似形必积聚"。如图 14-17（c）俯视图中的面 3，在正视图中没有

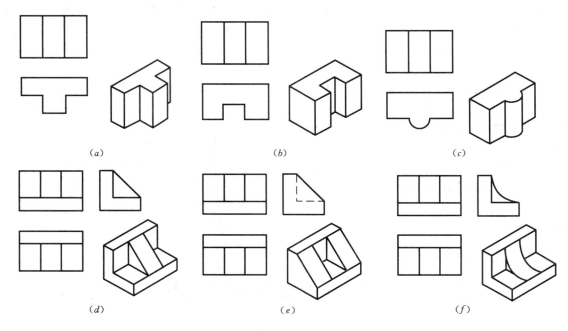

图 14-16 根据多面视图判断组合体的形状

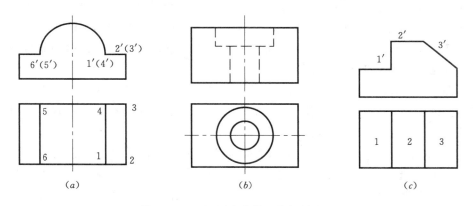

图 14-17 视图中的线和线框的含义

与之对应的类似形，故其正面投影必积聚成一线段，即图中的斜线 $3'$。

二、读图的基本方法

读图的基本方法：以"形体分析法"为主，必要时辅以"线面分析法"。

1. 形体分析法

这种方法首先从特征明显的视图着手，将形体分成若干部分（线框），并从其他视图中找出与之对应的投影；再根据基本形体的投影特征，设想各部分的形状；最后根据各部分的相互位置关系，综合起来想象整体的形状。

【例 14-3】 阅读图 14-18（a）所示进水口的三视图。

（1）分线框、找投影、想形状：从正视图可以看出，进水口可以分成底板、直墙和八字翼墙三部分，各部分的视图及空间形状见图 14-18（b）、（c）、（d）。

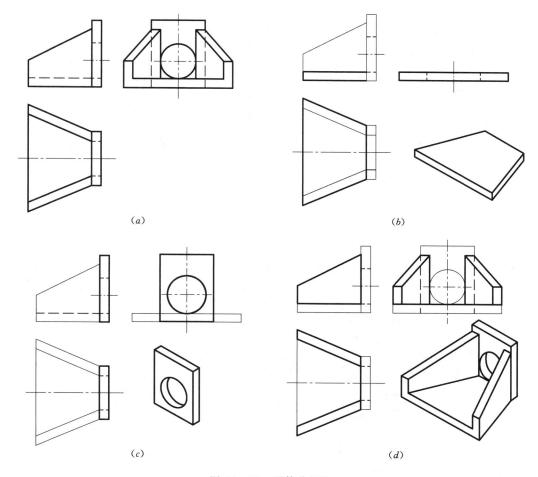

图 14 − 18 形体分析法

（2）综合起来想整体：由图 14 − 18（a）可以看出，直墙位于底板的右侧，两翼墙呈八字形对称置于底板上。这样，就可以想象出进水口的整体形状，如图 14 − 18（d）所示的轴测图。

2. 线面分析法

对某些较复杂的形体，不易用形体分析法读懂时，可改用线面分析法阅读。这种方法是在对形体某些表面、线段的投影和位置分析的基础上，再想象出形体或形体上某部分的形状。

【例 14 − 4】 想象图 14 − 19（a）所示斜降式翼墙的形状。

由俯视图可知，该形体有三个线框。正视图中三角形 $a'b'c'$ 与线框 1 的投影对应，因其边界没有侧垂线，故该线框为一般位置平面；而正视图中没有与线框 2、3 对应的类似形，故必各有一直线与之对应。由线框的可见性不难看出，可见矩形框 2 与线段 $a'c'$ 对应，为一正垂面；而线段 $a'b'$ 与不可见梯形框 3 对应，为一水平面。

由图还可以看出，形体的后表面为正平面（三角形），正面投影与平面 1′ 重合；侧面为侧平面（直角梯形），其正面与水平投影均积聚成直线。由此可以想象出翼墙的形状如

245

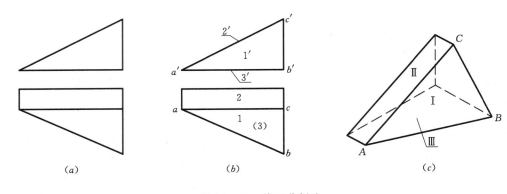

图 14-19 线面分析法

图 14-19（c）所示。

【例 14-5】 阅读图 14-20（a）所示螺旋梯板的视图。

分析：由图可以看出，梯板表面是由平面和曲面围成的，用线面分析法阅读较为方便。

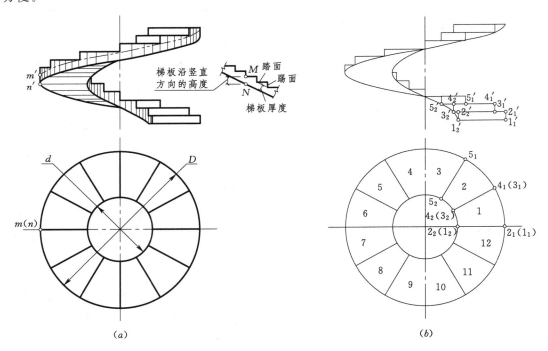

图 14-20 螺旋梯板的视图

图中梯板的下表面是第五章讨论过的正螺旋面（图 5-24、图 5-25），外径为 D、内径为 d，其水平投影为两同心圆；内、外侧面分别由直母线（长度等于梯板沿竖直方向的高度 MN），沿曲导线（外、内径分别为 D 或 d，螺距为梯板高的圆柱螺旋线）移动且始终与柱轴平行，形成的外内两个部分圆柱面，其水平投影则积聚在大（小）圆周上；只有顶面——梯板较复杂，应另行分析。

由图 14-20 (b) 所示梯板的水平投影可以看出，两同心圆之间分成 12 等份，每一份都是旋梯上一个踏面的实形，其正面投影积聚成水平线段。

由图还可看出，线框 2_1 (3_1) (3_2) 2_2 和线段 $2_1'3_1'3_2'2_2'$ 分别是第一级踏面的水平投影和正面投影。水平投影中两踏面的分界线即为各踢面的积聚性投影，第一级踢面的水平投影积聚成平行于 X 轴的线段 (1_1) $2_1 2_2$ (1_2)，其正面投影反映实形（矩形）$1_1'2_1'2_2'1_2'$，而矩形底线 $1_1'1_2'$ 则是螺旋面上的一根水平素线，用同样方法可找出其他各级踢面、踏面的对应投影。

三、补视图和补缺线

补视图和补缺线是画图和读图的综合练习，多作这方面的练习可进一步提高读图能力和画图的准确性。

1. 补 视 图

补视图是在读懂已知视图的基础上，再根据所想象形体的形状和结构，补画出新的视图。

【例 14-6】　补画如图 14-21 (a) 所示 L 形挡土墙的左视图。

分析：由正、俯视图可以看出，该挡土墙的形状可看成是被切去左、前方的长方体。

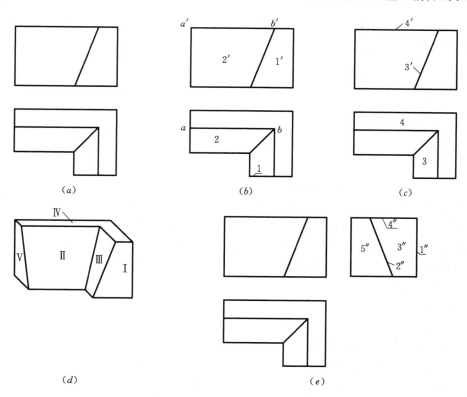

图 14-21　补画挡土墙的左视图

图 14-21 (b) 中正视图有 $1'$、$2'$ 两个梯形线框，俯视图中没有与线框 $1'$ 对应的类似线框，只有线段 1 与之对应，可知 I 面为正平面；线框 $2'$ 与俯视图中的线框 2 投影对应且形状类似，它可能是侧垂面或一般位置面，由于线段 AB 为侧垂线（$a'b' \parallel ox$、$ab \parallel ox$），

所以包含 AB 的 Ⅱ 面必为侧垂面。

图 14－21（c）中正视图中没有与俯视图的线框 3、4 对应的类似形，只有斜线 3′ 和水平线 4′ 与之对应，可知 Ⅲ 面是正垂面，而 Ⅳ 面是水平面。

综上分析，挡土墙是被侧垂面和正垂面切去了左前方的长方体，其形状如图 14－21（d）所示。由于形体左侧面的形状在原视图中没有表达清楚，还需补画左视图。这样，就可以根据线面分析的结果，按投影规律补出该形体的左视图，如图 14－21（e）所示。

2. 补缺线

用视图表达形体必须作到完整准确，不多线也不漏线。形体上每一结构在视图中都有相应的表达线段。补缺线就是补出视图中缺漏的线，这些线通常是相邻形体分界面的投影、切割体或相贯体的表面交线以及漏画的某些结构线。补这种线，通常采用分析形体、找对应投影的方法。

【例 14－7】　补画图 14－22（a）所示形体视图中缺漏的线。

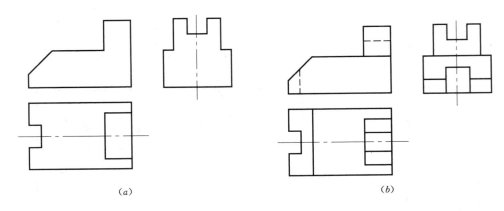

（a）　　　　　　　　　　　　　　（b）

图 14－22　补画视图中缺漏的线

图 14－22（a）中的形体大致可看作由两个不完整的长方体叠加而成，首先应在正、左视图中补出二者界面的投影；由左视图可知，上面长方体的中上方，有一矩形水平通槽，应在正、俯视图中补出该槽的投影；由正视图可知，下面长方体被切去了左上角，应在俯、左视图中补出其交线的投影；而在俯视图中，下面长方体的左中部，有一矩形垂直通槽，应在正、左视图中补出该槽的投影。最后，根据投影规律补出这些缺漏的线段，如图 14－22（b）所示。

四、读图举例

组合体视图的阅读步骤一般是：

（1）根据已知视图了解形体是以叠加为主，还是以切割为主，并确定读图的方法。

（2）形体分析：用对线框、找投影的方法，将叠加体的各组成部分的投影从有关视图中分离出来，再按基本形体的投影特点，想象出它们各自的形状。

（3）线面分析：对切割体或不易读懂的局部结构，再用线面分析法解读。

（4）将所得的局部形状与它们在视图中的位置结合起来，想象出整体形状。

【例 14－8】　补画图 14－23（a）所示闸墩的左视图。

分析：由图示的正、俯视图中可以看出，闸墩是由底板、墩身以及两侧突出的对称形体（工程上称作牛腿）叠加而成的。底板是中下方被切去梯形通槽的长方体；墩身则是两端为半圆柱的长条形柱体。只有牛腿带斜面，不易直接想象出形状，需进一步分析。

为了便于分析，我们将牛腿的投影单独放大画出，如图 14-23（b）所示。由图可以看出，正视图中有两个线框，而在俯视图中只有线段 1 与线框 1′的投影对应，可知 I 面为正平面，在形体的最前面；俯视图中的线框 2 与线框 2′的投影对应，形状类似（四边形），II 面是一般位置面，在牛腿的右上方；正视图中倾斜线 4′、3′、5′，分别与俯视图中可见线框 4 和不可见线框 3、5 的投影对应，所以，它们均为正垂面。由以上分析，可想象出牛腿是一个斜放的截头四棱柱，该形体的轴测投影如图 14-23（b）右下角所示。

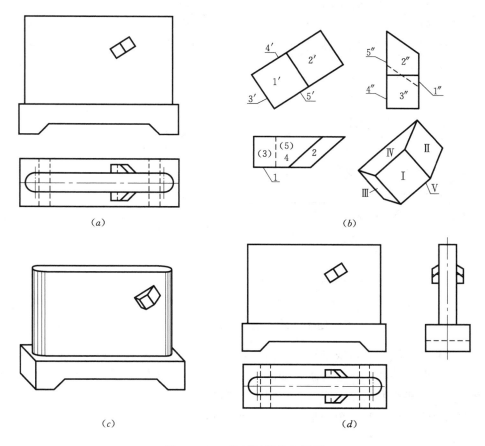

图 14-23　补画闸墩的左视图

综上可知：闸墩的形状如图 14-23（c）所示，根据投影规律依次补画出底板、墩身和牛腿的侧面投影，如图 14-23（d）所示。

【例 14-9】　根据图 14-24（a）所示同坡屋面檐口线的俯视图及坡面倾角 $\alpha=30°$，补画同坡屋面的交线及其余二视图。

分析：同坡屋面的各坡面都是水平倾角相等的平面，且图示的檐口线都是投影面的垂直线，故该屋面均为投影面的垂直面，且具有如下的投影特点：

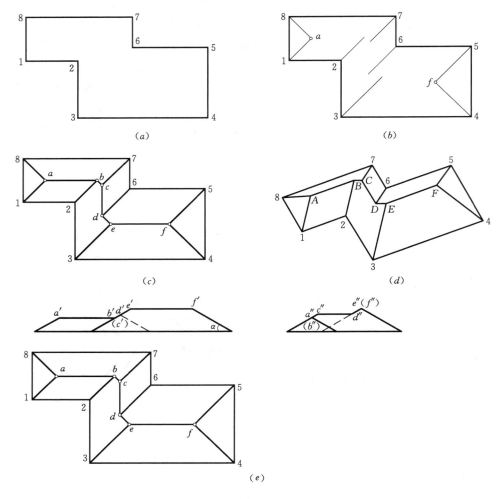

图 14-24　补画同坡屋面的视图

（1）若共脊两坡面檐口线平行且等高，它们的交线——屋脊线必为水平线段，在水平投影中，它与两檐口线平行且等距，如图 12-24（d）中屋脊线 AB、CD 和 EF。

（2）檐口线相交的两屋面交线为一斜线，其水平投影为两檐口线的角平分线，位于凸墙角的称斜脊线；位于凹墙角的称天沟线，由图 14-24（d）不难看出，除 B2，D6 为天沟线外，其余均为斜脊线。

（3）在屋面上若有两斜脊线、两天沟线或一斜脊线与一天沟线相交时，必有一屋脊线通过此点，如图 14-24（d）中斜脊线 A1、A8 交于 A 点，则屋脊线 AB 就通过该点。

通常，只要知道屋檐的平面图和屋面倾角 α，根据上述投影特点，就可很快画出同坡屋面的各视图。补画屋面交线和视图的步骤如下：

（1）在图 14-24（a）所示的平面图上，过每一角点作 45°线，得斜脊线和天沟线的投影以及两斜脊线的交点 a、f，如图 14-24（b）所示。

（2）作每对檐口线的中线——屋脊线。过 a 的屋脊线与天沟线 2 交于 b，过 f 的屋脊线与斜脊线 3 交于 e，平行于左右檐口线的屋脊线与天沟线 6 和斜脊线 7 分别交于 d 和 c，连接 bc 和 de，即得屋面交线的水平投影 $abcdef$，见图 14 - 24（c）。从中可以想象出形体，其轴测图如图 14 - 24（d）所示。

（3）根据水平投影及屋面倾角 α，补画出同坡屋面的三面视图，见图 14 - 24（e）。

【例 14 - 10】 补画图 14 - 25（a）所示形体视图中缺漏的线。

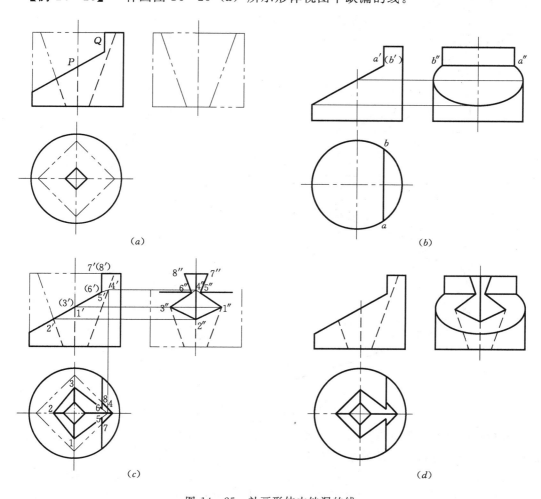

图 14 - 25 补画形体中缺漏的线

分析：由图可知，该形体是一被正垂面 P 和侧平面 Q 切割而成的空心圆柱，其内表面为倒四棱台。视图中漏掉的线正是切平面与内、外表面的交线。为了便于分析，现将内外形分开考虑。

形体的外表面是轴线为铅垂线的圆柱面，正垂面 P 与柱轴斜交，其交线为部分椭圆，其正面投影重合在 P 面的积聚性投影上，水平投影与圆周重合，侧面投影应为部分椭圆，需要补出；侧平面 Q 与柱轴平行，与柱面的交线为两条平行的竖直线段，并与 P、Q 面的交线 AB 及 Q 面与顶面的交线一起构成矩形。该矩形的正面、水平面投影都积聚成直线，侧面投影反映其实形。作图时，先画 P、Q 平面交线 AB 的水平投影，再补画交线的侧面投影，如图 14－25 (b) 所示。

P 平面与形体内表面的交线为四边形ⅠⅡⅢⅣ，其正面投影与平面 P 的积聚性投影重合，水平和侧面投影仍为四边形。四边形与交线 AB 的交点Ⅴ、Ⅵ正是 AB 对倒四棱台的贯穿点，由此可得切平面 P 与内表面的真正交线为ⅥⅡⅢⅥ；同法可得切平面 Q 与内表面的交线ⅤⅦ、ⅧⅥ，形体内表面交线的投影，如图 14－25 (c) 所示。

由以上分析所得，补画漏线后的形体三视图，如图 14－25 (d) 所示。

【例 14－11】　分析图 14－26 所示电站肘形尾水管弯曲段表面的投影。

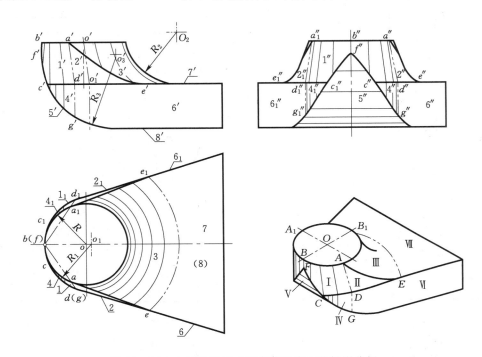

图 14－26　电站肘形尾水管弯曲段表面的投影分析

分析：由已知视图可以看出，尾水管前、后对称，它的表面是由一些曲面和平面组合而成的。用线面分析法对其前半形体各组成面的形状讨论如下：

(1) 由线框 $1'$ ($a'd'c'f'b'$) 的对应投影可以看出，Ⅰ面是部分斜椭圆锥面。弧 AB、CD 是Ⅰ面的上下边界线，铅垂线 BF 是Ⅰ面左侧正视轮廓线。$b'f'$ 和连心线 $O'O_1'$ 向上延长，其交点就是斜椭圆锥锥顶的正面投影。

(2) 由线框 $2'$ ($a'd'e'$) 的对应投影可以看出，Ⅱ面是与Ⅰ面相切的一般位置平面，图中的双点划线 AD 就是它们的切线，Ⅱ面与Ⅲ、Ⅵ面都相交，交线分别为 AE（曲线）和 DE（直线）。

(3) 由线框 $3'$ ($a'e'$ 的右上方) 的对应投影可以看出，Ⅲ面是部分内环面，其轴线是过 O 点的铅垂线，R_2 是母线圆的半径，圆弧的正面投影是环面的外形轮廓线。环面下方与Ⅶ面相切，在水平投影中用双点划线示出了切线的投影。

(4) 由线框 $4'$（在 $c'd'$ 的正下方）的对应投影可以看出，Ⅳ面是部分圆柱面，半径为 R_1，轴线为过 O_1 的铅垂线，上部与Ⅰ面相交，交线为 CD；左端与Ⅴ面相交，交线为

CG；右端与Ⅵ面相切，图中用双点划线示出了切线 DG 的投影。

　　（5）由线框 $5'$ 的对应投影可以看出，Ⅴ面是半径为 R_3 部分圆柱面，轴线为过 O_3 的正垂线。

　　（6）由线框 $6'$ 的对应投影可以看出，Ⅵ面是左端与Ⅳ面相切的铅垂面。

　　（7）由线框 $7'$、$8'$ 的对应投影可以看出，Ⅶ、Ⅷ面是上下两水平面，Ⅶ面与Ⅲ面相切，Ⅷ面与Ⅴ面相切。

　　由以上分析可知，肘形尾水管的形体如图 14－26 右下角所示。该形体是相当复杂的，施工放线也比较困难，但它能提高水力发电的效率，故在大中型水电站中仍为广泛使用。

第十五章 建筑形体的图示方法

第一节 基本视图和特殊视图

图样作为工程界的语言，必须具有准确、简明、清晰的基本特征。工程建筑物的图示内容，除了表达形体外，通常还包含材料、地基及工艺等方面，对于一些形状或结构复杂的建筑物，仅靠三视图很难满足要求。为此，工程制图标准中规定了多种图示方法，作图时可按情况灵活选用。

一、基本视图

在三个投影面的基础上增加与之正交的三个投影面，这六个投影面称为基本投影面。形体向这六个基本投影面投影，所得的视图称为基本视图，即除正、俯和左视图外，还有从后向前看的后视图、从右向左看的右视图及从下向上看的仰视图，六个基本投影面及它们的展开方法见图15-1。

六个基本视图的配置如图15-2所示，其中俯视图也称为平面图，而正视图、左视图、右视图和后视图可统称为立面图（或立视图）。

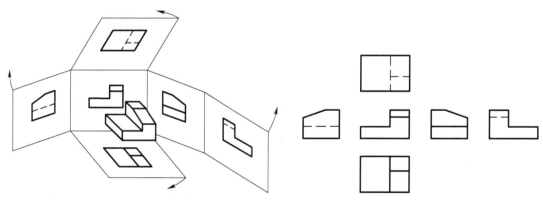

图 15-1 六个基本投影面及其展开   图 15-2 六面基本视图的配置

六个视图投影的对应关系和三视图一样，符合"长对正、高平齐、宽相等"的基本投影规律；正视图与后视图所示形体的上、下方位是一致的，但左、右恰相反。除后视图外，其他视图中"远离正视图的一侧为形体的前面"。

图样中每一视图均应标注名称，图名通常标在图形的上方（或下方），并在名称下画一与其长度一样的粗横线。若基本视图按图15-2的形式配置，则可不标注视图名称。

虽然六个基本视图都可以用来表达形体，但对于某一建筑物仍应选定其中几个效果最好、最为精炼的视图；这首先决定于形体本身的特征，同时也与制图者的"语言"水平有关。例如房屋建筑是以地面上形体变化为主要特征的，它的正面、背面和侧面有时都不相同，这就决定了它应有较多的立面图才能表达清楚，图 15-3 所示的楼房就是利用平面图和四个立面图共同表达的。

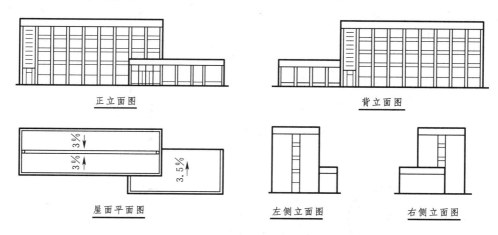

图 15-3　基本视图的应用举例

二、特殊视图

若视图不按六个基本视图的投影方向绘制，或不按基本视图要求配置，所得的视图统称特殊视图。

建筑形体上的某些特殊部位和特殊位置面用基本视图来表示，往往显得不精炼，有时很累赘。这时改用较少的基本视图，并配以特殊视图的方法，就会显得简明扼要，重点突出。常用的特殊视图包括向视图、局部视图和斜视图，分述如下。

1. 向视图

不按图 15-2 要求配置，而是自由配置的基本视图，称为向视图。为便于看图，在向视图的中上方需标注图名（为大写拉丁字母），并在相关的视图中用箭头指明投射方向，标注相同字母，如图 15-4 所示。

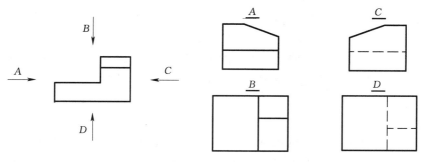

图 15-4　向视图

2. 局部视图

在基本投影面上仅示出该形体某一部分的视图，称为局部视图。局部视图的投影面仍是基本投影面，但由于它仅表达整体中的某一局部，其余部分则可用波浪线省去。这样既可减小图幅，又可省去没有必要重复的工作量。局部视图是基本视图的一部分，故其投影关系和绘图比例一般应与基本视图保持一致。

图 15-5 中的形体，在正视和俯视两个基本视图中，左侧法兰和右侧凸台没有表示清楚，如果再用左右两基本视图来表达它们，就显得繁琐、重复。这时，若用 A、B 向两个局部视图，只画出所需表达的左侧法兰和右侧凸缘形状，就简单明了、重点突出。

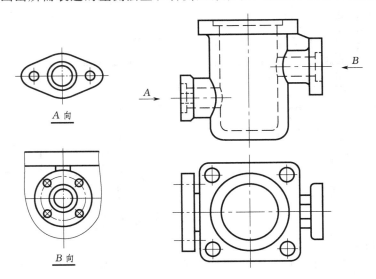

图 15-5　局部视图

画局部视图时应注意：

（1）必须用带字母的箭头，在基本视图中指出所示的部位和方向；并在局部视图的上方标注相同的字母"×向"，如图 15-5 所示。

（2）局部视图的范围可用波浪线表示，如图 15-5 中的"B 向"视图；但当所表示的局部形体具有完整的封闭轮廓线时，波浪线可以省略，如图 15-5 中的"A 向"视图。

（3）为了便于读图，局部视图多按箭头方向配置在靠近被表达的位置，即"就近配置"，若因布图需要，也可以平移到图纸内的其他位置，见图 15-5 中"B 向"视图。

3. 斜视图

在建筑形体中，常会有一些在基本视图中不能反映其实形的倾斜部分，为了画出这一部分的实形，就应将它投影到与之平行的辅助投影面上，所得到视图称为斜视图，如图 15-6 中的进口。

画斜视图时应注意：

（1）斜视图标注方法与局部视图相同，但表示投影方向的箭头应垂直辅助投影面，字母一律水平书写，且斜视图与其他两基本视图之间，亦须保持"长对正、高平齐、宽相等"的投影规律。

（2）为了方便画图和读图，斜视图多就近配置，也可将它平移到图内的适当位置，并在其下（或上）方水平书写图名，见图 15-6 左上角的"A 向"。

（3）有时，因布图原因，也允许将图形旋正配置，这时应以箭头示出旋转方向，图名

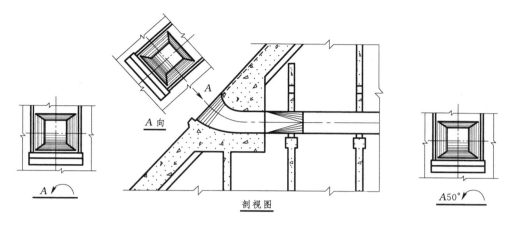

图 15-6 斜视图

（大写拉丁字母）放在箭头端，还可同时将旋转角度（小于 90°）注在字母后，如图 15-6 左、右下角所示。

（4）斜视图只需表达倾斜部分的形状和大小，其余部分可用波浪线或断开线示出。

第二节 剖面图与剖视图

一、概述

为了能把建筑结构表达清楚，对于内部结构复杂或遮挡部分较多的形体，视图中势必会出现很多的虚线；而虚、实线重叠、交错，易使图面混乱，给画图、读图和标注尺寸都会增加困难。为了解决这一矛盾，制图标准中规定了剖面、剖视的表示方法。

1. 剖面与剖视的概念

图 15-7 (b) 为某台阶的三视图，因栏板遮挡，踏步在左视图中应以虚线表示。今假想用一剖切面，在适当的位置将踏步切开，如图 15-7 (a) 所示，拿掉靠近观察者一侧的部分，然后再向右投影。

如果视图中只画出剖切面与踏步接触面（断面）的投影，并画上剖面的建筑材料符号，所得的视图称为剖面图（或断面图），如图 15-7 (c) 中的"1—1 剖面"。

如果视图中不仅画出剖切面与踏步接触面的投影，同时还画了剩余形体的可见轮廓线，这种图则称为剖视图，如图 15-7 (d) 中的"1—1 剖视"。

显然，剖面图只画形体切开后断面的投影，是"面"的投影；而剖视图则是被剖后剩余形体的投影，是"体"的投影。由图可见，剖面图应是剖视图中的一个组成部分。

2. 绘制剖面图或剖视图的注意事项

（1）"剖切"是假想的，目的在于表达形体的隐蔽结构，所以，形体的某一视图采用剖切方式，并不影响其他视图的完整性。如图 15-7 (d) 在左视图上作了剖切，但台阶的正视图和俯视图仍需完整画出。

（2）为了在剖面和剖视图上示出内部结构的实形，所选的剖切面为投影面的平行面，且通过形体的对称平面或主要轴线，必要时也可用投影面的垂直面或柱面作为剖切面。

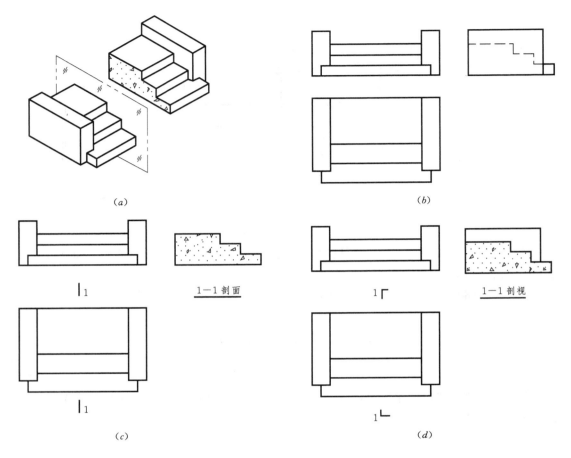

(a)　　　　　　　　　　　　　　(b)

1—1 剖面　　　　　　　　　　　1—1 剖视

(c)　　　　　　　　　　　　　　(d)

图 15-7　剖视图与剖面图的区别

（3）剖切面与形体的接触面（断面）上需画出建筑材料的符号，如图 15-7（c）、（d）中台阶的断面上均示出其建筑材料为混凝土。这样，只要根据图形上有无材料符号，就可区分是实体还是空腔，更利于读图时把握形体的内外形状和远近层次。

土建工程中常用的建筑材料符号列如表 15-1。

3. 剖视图、剖面图的标注

当采用剖视、剖面表达形体时，为了便于读图，剖切方式必须交代清楚，一般应标注剖切位置、投影方向和视图名称，见图 15-7（c）、（d）。其标注规定如下：

（1）剖切位置：以剖切位置线表示。在剖切平面的起、迄和转折处，画出粗短线，长度宜为 5~10mm，该线不能与视图轮廓线相交。

（2）投影方向：以剖视方向线表示。在剖切位置线的外端，以短粗线画出剖切后的投影方向，并与剖切位置线呈直角，长度宜为 4~6mm。

（3）视图名称：以剖切符号的编号表示。一般用阿拉伯数字或拉丁字母按顺序由左至右、由下至上连续对剖切符号进行编号，且水平注写在剖视方向线的端部。同时在相应的剖视图或剖面图的中上方（或中下方）用相同的数码或字母标注图名"×—×"。

表 15−1　　　　　　　　　　　　　常用建筑材料符号的图例

材　料	符　号	说　明	材　料	符　号	说　明
自然土壤		斜线为45°细线	夯实土		斜线为45°细线
岩石			碎石		
砂卵石			回填土		
砖		左图为外形，用尺画；右图为剖面，45°细线	木材		上图为纵纹，下图为横纹
浆砌块石		空隙要涂黑	浆砌条石		石缝为粗实线，并将石角尖涂黑
混凝土			钢筋混凝土		斜线为45°细线
金属		斜线为45°细线	玻璃		

注　1. 符号图例在断面上不必画满，局部表示即可。

　　2. 当无需指明具体材料时，断面应以等间距、同方向的45°细实线表示。

二、剖面图

根据剖面图在视图中的配置方式，可以分成移出剖面和重合剖面两种。

1. 移出剖面

画在视图轮廓线外的剖面，称为移出剖面，如图 15−8 所示。其画法和标注规定如下：

（1）移出剖面的轮廓线用粗实线绘制，尽量配置在剖切位置线的延长线上；必要时，也可平移到其他适当的位置；当图形对称时，还可布置视图的中断处。

（2）移出剖面应标注剖切位置线并编号，不画剖视方向线，而以编号所在侧为剖切后的投影方向，见图 15−8（a）。有时也可简化或省略标注：若剖面配置在剖切位置线的延

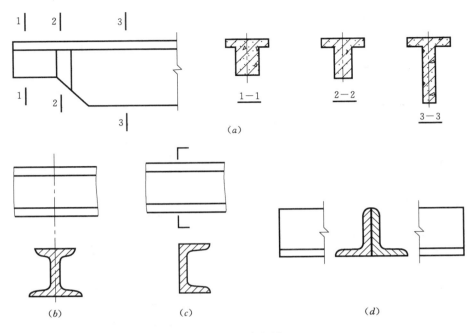

图 15-8　移出剖面

长线上，且图形对称，只用点划线表示剖切位置，如图 15-8（b）所示；若图形不对称，则应在剖切符号两端画剖视方向线，如图 15-8（c）所示；若对称剖面配置在视图的中断处，可以不加任何标注，如图 15-8（d）所示。

2. 重合剖面

画在视图轮廓线内的剖面图叫作重合剖面，如图 15-9 所示。其画法和标注规定如下：

（1）重合剖面的轮廓线用细实线绘制，当剖面图的轮廓线与视图的轮廓线重叠时，视图轮廓线仍需完整地画出，不可间断，如图 15-9（b）所示。

（2）对称的重合剖面可不标注，如图 15-9（c）所示；不对称的剖面应标注剖切位置，并以剖视方向线表示投影方向，但不必标注编号和视图名称，如图 15-9（b）所示。

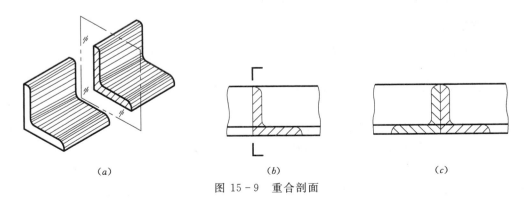

图 15-9　重合剖面

三、剖视图

根据形体的特点，选择适当的切面剖开形体，假想取掉观察者与剖面间的部分，而将剩余部分投影所得的图形，称为剖视图，如图 15-7（d）中的"1—1 剖视"。

1. 剖视图的剖切方法

剖视图应按下列方法剖开后绘制：用一个剖切面剖切，如图 15-10（a）所示；用两个或两个以上平行的剖切面剖切，如图 15-10（b）所示；用两个或两个以上相交的剖切面剖切，如图 15-10（c）所示。

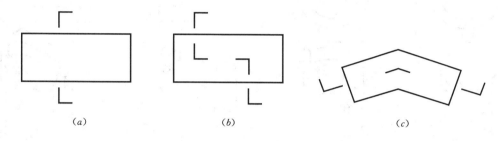

图 15-10　剖视图的剖切方法

2. 土建工程中常见的剖视图

土建工程的剖视图，按其剖切方式可分为全剖视、半剖视、阶梯剖视、斜剖视以及旋转剖视等多种，分述如下。

（1）全剖视图：用一个剖切平面完全地剖开形体，所得的视图称为全剖视图，如图 15-11 所示。

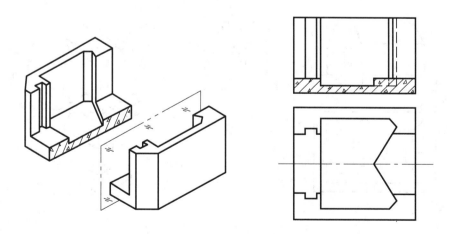

图 15-11　船闸闸首的全剖视图

全剖视主要用于表达形体的内部结构。一般用于外形简单，而内部结构复杂的形体。

全剖视图应标注剖切符号、投影方向和视图名称。但若剖切平面与形体的对称平面重合，剖视图又按投影关系配置，剖切位置和视图关系明确，则可以不作标注，见图 15-11 中闸首的正视图。

图 15-12 所示是几种带有孔槽的结构，可以看出，剖视图能够有效地表达它们的不

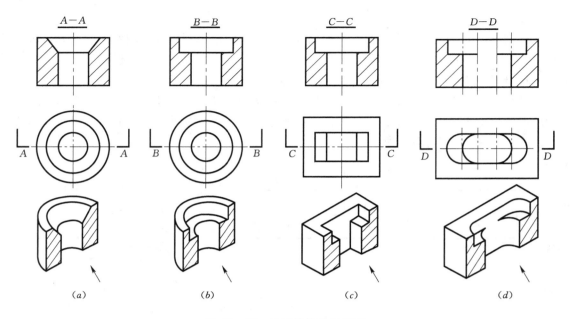

图 15 - 12　孔槽结构的剖视图

同之处。

（2）半剖视：当形体对称时，在垂直于对称平面的投影面上的投影，可以中心线为界，一半画外形，另一半画剖视。这种既保留外形，又表达内部的剖视图称为半剖视图，见图 15 - 13。

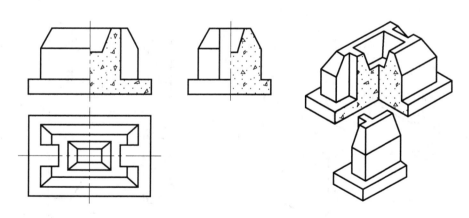

图 15 - 13　半剖视

半剖视主要用于内、外形状都需表达的对称形体。对于接近对称的形体，其不对称部分已在其他视图中表达清楚时，也可用半剖视。

画半剖视时应注意：

1）外形视图与半个剖视的分界线为图形的对称线，要用点划线示出。习惯上将半个剖视图配置在铅垂对称线的右侧和水平对称线的下侧。

2）由于形体对称，外形和剖视两者的图线是内外互补的，故大多虚线均可省略不画。

3）半剖视的剖切符号及其标注方法与全剖视完全相同。

（3）阶梯剖视：是用几个相互平行的剖切平面阶状剖开形体后所得的视图。图 15-14 所示的进水闸，若用单一剖切面，就不能同时反映扭面段和闸室的形状，而改用阶状剖就能满足要求。

阶梯剖视一般应标注：在剖切平面的开始、转折和终止处画出剖切位置线，标注相同字母，并在相应的剖视图上方（或下方）用相同字母标注图名。当剖切位置明显时，转折处允许省略字母，如图 15-14 中转折处（轴线上）的字母 A 亦可省略不标。

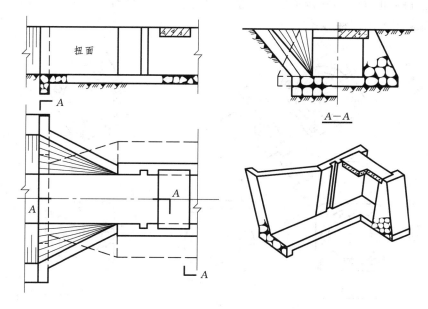

图 15-14 阶梯剖视

画阶梯剖视时应注意：

1）剖切平面应以直角转折，不能迂回。由于"剖切"是假想的，所以，在剖视图上剖切平面的转折处，不应画线，见图 15-15（a）。

2）选择剖切平面时要注意，剖视图中不能出现不完整的要素，见图 15-15（b）。

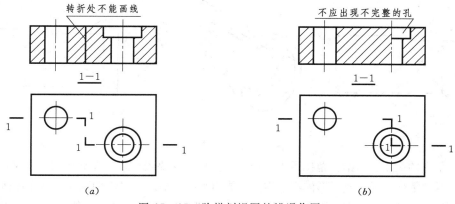

图 15-15 阶梯剖视图的错误作图

3）当视图对称且剖切符号转折处与对称线重合，剖视图应画出原对称线，见图 15 - 14 中的"A—A"。

（4）斜剖视：为了表达形体上倾斜部分的内部结构，需选择与其轴线垂直的切平面将它剖开，然后向平行于切平面的投影面投影，所得的视图称为斜剖视图，如图 15 - 16 所示。

画斜剖视图时应注意：斜剖视图的画法与斜视图基本相同，可按投影关系就近配置，见图 15 - 16 左上角；也可将它平移到其他适当位置，见图 15 - 16 右上角；必要时，允许将图形旋正配置，这时表示视图名称的大写字母应位于表示视图旋转方向的箭头端，见图 15 - 16 左下角；也允许将旋转角度（小于 90°）注写在字母后，见图 15 - 16 右下角。绘图时，只需采用图示四种形式之一。

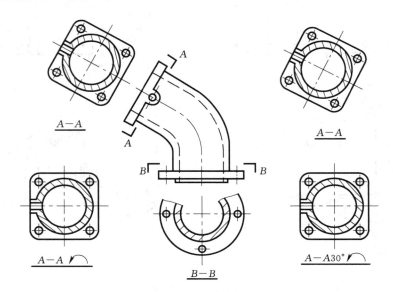

图 15 - 16　斜剖视

（5）局部剖视：当形体上只有局部结构需表达时，可用剖切平面局部地剖开形体，所得的视图叫局部剖视图。图 15 - 17（a）所示混凝土管就采用了这种既表达外形又反映局部结构的剖视图。

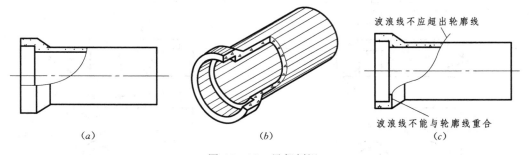

（a）　　　　　　　　　　（b）　　　　　　　　　　（c）

图 15 - 17　局部剖视

局部剖视的应用很灵活，范围可大可小。主要用于既要表达某一局部结构，但又需保留外形特征，不能用全剖视，或因形体不对称又不能用半剖的情况。局部剖视一般不作任何标注。

画图时应注意：局部剖视图用波浪线与原视图分界。通常将波浪线视为形体破裂痕迹

的投影，必须画在实体部分，不能和其他图线重合，也不能超出视图轮廓线，见图 15 -
17 (c)。当遇到形体上的孔洞时，波浪线必须断开，不能穿空而过，见图 15 - 18。

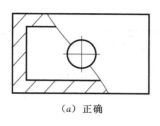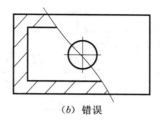

(a) 正确　　　　　　　　　　　(b) 错误

图 15 - 18　波浪线不能穿空而过

（6）旋转剖视：是用两个相交的切平面（其交线垂直于某基本投影面）将形体剖开，
然后将斜切平面所剖得结构及其有关部分旋转到与基本投影面平行后再投影，所得到的视
图称为旋转剖视，如图 15 - 19 所示。这种剖视多用于具有明显回转轴的形体。

旋转剖视也应标注，其剖切符号及其标注方法与阶梯剖视基本相同。

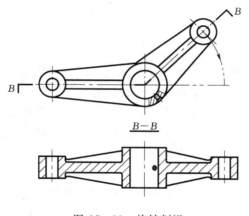

图 15 - 19　旋转剖视

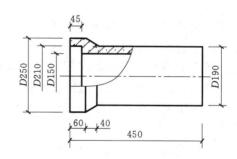

图 15 - 20　剖视图的尺寸标注

四、剖视图的尺寸标注

剖视图标注尺寸的方法和规则与前述建筑形体尺寸标注相同。为了看图方便，表示外
形和表示内部结构的尺寸应尽可能分开标注。如图 15 - 20 中，60、40、450 等外形尺寸
注在下边，而把内部结构尺寸 45 注在上边。

在半剖视和局部剖视中，由于对称部分省去了虚线，常用一端带箭头的尺寸线来标注
内部结构尺寸。这时，尺寸线稍超出对称线，而尺寸数字仍注写结构的全尺寸，如图中的
D150、D210。

第三节　其 他 表 达 方 法

一、展开画法

1. 展开视图

当建筑物某部位与投影面不平行时，可假想将该部分可见面拉直后再作投影，所得的

265

视图称为展开视图。图15-21的南立面展开图，即将右拐楼展至平行正立面后，再投影得出的。

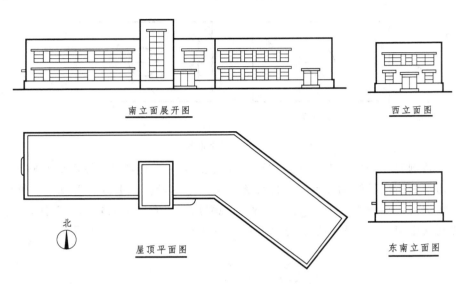

图15-21　展开视图

若要全面表达楼房的外形，还需有屋顶平面图、西立面图和东南立面图等。值得注意的是，为了达到"完整、清晰"这个总目标，每个视图的表达方式和内容都是灵活而有侧重的。西立面图本应是基本视图，但实际上是作为局部视图处理的，图15-21中略去了端墙以外的其他可见部分，这样作不仅不会引起误解，而且重点突出、画面简明、清晰。而东南立面图是一个斜视图，投影中主楼虽可见，但已变形，故予以略去。

2. 展开剖视图

当建筑物的轴线是曲线时，可以用柱面沿轴线剖切。先将柱面后的形体沿径向投射到柱面上，然后再把柱面展平，得出展开剖视图。这时，应在图名后加注"展开"字样。图15-22是某干渠分水闸的一组视图，"A—A展开"就是用柱面沿轴线剖切，径向投影后绘制的展开剖视图。

二、省略画法

（1）土建工程设计是按阶段进行的，不同设计阶段所要求表达的重点和细度也不同。因此，凡不属本阶段或本张图所要反映的内容，均可采用省略画法。如图15-23是进水闸的水工设计图，那么它的机电设备就可以简画或不画，图中就没有画出闸门及其启闭机械。

（2）当图形对称时，可只画一半，须在对称线两端加注对称符号"‖"，两平行线用细实线绘制，长6～8mm，间距2～3mm，且在

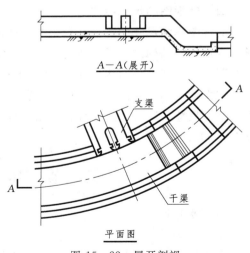

图15-22　展开剖视

对称线两侧的长度相等，如图 15 - 23 所示进水闸的平面图。

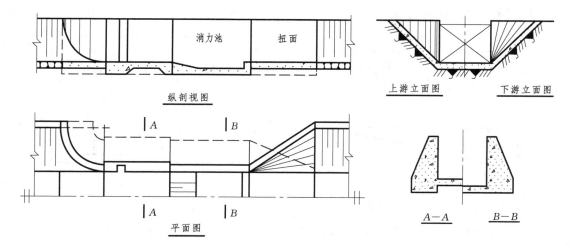

图 15 - 23　合成剖视与合成剖面

三、合成视图及合成剖面图

对称或基本对称的图形，可将两视向相反的视图或剖面各画一半，以对称线为界，合成一个图形。如图 15 - 23 中的侧面投影就是上游立面图和下游立面图的合成视图，而 $A—A$ 和 $B—B$ 就是闸室和消力池的合成剖面图。

四、规定画法

（1）简化画法。

1）构配件上若有多个全同且规律分布的构造单元，可在适当位置完整地画出其中几个的投影，其余仅以十字线的交点示出位置，如图 15 - 24 中弯管法兰上螺栓孔的画法。

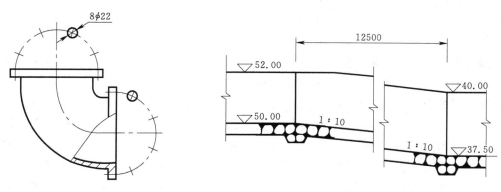

图 15 - 24　重复要素的简化画法　　　图 15 - 25　长条形体的断开画法

2）对长条形体，若沿长度方向形状相同或按一定规律变化时，可以截去中间一段，将两端靠拢绘制，并在断开处画折断线，如图 15 - 25 所示。画图时应注意，断开线两侧的同名线段应相互平行，形体的视图虽采用了断开画法，但两者的高程不变，其长度应按实际值标出。

（2）连接画法。当图形较长，超出图幅范围时，可用连接符号将其分段绘制。连接符号是在分段处，画出断开线的同时，再在折断线靠近图形一侧以大写拉丁字母表示连接编号，两图形相连断面的编号必须一致，如图 15-26 所示。

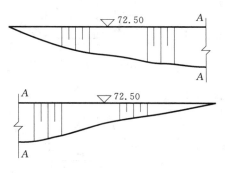

图 15-26　较长图形的连接画法

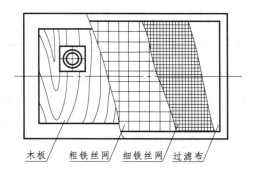

木板　粗铁丝网　细铁丝网　过滤布

图 15-27　层次结构的分层画法

（3）分层画法。当需要表达建筑形体的内部构造时，可按其构造层分层绘制，相邻层用波浪线分界，并用文字注写各构造层的名称，如图 15-27 所示。这种画法多用于表达屋面、楼层、路面和桥面等构造。

（4）拆卸画法。在视图和剖视图中，若要表达某一构件被另外结构或填土遮挡，可假想将其拆掉或揭开后绘制，如图 18-7 所示的基础平面图就是假想移走上层结构和回填土后所作的全剖视图。

第四节　视图综合运用举例

前面讲述了建筑形体图示的常用方法，对某一具体的建筑物，应根据设计要求和实地情况，综合选择和运用以上方法，将它完整、清晰的表达出来。工程上的构配件，应在了解其作用、构造与组成后，按其工作情况，选用简单、明了的图示方式。

【例 15-1】 分析图 15-28 所示支架的一组视图。

形体分析：该支架是由倾斜底板、圆筒以及连接二者的十字筋板组成的，支架前后对称，底板上有四个与相邻部件连接用的螺栓孔。

正视图的选择：支架是用来支撑轴的，按工作要求，其主要轴线（即圆筒的轴线）应水平放置。图 15-28（a）所示箭头方向不仅表达了该支架各组成部分的相对位置，同时还能反映倾斜底板的工作位置和形状特征，以及圆筒和筋板的连接关系，因此，将该视向作为正视方向较为合适。另外，为了反映圆筒的壁厚和两端的细部结构（倒角），对筋板以上的圆筒作了较大范围的局部剖视，同时，为了表达底板上螺孔的结构，同样也采用了局部剖视的表达方式。

确定其他视图：因底板倾斜于基本投影面，其俯、左视图都要变形，画图和读图不方便，故以"A 向"斜视图反映底板的实形和螺孔分布，并旋正画出；由于底板的形状和结构已表达清楚，左视图则无需再画，所以仅用"B 向"局部视图反映圆筒和十字筋板的形状即可；另外，还用移出剖面配合正、左视图来表达十字筋板的断面形状。这样，就显得十分简捷、扼要。

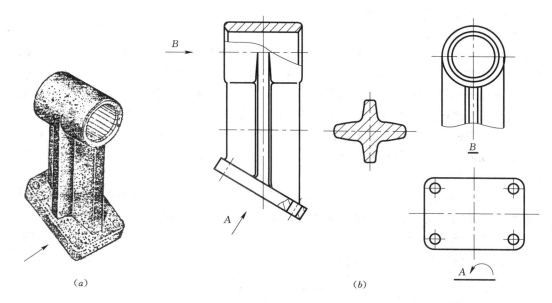

（a）　　　　　　　　　　　　　　　　（b）

图 15－28　支架的视图分析

【例 15－2】　　阅读图 15－29 所示分水闸的视图，并补画 1—1 剖面。

　　分水闸是渠系上将干渠的水按要求配给支渠的建筑物。图中的分水闸，其前后设有使过水断面由梯形变为矩形、再由矩形变为梯形的过渡段（扭面），同时，在支渠进口的矩形段上安装闸门，以调节水位、控制流量。

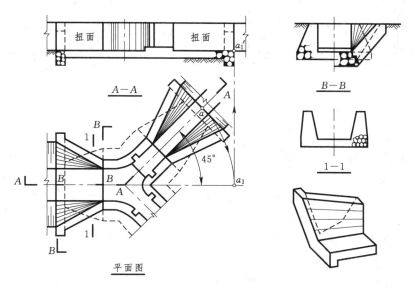

图 15－29　分水闸的视图分析

　　为了清晰地表达该闸的形体，采用了一个平面图和二个剖视图。

　　平面图主要反映闸的平面布置情况及各组成部分的俯视特征。按主次关系，图示时干渠轴线与正面平行，且按水流方向由左而右布置；平面图示出了支渠与干渠两者的夹角为

269

45°，以及剖视图的剖切位置和投影方向。

由平面图中的标注可以看出，"A—A"是旋转剖视，它反映了干支渠高度方向的结构、尺寸、形体所用的材料以及与地面的连接情况。"B—B"是阶梯剖视，主要反映扭面前后的形状变化；过渡段（扭面）的形体较复杂，下面用线面分析法对它作进一步分析。

正面投影标有"扭面"的粗实线线框，与俯、左视图中画有素线的三角形线框相对应，它是具有水平和侧平素线的双曲抛物面（见第五章），该面与水接触，也称迎水面；过渡段背水面的正面投影是左侧为虚线的矩形线框，在俯、左视图中它与三条虚线和一条粗实线围成的"∞"形线框相对应，不难想象，该面也是一个双曲抛物面，其空间形状如轴测图中用虚线描绘的部分。

由"1—1"剖切位置可知，剖切面是侧平面，在侧面投影中反映实形。由于剖切面与迎水面和背水面的交线都是直线，所以，只要求出所截平面多边形角点的侧面投影，依次连接即得1—1剖面图。

【例15-3】 阅读图15-30所示U形渡槽槽身段的视图。

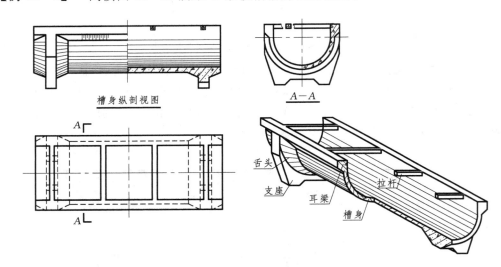

图15-30 渡槽槽身段的视图分析

渡槽是渠系上的跨沟建筑物，俗称"过水桥"。槽身是该建筑物的输水部分，图15-30示为一节薄壳槽身的形体，它由槽壳、耳梁、支座和拉杆组成；由于槽壳薄，而支座厚，在它们的连接处，结构上需有一受力过渡段，即图15-30中的"舌头"。

按渡槽的工作位置应使槽身的纵轴线平行于正面，水流方向由左而右。为了清晰地表达该形体的形状特征，采用了一个平面图、两个剖视和一个剖面。平面图中反映了槽身的平面布置，包括耳梁的形状和拉杆的位置，以及剖视图的剖切位置线和投影方向。由于槽身左右对称，正视图采用半剖视表达槽身的内、外形状和结构，因视图是沿槽身纵轴线剖切的，且按投影关系配置，故不再作标注，而按水工图习惯标明"槽身纵剖视图"。槽身前后也对称，所以只需采用"A—A"半剖来反映槽壳和支座的形状特征。另外，在"A—A"左侧的视图中，用移出剖面示出拉杆的断面形状，因剖面对称且布置在半个视图的中断处，故不需标注。

【例 15-4】 阅读图 15-31 所示环梁立柱式机墩的视图。

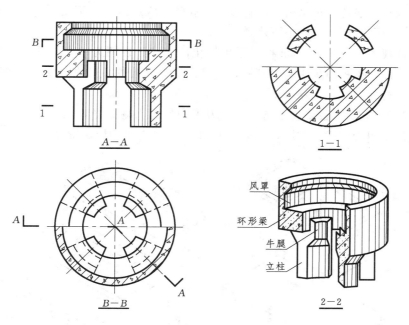

图 15-31 环梁式机墩的视图分析

机墩是竖轴发电机的支承结构，环梁立柱式是机墩的一种形式，它由立柱、环形梁和风罩组成。为了清晰表达环梁和立柱的形状特征，采用了两个剖视图和两个剖面图。

由于机墩前后、左右都对称，所以正视图和俯视图分别选用了旋转剖视和半剖视。正视图 A—A 的剖切方式由"B—B"视图可以看出，左侧剖切面位于两立柱之间，而右侧剖面则是位于立柱的对称中线，采用这样的剖切方式，更利于表现机墩的内部形状和各组成部分的连接关系，由图可知，风罩的壁厚上、下不同，中间用锥面过渡；立柱上端与环梁连接处有个厚度放大的构造（受力过渡段），工程上称之为"牛腿"，立柱与牛腿之间也用锥面连接。

俯视方向采用了"B—B"半剖视，由"A—A"可以看出，是沿风罩剖切，主要用来反映机墩各组成部分的平面形状、立柱和牛腿的平面分布等。由图 15-31 可见，环形梁和风罩都是同轴的空心圆柱体，四个柱子是在与环梁共轴的圆筒上均布切割而成，其断面为扇形。

另外，由于图形对称，采用以中心线为界的合成剖面"1—1"、"2—2"，进一步表达牛腿、环梁和立柱的断面和平面布置。

【例 15-5】 阅读图 15-32 所示化污池的视图，并补画带合适剖视的左视图。

化污池是处理生活污水的排水工程，是一个埋

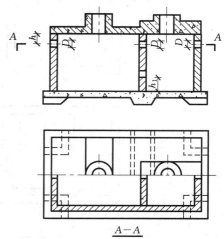

A—A

图 15-32 化污池的视图分析

在地面以下带有隔厢的池子，池底通常用混凝土浇筑，边墙和隔墙多由砖砌成，池顶的盖板则由钢筋混凝土建造。污水由一端边墙的小孔流入大厢内，经沉淀再过隔墙孔而由小厢另一端边墙的小孔流出，进入地下水道。

（1）阅读视图。由图 15－32 可以看出，化污池的正视图为一全剖视，剖切平面通过前后的对称平面；俯视图采用了半剖视，水平剖切平面通过小孔的轴线。对照正、俯视图的投影和建筑材料图例可知：

1）底板是长方形薄板，为了防止因受力不均匀而出现裂缝，隔墙下底板用倒梯形柱加厚，池底四角用倒四棱台加厚，其形状如图 15－33 左下角所示形体。

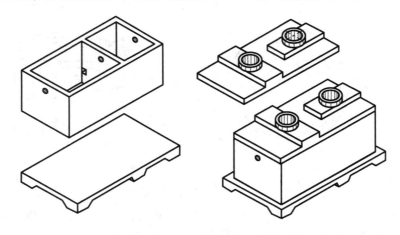

图 15－33　化污池及其组成的外形

2）长方形的池身用隔墙将其分为左、右两厢，池身的左、右边壁和隔墙上各有一直径为 D 的小圆孔，它们位于前后对称平面上，其轴线距墙顶高为 h，在隔墙的中下部，底板以上 h_1 处还有一排 3 个方孔，池体的形状如图 15－33 左上角所示。

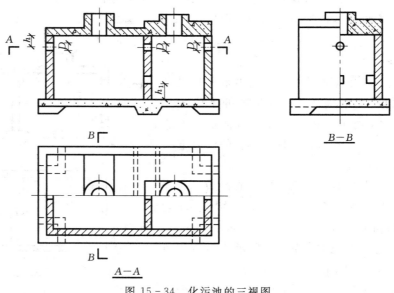

图 15－34　化污池的三视图

3）长方形的盖板上有两条凸起的加劲梁，左边横置于前后两侧的边墙上，右边纵置于隔墙和右端边墙上，梁上各有一圆柱孔和池内相通，其形状如图 15-33 右上角所示。

综上分析即可想象出化污池的外形，如图 15-33 右下角所示。

（2）补视图。在形体分析过程中就可自下而上补出底板、池身和盖板的左视图。由于化污池前后对称，为了反映隔墙上的圆孔和方孔的大小及确切位置，左视图采用半剖视，其剖切位置通过左加劲梁上圆柱孔的轴线，如图 15-34 所示。

第十六章　水　工　图

表达水利工程建筑物（如拦河坝、冲刷闸、进水闸、渠道、水电站厂房等）的图样，称为水工建筑图，简称水工图。本章除介绍水工图的分类、特殊表达方法、尺寸标注等必要的绘图知识外，还通过解读实际工程图例，深化学生对水工图特点的了解。

第一节　水工图的一般分类

水利工程综合性强，往往又会遇到复杂多变的地形、地质条件，所以，一项水利工程常需有一整套不同专业的图纸。由于建筑物是实现规划目标的主要手段，而设计意图又必须体现在水工图中，因此，在工程建设的规划、设计、施工和验收等四个阶段，每个阶段都要绘制相应的水工图样。图样的基本类型有：工程规划图、枢纽布置图、建筑物结构图和水工施工图。

工程验收阶段，应提交施工中因地质、材料等原因变更设计后的水工竣工图，并移交管理单位存档。下面分别就常见的工程规划图、枢纽布置图、建筑物结构图等的内容及图示特点作一简要介绍。

一、工程规划图

1. 工程规划图的内容

工程规划图主要表达所建工程的位置及周围环境（河流、城镇、交通及重要地物和居民点等），并配合图表说明该工程的主要服务对象及内容。图 16-1 是石泉水电站枢纽工程的地理位置图，它位于陕西省石泉市汉江上游 2km 处，是汉江梯级开发中的一座水电站。图 16-1 中，枢纽以上的淹没区（库区）即沿江涂黑的范围，可见它是一座山区的狭长水库。图 16-1 中所示汉江支流金水河上的碗牛坝，它是本章将要介绍的小水电工程实例所在地，由图可知，西安—洋县的公路经过该处。

2. 图示特点

这种图表示的范围大，绘制的比例小，一般在 1：5000～1：10000 之间，甚至更小，城镇与地物多采用图例示出其位置、种类和作用。

二、枢纽布置图

在水利工程中，由几个不同功能水工建筑物协同工作而组成的综合体，称为水利枢纽。每个枢纽的名称多反映它的主要任务，上述石泉水电站，就是以水力发电为主要任务的中型水力发电枢纽，其枢纽布置图，如图 16-19 所示。

1. 枢纽布置图的内容

（1）枢纽所在地的地形、河流及流向、地理方位（指北针）、交通、居民点及重要建

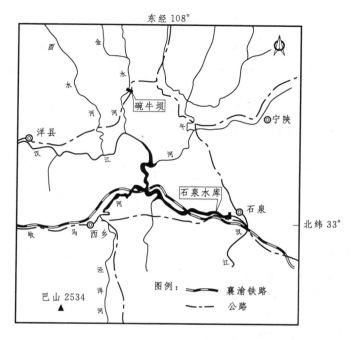

图 16-1　石泉水电站枢纽位置图

筑物等。

（2）枢纽各建筑物的形状和相互关系、交通干道以及建筑物与地面的交线。

（3）每座建筑物的主要轮廓尺寸、主要高程及工作条件。

2. 图示特点

（1）枢纽的平面布置图必须画在地形图上，一般情况下，可将它放在立面图的下（或上）方。当平面尺寸很大时，也可单独绘制。

（2）布置图的比例多在 1∶200～1∶2000 之间。

（3）仅画各建筑物结构的主要轮廓线，而细部构造一般用图例示出其位置、种类和作用。

（4）只标建筑物的外形轮廓尺寸及定位尺寸、控制高程和主要填、挖方坡度等。

三、建筑物结构图

建筑物结构图是以单项建筑物为表达对象的工程图，包括结构布置图、分部和细部的构造图。

1. 结构图的内容

（1）建筑物的形状、尺寸和建造材料及建筑物的细部构造及附属设备的位置。

（2）建筑物的基础与地基的连接方式以及与相邻建筑物的连接方式。

（3）建筑物的工作条件，如各种特征水位。

2. 图示特点

这种图必须把建筑物结构形状、大小、材料及与相邻建筑物连接方式等都表达清楚，所以视图所选的比例较大，多在 1∶50～1∶500 之间（在表达清晰的条件下，选较小比例）。

四、水工施工图

施工图是用以表达施工组织和方法的图样，如施工总平面图、施工导流布置图、料场开挖图等，其中有关建筑物的结构工艺图，如反映钢筋配置、数量的钢筋图，也属于水工施工图。

随着科学技术的进步，工程上将不断出现新材料、新工艺和新结构，图样也会出现新类型，所以，设计者还应紧跟生产的发展，绘出满足要求的图样。

第二节　水工图的表达方法

一、视图的名称与配置

1. 基本视图

在六个基本视图中，水工图常用的是正视图、俯视图及左、右视图。视图一般应按投影关系配置，但当建筑尺寸庞大或因图幅限制，图内标注不清晰时，某一视图也可单占一张图纸。无论怎样配置，均要在视图的中上（或中下）方注写图名，并在图名下画一粗实线，其长度应与图名等长。

对于河流，规定视向顺水流方向的左边称左岸，右边称右岸。视向顺水流方向的建筑物立面图称上游立视图，逆水流方向称下游立视图；而当视向垂直于流向时，习惯上建筑物多以上游居左、下游居右布图。

2. 剖视、剖面

水工建筑物的地形地质条件变化大，还须承受水力作用，其形状与结构有时很复杂，所以剖视、剖面用得较多。对于河流而言，剖面平行于河流的流向时，称为纵剖，垂直于流向时，称为横剖，图 16-2 为河流的纵横剖面图；而对于建筑物来说剖面平行于其轴线的称纵剖，垂直于轴线的称横剖，图 16-3 为土坝的纵横剖面图。

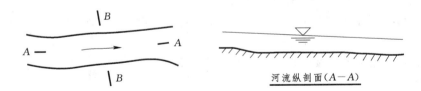

图 16-2　河流的纵横剖面图

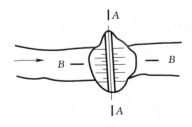
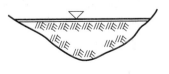

图 16-3　土坝的纵横剖面图

3. 详图

当建筑物的局部结构，因图形比例小表示不清楚或不便于标注尺寸时，可放大比例另行画出，这种图称为详图，详图的比例多为 1∶5～1∶20。这种图一般应标注，其形式为：在原图被放大部位画细实线小圆，并标注字母；在详图的中上方用相同字母标注图名，并注写比例，如图 16-4 所示土坝的详图 A。但一张图中，详图不宜过多，以免冲淡主体。

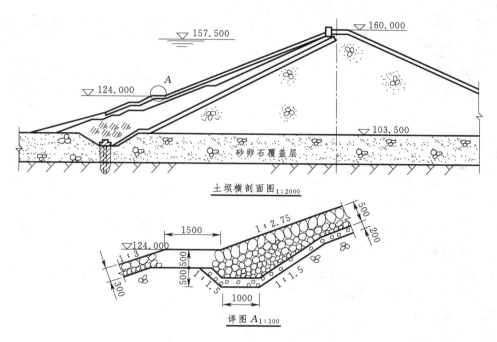

图 16-4　土坝详图

详图可以画成视图、剖视图或剖面图，它与原图中被放大部位的表达方式无关；必要时，还可采用一组视图来表达同一放大部位。如图 16-5 所示的钢柱脚"详图 A"就是采用一个视图和两个剖视图表达被放大部位的。

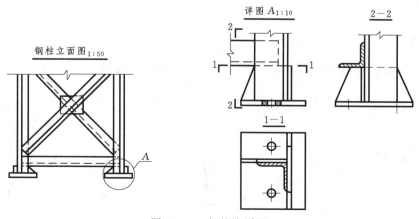

图 16-5　钢柱脚详图

277

4. 复合剖视

除阶梯剖视和旋转剖视以外，用几个相交剖切平面剖开形体所得的视图，称复合剖视，如图16-6中坝内交通廊道的2—2剖视图。这种图一般应标注，标注方法与阶梯剖视相同。

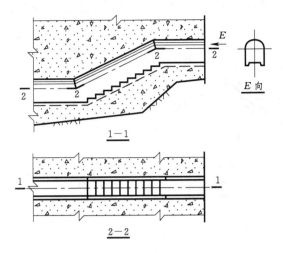

图 16-6　复合剖视图

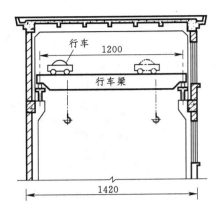

图 16-7　厂房行车运动极限位置表示法

二、假想表示法

可用双点划线表示活动部件的极限范围或相邻结构的轮廓线，如图16-7电站厂房中，行车的运动极限位置就采用了这种表示法。

三、规定画法

1. 水利水电工程图样中常用符号的规定画法

（1）图样中表示水流方向的箭头符号，根据需要可按图16-8所示式样绘制。

图 16-8　表示水流方向的箭头式样

（2）平面图中指北针根据需要可按图16-9所示的式样绘制，一般标注在图的左上角。

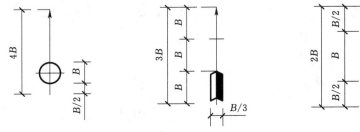

图 16-9　平面图中指北针的式样

（3）水工建筑物中有各种结构永久分缝线，如沉陷缝、伸缩缝和材料分界线等，虽然缝的两侧处于同一平面，但画图时，必须用粗实线画出这些缝的投影，如图 16-10 所示。

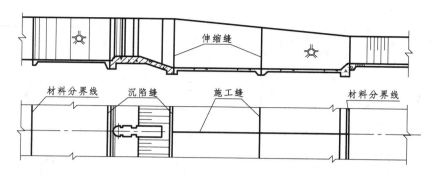

图 16-10 建筑物各种缝的表示法

（4）当剖切平面平行于薄壁结构的支撑板、筋板、杆件等构件时，这些构件的剖面不画材料图例，并用粗实线将其与连接部分分开，如图 16-11 中的 B—B 剖视。

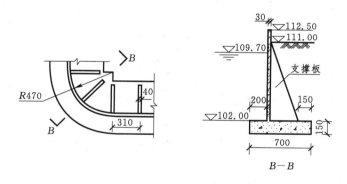

图 16-11 薄壁构件剖视图中筋、板规定画法

（5）当构件很长或很大无需全部画出时，可采用折断画法。空心和实心圆柱体的断裂处可按图 16-12（a）所示形式绘制；木材构件断裂处可按图 16-12（b）所示形式绘制。

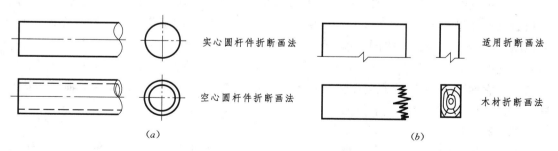

图 16-12 折断构件的规定画法

2. 图例

当图形比例较小，图中的建筑结构无法表示清楚或某些附属设备（如闸门、启闭机、吊车等）另有专门图纸表示，不必详细绘出时，可用图例示出它们的位置、类型

和作用。

水利工程中常用的图例如表16-1所示。

表 16-1 水工建筑物常见的图例

名称	图 例	名称	图 例	名称	图 例
水库		土石坝		混凝土坝	
溢洪道		隧洞		渡槽	
泵站		水电站		跌水	
渠道		平板门		弧形门	

第三节　水工图的尺寸注法

第十三章所述的有关注写形体尺寸的基本要求、方法和规则，对于水工图仍然适用，但由于设计、施工等方面的要求，水工图的尺寸标注也具有自己的特点，现补充介绍如下。

一、平面定位尺寸的注法

对水利枢纽来说，平面的定位尺寸通过枢纽各建筑物轴线来表示，它是地形图中某两个控制点的连线。图16-13示出了碗牛坝水电站引水枢纽各建筑物轴线控制点的坐标；而在图16-24该枢纽平面图中，则标有建筑物基准断面至控制点的定位尺寸，如溢流坝以右岸起始端断面为基准，它至控制点 B_1 为20.29m；冲刷闸和进水闸则以其闸室前缘为基准，它们至控制点 C_0 点的距离分别为12.00m和11.20m。显然，确定了轴线和基准断面，也就确定了建筑物的平面位置。

二、高度定位尺寸的注法

水工建筑物的高度是以水准测量控制的，所以，图中的主要部位必须标注高程，而建筑物的高度尺寸则以设计标高为基准。如图16-14中所示碗牛坝引水枢纽的溢流坝，其坝顶标高600.900、鼻坎标高596.108、上游齿墙基底标高592.000，都可作为高度方向的基准，而表内所列溢流面曲线的高度尺寸，则是以坝顶作为基准给出的。

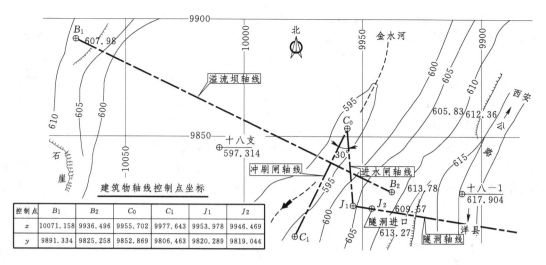

图 16-13　引水枢纽轴线位置图

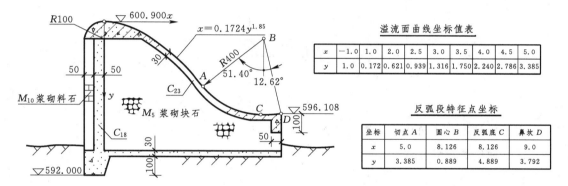

图 16-14　高度尺寸注法

三、标高注法

（1）立面的标高符号是用细实线绘如图 16-15（a）所示的等腰直角三角形，其高约为数字高的 2/3。三角形的直角端可向下指，也可向上指，但必须与所标注高度的轮廓线或引出线接触；标高数字一律注写在符号的右侧，以 m 为单位，注到小数点后第 3 位（总布置图可注到小数点后第 2 位）。

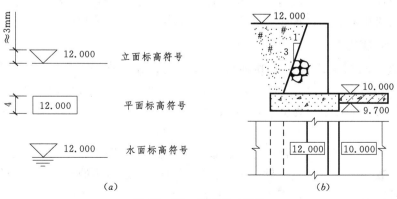

（a）　　　　　　　　　　　　（b）

图 16-15　标高尺寸注法

281

（2）平面图的标高符号可用图 16 - 15（b）所示的矩形，用细实线画出，其长宽比为 2∶1，建议宽度 b 为 4mm。当图形较小时，可将符号引出或断开有关图线标注。

（3）水面标高（简称水位）符号可用图 16 - 15（a）下边所示的形式，即在水面线以下绘三条细实线；特征水位的标高可采用图 16 - 20 中"正常水位 410.00"形式。

四、坡度的注法

直线上任意两点的高差与水平距离之比值，称为坡度，坡度用 m∶n 的形式标注，如图 16 - 16（a）中的 1∶2；也可按图 16 - 16（b）所示的直角三角形形式标注。平面图中，坡度以最大斜度线（即示坡线）的坡度表示，标注方法和示坡线的画法见图 16 - 16（a）。

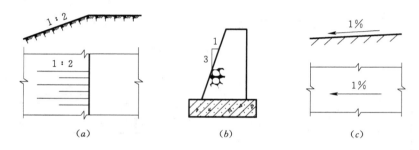

图 16 - 16　坡度尺寸的注法

当坡度较缓时，可用示坡箭头和百分数来表示，如图 16 - 16（c）所示。

五、曲线的尺寸注法

1. 非圆曲线的尺寸注法

水利工程中的溢流面、进水口表面、拱圈的横剖面为柱面，标注这种曲线的方法是：列出曲线方程，标出坐标轴，并用表列出一系列点的坐标值，如图 16 - 14 所示"溢流面曲线坐标值表"。

2. 连接圆弧的尺寸注法

标注图 16 - 14 所示的连接圆弧，只要给定被连接曲线的方程和圆弧终点 D（鼻坎）的位置，以及连接弧的半径就可以完成作图。但根据施工放样的需要，一般还应注出圆心 B、切点 A 和圆弧最低点 C 的定位尺寸及有关圆心角。

六、桩号的注法

（1）渠道、闸坝等建筑物沿其轴线、中心线长度方向定位尺寸的数字往往很大，为了表达清晰，多采用"桩号"标注。其形式为"k±m"，其中"k"为公里数，"m"为米数。起点桩号注为 0＋000，起点桩号前注成"k－m"，起点桩号后注成"k＋m"。

（2）若采用多"桩号"标注时，可在数字前加注文字以示区别，如"溢 0＋765"。

（3）桩号数字一般应垂直于轴线方向注写，且标注在轴线的同一侧；当轴线转折时，转折点的桩号应重复书写，如图 16 - 17 所示。

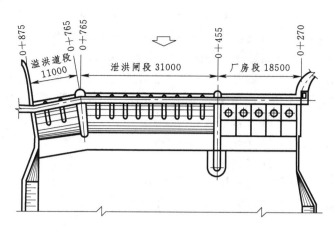

图 16 – 17　桩号尺寸的注法

七、重复尺寸和封闭尺寸注法

水利工程的建筑物不仅规模庞大，形状不规则，往往难以按投影关系配置。而且，因水工图纸的数量有时很多，为读图方便，其尺寸标注比较灵活，某些重要尺寸可以重复标注在不同的视图上，施工图内也允许标注封闭尺寸（同时标注分段尺寸和总尺寸）。如图 16 – 17 所示某水电站的平面图中，既标了桩号，又标各工段的长度。但是，对于机械图，因工艺要求，无论重复尺寸，还是封闭尺寸都是不允许出现的。

八、多层结构的尺寸注法

对于多层结构尺寸，可用引出线引出标注，引出线应通过并垂直于被引的各层，文字说明和尺寸数字应按其结构层次注写，如图 16 – 18 所示。

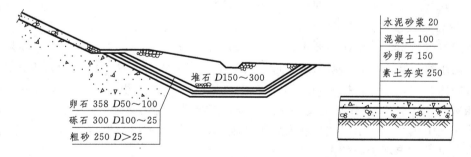

图 16 – 18　多层结构尺寸注法

第四节　水　工　图　的　阅　读

一、读图的方法和步骤

一个水利工程的全部图样，往往数量多，且视图较分散。为了减少读图的盲目性，应该按照一定的步骤和方法阅读。

读图的一般步骤是：先看枢纽平面布置图，再看建筑物的结构图；先看主要结构，再看次要结构；先看大轮廓，再看小的构配件。

（1）看枢纽布置图时，应以总平面图为主，结合有关视图（立面图或剖面图）。重点在于了解枢纽的建筑物组成以及各功能建筑物的形状和相互关系。对图中的简化画法和图例，只需有个概括印象，待阅读这部分的结构图时，再进一步深入。

（2）看结构图时，要先读主要建筑物，再读次要建筑物。通过阅读可详细了解各建筑物的构造形状、大小和材料等。至于某些附属设备，一般只需知道它的位置和作用就行了，若需进一步了解，再查阅有关图纸。

读图的方法仍是"以形体分析法为主，辅以线面分析法"。但是，由于视图往往不按投影关系配置，所以，运用投影规律分析时，应注意以下几个问题：

（1）首先应搞清楚各建筑物采用了哪几个视图、剖视和剖面、详图和特殊表达方法，明确剖切位置和投影方向及各视图间的关系。然后，再以特征明显的视图为主，相互配合进行阅读。

（2）用形体分析法看图时，可根据建筑物的特点，将它沿长度或宽度分成几段；也可沿高度分为几层，再用"分线框、找投影、按部分、定形体"的方法，想象出每段（层）的形状来。

（3）看水工建筑物的图样，还应按其特点，弄清上下游、左右岸以及水流的主要通道，并注意图中的文字说明。有时，还需借助标高和重复尺寸数字找出视图之间投影的对应关系。

二、读图举例

【例 16-1】 石泉水电站枢纽布置图。

石泉水电站位于陕西省石泉市汉江上游 2km 处，参看图 16-1 石泉水电站枢纽位置图。电站装机容量 40.5 万 kW，是一座中型水力发电枢纽。主要阅读该枢纽布置图的水工部分，它是用一个平面图、四个剖视图来表达的。

1. 平面布置图（图 16-19）

由图可以看出，该枢纽主要由拦河坝、厂房段和开关站三部分组成。拦河坝是该枢纽的主要挡水建筑物，在它上游形成水库，可调节河流来水增加发电量。厂房是安装水力发电机组的建筑物，布置在拦河坝左侧，安装 13.5 万 kW 的机组 3 台。开关站在左岸，由11 万 kV 和 22 万 kV 两分站组成，其作用是将发电机产生的电能升压并网。

平面图中用等高线示出该枢纽所在地的地形，用箭头示出水流方向自上而下，由指北针的指向可以量出坝轴线的走向为 NW328.5°。

汉江的洪水很大，7 日设计洪水总量达 49 亿 m³，但拦河坝不高，调洪库容只有 2.2亿 m³，不到设计洪量的 1/20，所以，枢纽泄洪频繁，根据这一特点，拦河坝在不同高程开设了较多的泄水孔洞。拦河坝则分为可泄水段与左、右岸非溢流段三部分，而位于河床的可泄水段又由多座泄水建筑物组成，图中注出了它们各占的宽度。两泄水建筑物间的隔墙，习称导墙，其立面形状变化大，图中未示出。选择右表孔、溢洪道、大底孔和小底孔的纵剖视图作为阅读对象，以了解这类泄水通道的图示方式。

2. 典型剖视图

下面各视图都是沿孔道的中轴线剖切的，读图时要注意：因剖切的视向不同，上游有的在左，有的在右，而水道侧面的墩、墙是未剖到部分，其形状也因视向而异。

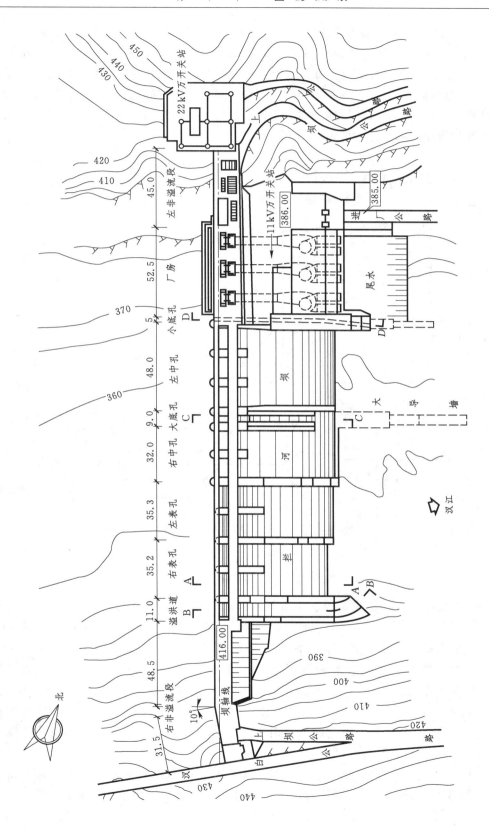

图 16 - 19 平面布置图（单位：m）

285

（1）由图 16-20 所示右表孔纵剖视可以看出，拦河坝是混凝土结构，建造在基岩上，因其剖视位于河床最深处，坝顶高程 416.00，基岩高程 352.00，故枢纽的最大高度为 64m。这种坝是依靠自身的重量保持稳定的，又称重力坝。图中在坝基上游侧进行帷幕灌浆，帷幕后增设排水孔，以及坝基中部挖空一块（呈拱形），都是为了降低渗流的扬压力，提高坝体稳定性。另外，顺坝轴线方向，坝内还设置了一些不同高程的纵向通道，是供灌浆、排水和检修使用的，称为廊道。

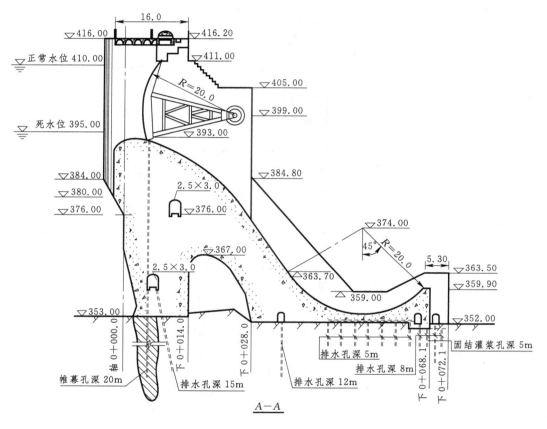

图 16-20　右表孔纵剖视图

（2）各视图的建筑物都设有控制泄量的闸门。拦河坝右端的溢洪道为单孔，安有宽 8.5m、高 15.5m（记作 $8.5 \times 15.5 m^2$）的弧形闸门，闸底槛高程 395.00，见图 16-21。右表孔和左表孔都是双孔，各设两扇弧形钢闸门，闸底槛高程 393.00，见图 16-20。大底孔的孔宽 4m，进口设有两道门槽，见图 16-22，后面一道是 $4 \times 8 m^2$ 的平板钢闸门，称为工作门；前面一道是当工作门出现事故时用的事故门。小底孔的孔宽 2m，进口设有一道检修门，见图 16-23，是 $2 \times 3.5 m^2$ 的平面钢闸门，工作门则设在泄水洞出口，是 $2 \times 3 m^2$ 的弧形钢闸门。由于工作门在出口，泄水洞是压力洞，其纵坡为 0.2%。

由图可知，溢洪道与表孔的位置高、尺寸大，闸门的门顶高出正常水位，称为露顶门，是主要的泄洪建筑物；而大底孔和小底孔则不同，它们是潜没在深水中的潜孔门，压

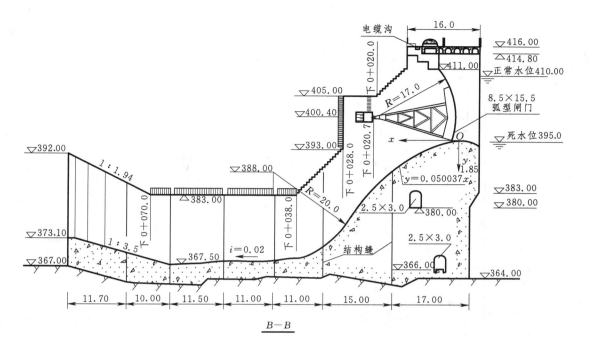

图 16-21 溢洪道纵剖视图

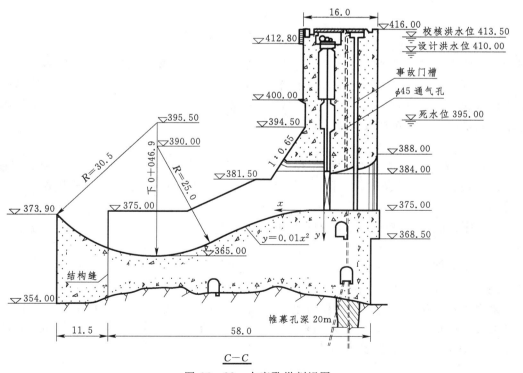

图 16-22 大底孔纵剖视图

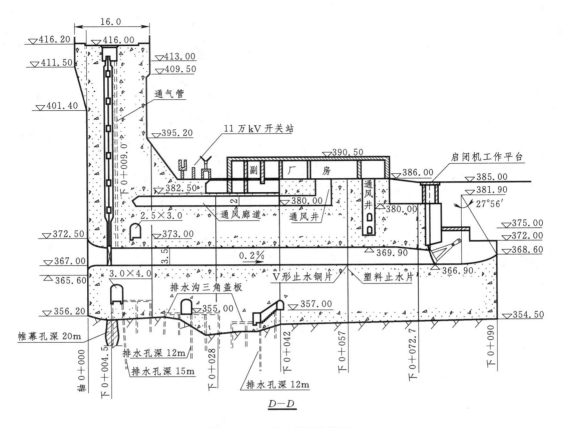

图 16 - 23　小底孔纵剖视图

强大、尺寸小，特别是小底孔泄洪能力差，主要起排沙和必要时放空水库的作用。

（3）剖视图中还示有拦河坝的工作水位，如正常运用情况下的高水位（正常水位）、低水位（死水位）、设计情况下水库的最高洪水位（设计洪水位），以及特殊情况下坝体所能承受的最高水位（校核洪水位）等。

3. 其他图示方法

（1）图 16 - 20、图 16 - 21 和图 16 - 23 以平面图中坝轴线与剖切位置线的交点"轴 0 +000"为起点，向下游采用"下 0 +"的桩号形式标注了坝体轮廓线、坝内结构缝及廊道等的纵向位置。

（2）平面图中电站厂房、剖视图中闸门和帷幕灌浆等是用图例形式示意其位置和作用的。

（3）平面图中的部分交通桥和剖视图中闸门启闭设备未示出，为拆卸画法。

【例 16 - 2】　碗牛坝水电站引水枢纽布置图。

碗牛坝水电站是一座小型低坝引水式电站，位于汉江支流金水河中游，见图 16 - 1。该站的集水面积 495km²，主要采用隧洞输水，引水流量 6m³/s、电站落差 80m、装机容量 3×1250kW。下面我们着重阅读该水电站引水枢纽的左岸冲刷闸和进水闸部分。

1. 枢纽平面图

由图 16 - 24 所示枢纽平面可见，该枢纽由拦河坝、左岸冲刷闸与进水闸三部分组成。

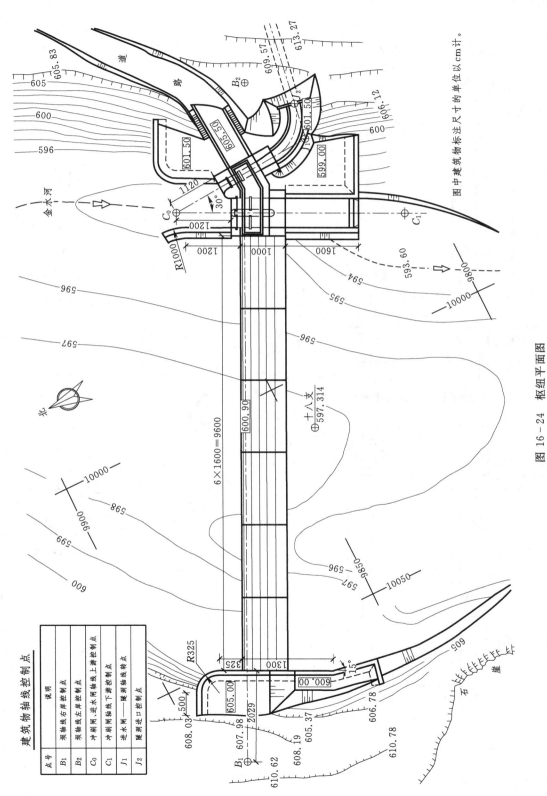

图 16-24 枢纽平面图

图中建筑物标注尺寸的单位以 cm 计。

点号	说明
B_1	坝轴线右岸控制点
B_2	坝轴线左岸控制点
C_0	冲刷闸进水闸轴线上游控制点
C_1	冲刷闸轴线下游控制点
J_1	进水闸——隧洞轴线转点
J_2	隧洞进口控制点

建筑物轴线控制点

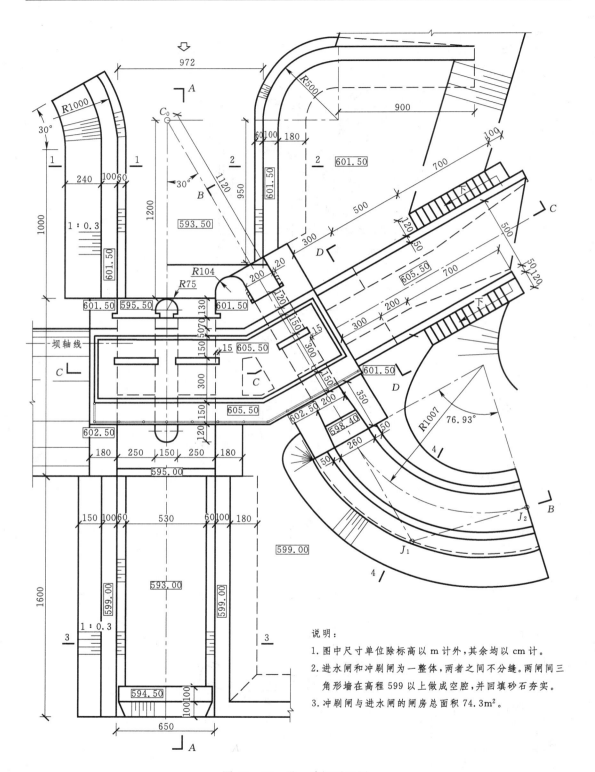

说明：
1. 图中尺寸单位除标高以 m 计外，其余均以 cm 计。
2. 进水闸和冲刷闸为一整体，两者之间不分缝。两闸间三角形墙在高程 599 以上做成空腔，并回填砂石夯实。
3. 冲刷闸与进水闸的闸房总面积 74.3m²。

图 16-25 进、冲闸平面图

各建筑物的轴线位置是经过现场勘测后确定的，如图 16-13 所示。坝址左岸有基岩出露，岩性坚硬完整，河床砂卵石覆盖层一般在 3m 左右，故建筑物均坐落在岩石上。

本枢纽的拦河坝是长 96m 的砌石溢流坝，其典型断面已如图 16-14 所示。坝顶高程 600.90m 是正常挡水位，仅比河底平均高程（约 295.00m）高出 6m 左右，可拦蓄的水量很少，没有调节河水的能力。溢流坝的作用只在抬高水位，确保正常引水；汛期的大洪水可翻越坝顶，泄往下游。鉴于该坝的图示内容比较简单，就不再进一步解读了。

由平面图可知，冲刷闸与进水闸布置在河流左岸。冲刷闸的作用是控制主流不偏离左岸，一般情况下，当河道流量大于引水流量时，开启冲刷闸下泄余水。进水闸在冲刷闸左侧，两者轴线的夹角为 30°，引入的水流，经一弯道转向后，进入 1 号隧洞，再经多个输水建筑，最后到下游电站厂房。

2. 进、冲闸平面图

枢纽平面图的范围大，比例尺小，图中仅标注主要控制性尺寸。而对某一具体建筑物的设计图，通常应放大比例尺另作平面图。

本枢纽的进水闸和冲刷闸是紧靠在一起，又因所占图幅不很大，也允许只用一张视图表达平面布置，故习称进、冲闸平面图，如图 16-25 所示。

由图可以看出，冲刷闸有两孔，每孔宽 2.5m；进水闸一孔，宽 2.0m。两闸上游左右各有一道纵向导水墙，其间的水道宽 9.72m，右侧导墙将闸坝隔开以减少相互干扰，左侧导墙与岸坡相连，背面填土筑成一大平台，其高程为 601.50。冲刷闸的下游有左右导墙，水道宽 6.5m，长 16m，可将过闸的水流与泥沙输送到较远的地方。进水闸的末段是一扩散段，长 3.5m，使底宽增至 2.6m，其下游经弯道与隧洞衔接。

冲刷闸与进水闸的工作闸门操作平台简称闸台，其高程为 605.50。闸台上有闸房，两闸的闸房是连通的，图中仅示出了该房墙体的范围。闸房与左岸之间连有一宽 6m 的交通平台，高程也是 605.50；该平台两侧为砌石挡土墙，中间用土回填，参看图 16-28 中的 D—D 剖视。

3. 进、冲闸的纵剖视图

水闸是两层建筑物，通常以平面图及纵剖视图作为表达其结构的主要手段。

图 16-26（A—A）为冲刷闸的纵剖视图，朝河心方向看，右手为上游，可见闸坝之间的上、下游导墙和被剖切的闸室结构。闸室长 12m，坐落在坚硬岩石上，基岩高程 592.50，向上至闸孔底（595.50）有 3m，故基础以砌石为主，顶部是厚为 0.4m 钢筋混凝土闸底板。由图可知，由于地质条件较好，该闸的上、下游开挖至较坚硬岩石后，表面不再作任何处理，仅在闸室后下游 14m 处设了一道砌石坎（顶部高程 594.50），以削弱下泄水流的冲力。

图 16-26（B—B）为进水闸的纵剖视图（上游在左手），可见左导墙和岸坡上的台阶。进水闸的闸室全长 13.5m（含扩散段），其地基处理与冲刷闸类似，也有很厚的砌石基础。

由进、冲两闸的纵剖视图可知，二者的上部结构型式是相同的，均采用了矩形的孔口控制水流，孔口上方到闸台都有 L 型钢筋混凝土板墙（胸墙）。汛期河水上涨时，胸墙挡水可降低闸门高度，节省投资。进、冲两闸虽都坐落在基岩上，但二者底板高程不同，冲刷闸底板高程 595.50，大致相当于河床的平均高程，利于汛期把上游平时的淤沙排往下游；进水闸底板高程 598.70 要比冲刷闸高，以减少引水时粗颗粒泥沙卷入渠道。至于两闸孔口尺寸大小，则是根据冲刷和引水的设计流量及有关水位，经计算确定的。不过，进水闸孔口的上缘，应较正常引水位 600.90 高出 0.1～0.2m；这样，在正常运行时，胸墙不阻水，保证过流通畅。

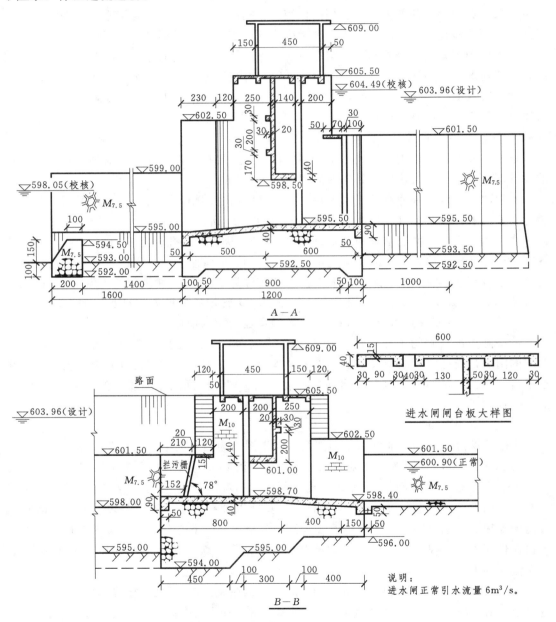

图 16-26 进、冲闸纵剖视图

顺便指出，小型水闸的水工图中，闸门部分通常只需示出门槽即可，而闸门和门槽的结构以及启闭机等另出详图。从图示两闸的纵剖视大致可以看出，它们的工作闸门都是平面门，其高度应大于孔口（与顶部止水的型式有关）。在正常运行时，进水闸的闸门是全开的，即闸门的底部提至孔口以上，门槽与胸墙之间留有一定的空间，可供闸门检修使用；冲刷闸的闸门，正常工作状况是关闭或微开的，只有汛期泄洪时才会全开，为了在枯水期能提门检修，其上游设有一道检修门槽。此外，进水闸工作门上游虽无需检修门，但为了行水安全，应有一道倾斜（78°）的拦污栅。

4. 进、冲闸的横剖视图

图 16-27（C—C）是垂直于冲刷闸与进水闸轴线的展开剖视图，视向上游。图中自左向右分别为溢流坝（局部）、冲刷闸和进水闸的被剖实体，以及左岸交通平台上游侧未剖到的挡土墙。图中还用虚线示有从上游路面至 601.50 平台的台阶。

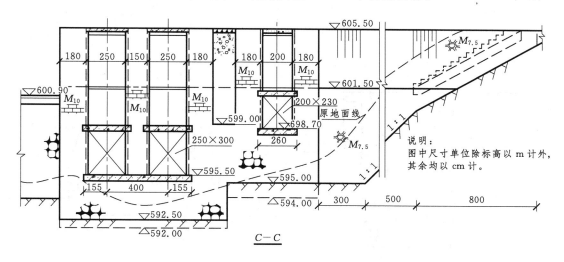

图 16-27　进、冲闸横剖视图

此图应配合图 16-26（冲刷闸与进水闸的纵剖视图）一起阅读。由于 C—C 剖切的位置在闸门与胸墙之间，朝上游看，故图中示有闸门和被剖到的胸墙底部水平段（闸孔顶板），却看不到胸墙的挡水面板。图中闸墩两侧的虚线为门槽，而闸墩之间的可见轮廓线（中粗）是闸前的检修桥。在剖切线的位置，两闸的基底高程分别为 592.50 和 595.00，图中基底线以下的虚线则为两闸前端的基底线。两闸之间，图中还示有回填砂石的空腔。另外，从冲刷闸的闸孔钢筋混凝土底板结构可知，两孔底板为一整体，全宽 7.10m。

顺便指出，本例中的小型引水枢纽，大多建在远离城镇的山区河道上，设计中没有旅游或景观要求，一般是无需绘制上游立视图或下流立视图的，只要有平面图和主要建筑物的纵、横剖视图，再加几个局部位置的剖切图就可以表达清楚了。

5. 进、冲闸局部剖切图

为了便于进一步了解闸体的结构，特将图 16-25 所示局部位置剖切后的剖视与剖面，集中在图 16-28 中，供读图参照。例如，对比两闸的闸台板可以看出，二者的布置与结构是完全一样的，其差别仅在于冲刷闸的闸孔宽一些，闸门大一些，受力也大一些，所以，梁的高度比进水闸大 10cm。

局部位置剖切图的运用十分灵活，对于基础与上层结构更为单一的小型引水枢纽，也可增加局部剖切图而省去进、冲闸横向剖视图。

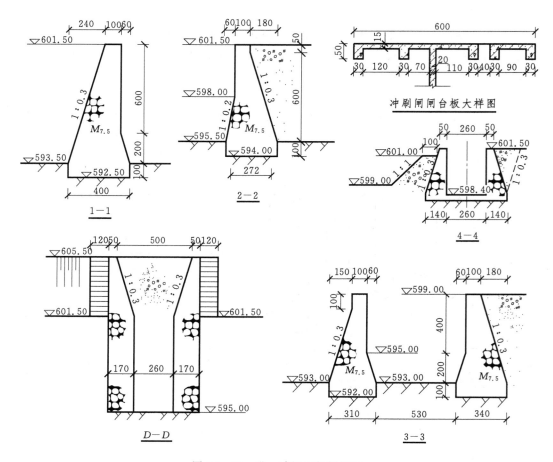

图 16-28 进、冲闸局部剖切图

【例 16-3】 枣渠实验水电站厂房结构图。

实验电站是在原泾河枣渠水电站防洪墙外侧临河增建，供水轮机磨蚀试验研究专用的单机水电机，它与原电站共用一个前池。为了减少它与原电站间的干扰，且需安一台竖轴立式机组，故厂房采用封闭圆筒式六层结构，仅在发电机层设一条与原电站连接的交通廊道。

电站的厂房是比较复杂的专门水工建筑物，通常分为安装水轮机与发电机的主厂房和调控输出电流的副厂房两大部分，建筑上可分可合，合在一起投资小，但干扰大、环境差。本例的枣渠实验水电站，不仅主副厂房合一，而且受条件限制，水、电、风、油系统更为集中，全面读图的难度也相对较大。为了有效地提高空间想象能力，下面我们仅阅读厂房结构图，包括厂房纵剖视图和各层平面图。阅读时以纵剖视图为主，配合各层平面图分层看。

1．厂房纵剖视图

厂房纵剖视图 16-29 过压力管道轴线和厂房中心线（机组轴线）垂直剖切，管道中的水流经蜗壳进入水轮机，转向 90°推动叶轮和同轴发电机转子旋转发电，垂直落至尾水管，在管内再转 90°入尾水渠流归泾河。由图 16-29 还可以看出，自压力管到尾水管的这条水道都是用钢筋混凝土建造的；尾水管出口处有尾水管检修门，其吊点设于高出河道设计洪水位的工字钢梁上，由电动葫芦起吊。

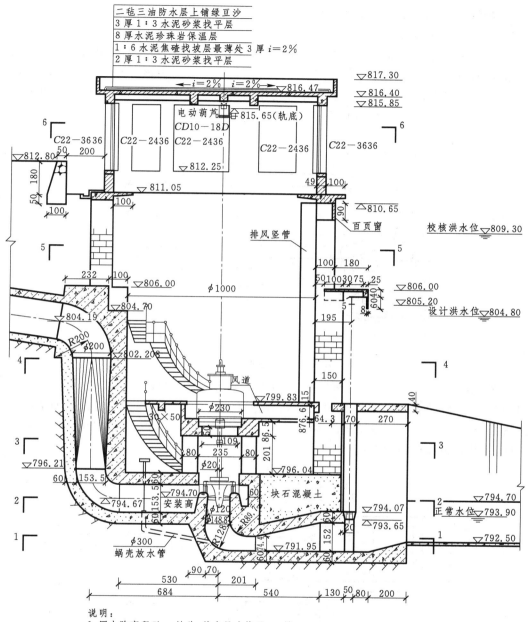

二毡三油防水层上铺绿豆沙
3 厚 1：3 水泥砂浆找平层
8 厚水泥珍珠岩保温层
1：6 水泥焦碴找坡层最薄处 3 厚 $i=2\%$
2 厚 1：3 水泥砂浆找平层

图 16-29　厂房纵剖视图

说明：
1. 图上除高程以 m 计外，其余尺寸均以 cm 计。
2. 厂房圆筒为 M_8 水泥砂浆砌料石，其余砌石为 M_5 水泥砂浆，砌砖用 M_5 混合砂浆。

由于厂房临河建造，在图示河道校核洪水位 809.30 以下，都应封闭，所以对外交通主要进出口在筒顶部的吊物层（底板高程 811.05），其平面呈圆形，参看图 16-35 吊物层平面图。工作人员可从吊物层先自直梯下至高程 806.00 的中控层，然后再经图中设在圆筒内壁的旋梯继续下行；而进厂设备与物资则直接用该层顶部的电动葫芦降落到高程为 799.83 的发电机层，再分向它处。由图 16-29 还可以看出，发电机层底板下，设有发电机散热的专用风道，并和厂内通风系统一起，经贴着圆筒壁设置的排风竖管向上至筒顶 810.65 处排至室外。

2. 厂房各层平面图

（1）由纵剖视图可知，尾水层为厂房的最底层，是直接在基岩上挖出石槽后，再以混凝土浇筑而成的，底板高程 791.95 低于尾水渠渠底 0.55m。由该层平面图 16 - 30（1—1 剖面）可见，尾水管旁还设有一集水井，其作用是集中排出渗入厂房内的全部积水，所以，井内集水坑的高程 790.45 应是整个建筑的最低点。

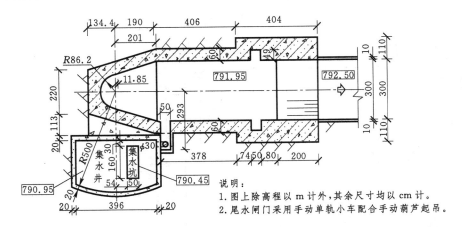

说明：
1. 图上除高程以 m 计外，其余尺寸均以 cm 计。
2. 尾水闸门采用手动单轨小车配合手动葫芦起吊。

图 16 - 30 尾水层平面图

（2）图 16 - 31（2—2 剖面）所示蜗壳层的剖切位置线通过其进口中心线高程 794.67，与叶轮的安装高程 794.70 大致相等。该层也是在基岩内开挖后浇筑而成的，蜗壳的过水断面随水流进入水轮机而逐渐缩小。由图可见，在尾水层集水井的正上方布置了水泵间，其底板高程为 793.40。

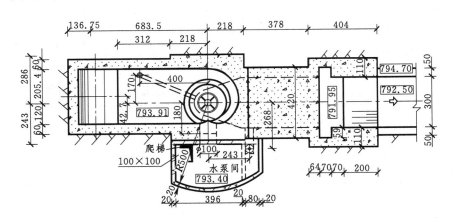

图 16 - 31 蜗壳层平面图

（3）蜗壳层以上为水轮机层，水轮机和发电机的轴是在这层连接的。由图 16 - 32（3—3 剖面）可知，该层的底板高程 796.04 以上，厂房则为圆筒形，其内径 10m，筒壁厚 1.5m，用浆砌料石建造。筒壁周围仍是基岩符号，表明水轮机层仍没有伸出基岩面。该层主要布置了 4 根 0.8×0.8m² 的钢筋混凝土立柱，这些柱子和它顶部的钢筋混凝土环

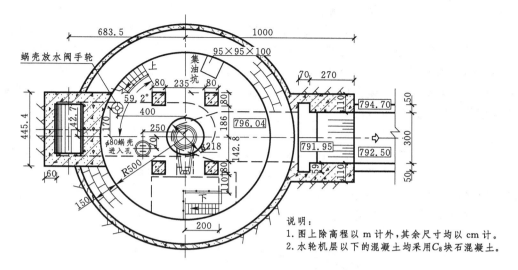

图 16-32 水轮机层平面图

梁一起支承着发电机，称为发电机的机墩。图中还示出了控制水轮机进水量的调节机构——推拉杆的位置。此外，由于技术上要求蜗壳进水应在水轮机一侧，故图中蜗壳进口段的中心线与水轮机轴线平行，水平间距42.7cm。

（4）图 16-33（4—4剖面）所示发电机层是沿压力管道竖直渐变段顶部剖切的，所

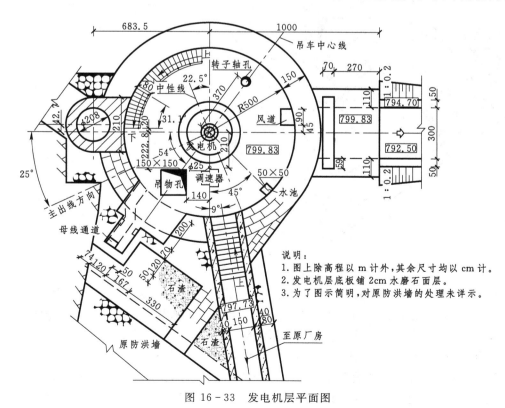

图 16-33 发电机层平面图

以，图中管道断面为圆，发电机层的底板高程为 799.83。发电机一侧有控制水轮机层推拉杆的调速器；还布设了通向原厂房的廊道（宽为 1.5m），由廊道下台阶至 797.73 高程后，穿过防洪墙进入原厂房发电机层。图中的方孔为吊物孔，是向水轮机层输送机件和材料用的；圆孔为转子轴孔是检修机组时安插转子用的。另外，还可以看出，剖切高程处的厂房，已是一侧临空，一侧靠山。而在靠山侧留有一缺口，用以向中控层转运设备，兼作发送电流的低压母线通道（图中虚线）。

（5）中控层的作用是集中调度机组运行，并将来自发电机层的低电升压后输送出去。由图 16-34（5—5 剖面）可以看出，该层的中控室和高压开关室不在 10m 内径圆筒之内，而是于一旁另建的，故厂房的横断面亦由圆形变成了方圆形。因底板高程 806.00 高于设计洪水位，所以筒壁减至 1.0m。同时，由于中控层的设备需自发电机层转吊进入，故在中控室内设有专用吊物孔。

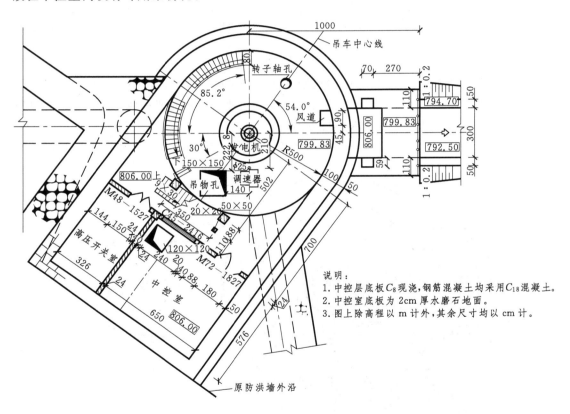

说明：
1. 中控层底板 C_8 现浇，钢筋混凝土均采用 C_{18} 混凝土。
2. 中控室底板为 2cm 厚水磨石地面。
3. 图上除高程以 m 计外，其余尺寸均以 cm 计。

图 16-34 中控层平面图

（6）图 16-35（6—6 剖面）所示吊物层位于筒外中控层的顶部，底板高程 811.05 与室外地坪平齐。在进物道一侧，安有推拉钢大门，是厂房主要出入口。其作用是将购入的设备和材料送入厂房并兼作检修的场地。从纵剖视图可知，厂房屋顶下安设 400 号工字钢梁和 10t 电动单轨吊车，平面图中 7—7 剖面为钢梁安装的中心位置线。

综上可知，在标注各层的平面尺寸时，都必须统一以过圆心的水平与垂直两条中心线为定位基准，才能使厂房成为一整体，满足机组安装和电站运行的要求。

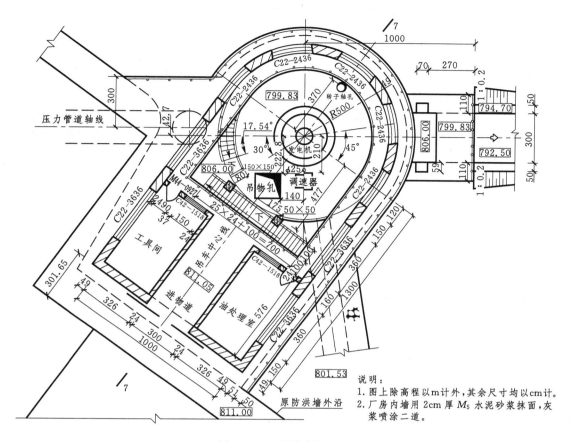

说明：
1. 图上除高程以 m 计外，其余尺寸均以 cm 计。
2. 厂房内墙用 2cm 厚 M_5 水泥砂浆抹面，灰浆喷涂二道。

图 16-35　吊物层平面图

第五节　绘制水工图的一般步骤

绘图的一般步骤如下：

（1）根据设计阶段与相应要求，明确所要表达的内容与方式，包括图中应附有的表格。

（2）视图选择，确定视图的表达方案。

枢纽布置图通常为一独立体系，图中还应包括有关枢纽的简要说明。

单项建筑物设计图应自成编号体系，有时还需示出该建筑物在枢纽图中的位置。

（3）确定适当的图示比例。

枢纽平面布置图的比例一般与地形图的比例相同。

相同等级的视图，如同属表达建筑物整体的平、立、剖面图应采用相同的比例。

以图面清晰为前提，优先选用较小的比例。

（4）合理布置视图。

视图应尽量按投影关系配置，有关视图最好布置在同张图纸内。

按所选的比例估计各视图所占的范围，进行合理布图。

同张图上，不宜有过多的局部放大详图，以免冲淡要表达的主体。

（5）绘图。

画出各视图中建筑物的轴线或控制基线。

画建筑形体时，先画大轮廓，后画细部；先画形状特征明显的部分，后画其他部分。

（6）画剖面材料符号，标注尺寸和书写文字说明。

（7）检查无误后再描深。一般来说，主要轮廓线及剖切面的截交线画成粗实线，次要轮廓线画成中粗线（宽度约为 $b/2$），其他的均用细实线，这样可使图形主次分明，重点突出。

第十七章　建　筑　施　工　图

第一节　概　　述

　　建筑施工图应将一幢拟建房屋的内外形状、大小以及各种构造、装饰和设备等的工艺，按"国标"的规定，用正投影法详细准确地表示出来，成为直接用于指导施工的图样。

一、房屋的组成及其作用

　　楼房是由不同功能的构配件组合而成的。板、梁、柱（或墙）和基础是楼房的骨架，起支撑和传递荷载的作用，称为承重构件；而门、窗、隔墙、台阶、楼梯、管道井等专用构件和天沟、雨水管、散水、栏杆、踢脚、勒脚、防潮层等防护构件，则是根据给排水、通风、采光、隔断、交通防护和安保等使用要求设置的，如图 17 - 1 所示。

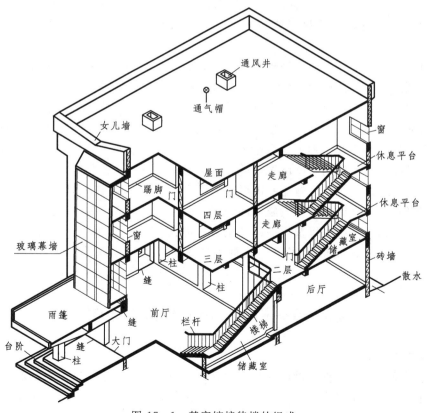

图 17 - 1　某宾馆接待楼的组成

二、房屋施工图的图示特点及其分类

土建工程的建设一般都要经过规划、设计与施工三个阶段，其中设计阶段又常分作初步设计和施工图设计。初步设计的主要任务是对各种设计构想（建筑方案）进行综合比较，并确定实施方案；该阶段的图示重点在于表达方案的功能特点与使用效果，其基本图样有建筑平、立、剖面图，而对某些公共建筑物，为了突出外观效果，还会采用阴影、透视、配景、色彩渲染乃至制作模型等手法。初步设计批准后，就可进行施工图设计，其内容包括：建筑设计，结构设计和水、暖、电气设计等。施工图是建筑方案的具体化，因此，图中对该建筑物的整体构架及每一构件的技术要求，都应有明晰交代。

1. 房屋施工图的分类

房屋施工图根据其内容和作用不同可分为：

（1）首页图和施工总说明。

（2）建筑施工图（建施）：包括总平面图、平、立、剖面图和构造详图（见本章）。

（3）结构施工图（结施）：包括结构平面图和各构件的结构详图（第十八章）。

（4）设备施工图（设施）：包括给、排水，电气（第十九章）和采暖通风、消防等平面图及详图。

2. 房屋施工图的图示特点

（1）房屋施工图是按正投影绘制的，一般在 H 面上作平面图，在 V 面上作正立面图，在 W 面上作侧立面图或剖视图。它们是建筑施工图中最基本的图样，对于图示的对象应选定比例，按投影关系尽可能布置在同一张图纸内，若受图幅限制，也可以分别画出。

（2）由于房屋的形体庞大，而施工图一般是用较小比例绘制。某些局部结构在小比例的平、立、剖面图中无法表达清楚，所以，经常配有较大比例的构造与结构详图。

（3）房屋构配件和材料的种类多且通用性强，为了简化作图，"国标"中规定了一系列图形符号来表达建筑构配件、卫生设备、建筑材料等，这种图形符号称为图例。

一套房屋施工图往往类别多、数量大，读图时，须按如下的顺序进行：先看首页图，由图纸的目录或施工总说明查阅图纸，并能对该建筑物有一个概括的了解。如果没有首页图，可将全套图纸翻一翻，了解这些图纸都有哪些类别，每类有几张，各张有什么内容，然后再按"建施"、"结施"和"设施"的顺序逐张阅读。在看"建施"时，应先看总平面图，了解该建筑物所在的位置及周围的环境后，再读平、立、剖面图及详图。

为了对施工图有一完整的认识，下面将以图 17-1 所示某宾馆的接待楼为例分节讲述。

第二节　施工总说明与总平面图

一、施工总说明

施工总说明是对某工程的设计规模、建筑面积及未在图样中注写的材料和作法等所作的文字说明，通常与建筑物的总平面布置图放在一起，如图 17-2 所附该宾馆的施工总说明。

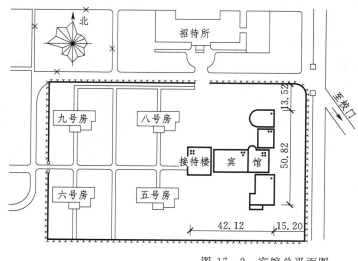

说明:

1. 宾馆的建筑面积 2477m²;使用面积为:42.74m² 的套间 4 套、15.32m² 的小房 4 套、21.37m² 的房间 28 套。

2. 未标注的墙厚均为 240,卫生间的墙厚 120。

3. 未标注的门头角均为 120。

4. 散水宽度:单层的为 1000;两层或两层以上的为 1200。

5. 室内台阶用 88J2(一)。

6. 所有门都应加木贴脸 88J4(一)。

7. 客房卫生间地坪比客房低 20。

8. 消防箱宽 650,高 800,下沿距地 1.050,按 88J4(一)施工。

图 17-2 宾馆总平面图

二、总平面图

总平面图是在地形图上,画出拟建房屋外形轮廓及其周围环境的图样。它主要表现房屋的平面形状、大小、位置、朝向和它与周围地形、地物的关系。它是新建房屋施工定位、土方开挖以及其他专业(如水、电、暖等)管线平面布设和施工布置的依据。阅读时应注意:

(1)总平面图比例小,多为 1:500～1:2000;建筑物均以图例示出,若非"国标"规定的图例,图中则应另有说明。所以,熟识"国标"图例,对读图是十分必要的,常用图例见表 17-1。

表 17-1   总 平 面 图 图 例

名 称	图 例	说 明	名 称	图 例	说 明
新建建筑物		①用粗实线示出;②以点数表示层数	原有建筑物		用细实线表示
计划扩建的预留地或建筑物		用中虚线表示	拆除建筑物		用细实线表示
围墙		上是砖石、混凝土或金属材料墙;下是镀锌铁丝网或篱笆墙	桥梁		公路桥
					铁路桥
道路		上图是原有道路;下图是计划道路	风向玫瑰		箭头所指为北向,用 16 个长短线表示该区常年的风向频率

（2）由图 17-2 可见，拟建宾馆由五座层高不同的建筑组成，接待楼位于西端，是一座南朝北的四层楼。该工程以原有的道路定位，如图中 15.20 和 13.50 的单位是"m"。

由图示的建筑组成可知：为了使形体富有变化，宾馆整体上采用了东低西高的手法，即东端自北侧一层会议厅向南接四层住宿楼，再南又下降为一层餐厅，中间住宿楼为三层，而西端的接待楼再升为四层。

（3）一般来说，地形标高数字是绝对标高，它以黄海多年海平面的平均值作为基准面。室内则采用相对标高（以底层室内地坪为基准），这是由于建施图中需多处注明标高，绝对标高数字繁，计算相对高差不便。若有必要，可在施工图中说明两者的换算关系。总平面图的标高数字一般注到小数点后两位，室内、外标高符号是高度为 3mm 的等腰直角三角形，直角顶点应指向高程线，室外地坪标高宜用涂黑的三角形，其画法见图 17-3。

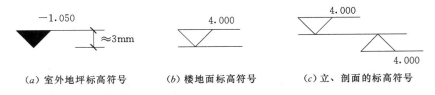

(a) 室外地坪标高符号　　(b) 楼地面标高符号　　(c) 立、剖面的标高符号

图 17-3　标高符号的形式

第三节　建 筑 平 面 图

建筑平面图实际上是沿门窗洞剖切的水平全剖视图，它是施工中最基本的图样之一。建筑平面图是分层绘制的，建筑工程习惯上将底层室坪以下（基础），作为一个单独的设计单元，另有图纸说明。所以，建筑物有几层就应画几个平面图，并在图的下方标注图名如：底层平面图、二层平面图……若各层房间的数量、大小和布置相同，可用一个平面图表示，称为标准层平面图；如果建筑物左右对称，亦可用带对称符号的点划线将画面分开，左边画某层的一半，右边画另层的一半，并在图的下方分注图名。

一、图示的内容

图 17-2 中宾馆接待楼的建筑面积为 589.12m²。底层是接待厅，建筑面积为 15.1m×11.2m；二层是储物间，建筑面积为 7.3×11.2m²；三、四（顶）层布置相同，设客房和贮藏室，其建筑面积与底层相同。阅读时，除应了解每层构件的布置与尺寸外，还应注意各层之间构件与通道衔接关系（楼梯、上下水管等）。

图 17-4 是接待楼的底层平面图，由图可以看出，该楼采用 14 根钢筋混凝土立柱（图中涂黑的矩形）作为垂直承力构件，立柱与各层的水平梁连接，称框架结构。宾馆底层客房（接待厅东侧）高程取±0.000，接待前厅（顶为三层楼板）的室内高程是-0.450。由室外地坪-1.050 上四级踏步至门前平台-0.480。前厅西侧有楼梯可到二层，东侧有门洞经走廊进入宾馆办公室及客房（图中只示出局部），因室内地面高程不同，故门洞内有三级踏步（2×300）。此外，图 17-4 还示出了门洞旁的管道井（GD）和通风井（TF）。接待后厅（其顶为二层的楼板）室内高程为-0.300，比前厅高出一台阶 15cm。由剖面符号可知，接待楼四

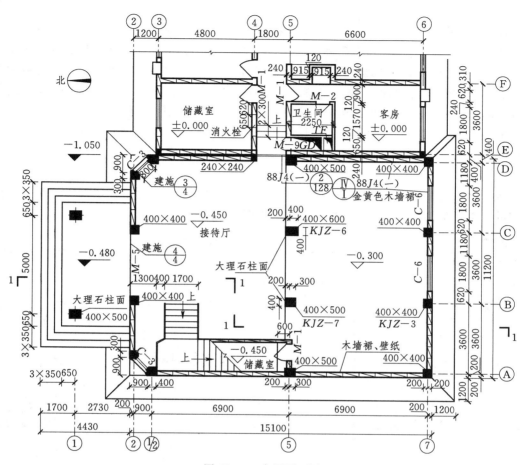

图 17-4 底层平面图

周的墙均为非承重墙，用空心砖建造。结合图 17-5 可知，接待厅采光主要来自大门、玻璃幕墙以及北墙角窗户（C-3）与南墙上的窗户（C-6）。

平面图中没有示出营业设施，厅内只画出两立柱 KJZ-6 和 KJZ-7 的投影，因受力不同，断面分别为 400×600、400×500，另外，厅外两根雨篷柱断面均为 400×500，用大理石贴面。

二、图示特点

1. 定位轴线

建筑施工图中应画出承重构件（基础、墙、梁、柱和屋架）的轴线并予以编号，它是施工定位、放线的依据。"国标"规定房屋的定位轴线用细点划线画出，且通过承重构件的对称平面。定位轴线的标注见图 17-4，编号应注写在轴线端部的细实线圆内，其圆心位于轴线的延长线上、直径为 8mm；水平方向依次用阿拉伯数字从左到右编写；垂直方向自下而上用大写拉丁字母（除 I、O、Z 外）编写。如果结构对称，只需标注一半，放在下侧或左侧。对于两轴线之间的附加轴线应以分数表示，分母为前一轴线的编号，分子为附加轴线编号并以阿拉伯数字顺序编写。

2. 图线

平面图的任务：一是图示每层的平面布置，包括房间、走廊、楼梯、门窗、水暖通道和卫生设施的平面位置、形状和大小；二是突出每层承受和传递垂直荷载的构件（墙或柱）。所以，凡是被剖到的墙、柱断面轮廓线均用粗实线（线宽 b）画，并注明材料和尺寸；图中未剖到的可见轮廓线，如窗台、台阶、明沟、花台和楼梯等用中粗线（线宽 $0.5b$）画；尺寸线、标高符号用细实线（线宽 $0.25b$）画；定位轴线则用细点划线（线宽 $0.25b$）画；粉刷层在大于 1：100 的平面图中用细实线画，而在等于或小于 1：100 的平面图中不必画出。

3. 图例

由于平面图都采用较小比例绘制，所以门、窗、楼梯间、卫生间等都采用"国标"中规定的构造及配件图例表示。常用的构、配件图例见表 17 - 2。

表 17 - 2　　　　　　　　　　常用的构、配件图例

名　称	图　例	名　称	图　例	名　称	图　例
空门洞		单扇门		单扇双面弹簧门	
双扇门		对开折叠门		双扇双面弹簧门	
底层楼梯		中间层楼梯		顶层楼梯	
单层固定窗		单层中悬窗		单层外开平开窗	
厕所间		淋浴小间		蹲式大便器	
污水池		可见孔洞		指北针	

对于门窗等定型构配件，应在图例旁注明编号，如图 17 - 4 中 $M-5$、$C-6$、…。从门窗的图例与编号可以了解门窗的形式、数量及其位置。"国标"规定用带弧的 45°中粗线表示门的开启线，用二条细实线表示窗框的位置。相同编号表示同一类型，它们的构造和尺寸完全相同。应注意的是门窗虽用图例示出，但门、窗洞和窗台的尺寸都应按投影关系画出。

平面图中，被剖切到的断面应画材料符号，因绘图比例小，材料图例可用简化画法（砖墙涂红色，钢筋混凝土涂黑色）。

底层平面图中还应画出指北针以及建筑剖面图剖切平面的位置、投影方向、编号。指北针的符号是直径为 24mm 的细实线圆，针尖为北向，针尾宽为 3mm。

三、尺寸标注

外墙尺寸一般应分三道注出：最外面的称为外包尺寸，表示建筑物的总长和总宽，由此可计算房屋的建筑面积；中间的是轴间尺寸，表明房间的开间和进深；最里面的是门窗洞的大小及其定位尺寸。三道尺寸线的间距一般不小于 7mm，最里面的尺寸线与外形轮廓线间距多为 10～15mm。另外，还应注出局部尺寸，以上各尺寸均不含粉刷层的厚度。

高度方向应注室内、外地坪标高，符号、单位与总平面图相同，但数字应注到小数点后 3 位。

图 17-5 是二层平面图，由图可见，二层楼面高程为 3.000m，较底层接待后厅高 3.3m，其西端为通往三层的楼梯，东侧是通往宾馆客房的过道，南面是储藏室与储物间。由图可以看出，二层的前沿是底层前厅，故设护栏，栏墙的立柱采用镀铬钢管，间距为 750～850mm 不等，并镶以钢化玻璃栏板，取得装饰效果。储物间采光主要来自南面的二扇玻璃窗，其代号为 C-6。围墙与隔墙均采用了空心砖砌筑的非承重构件。另外，在二层平面图中，还应画出进口大门及雨篷的投影，而二层以上的平面图就不需再画了。

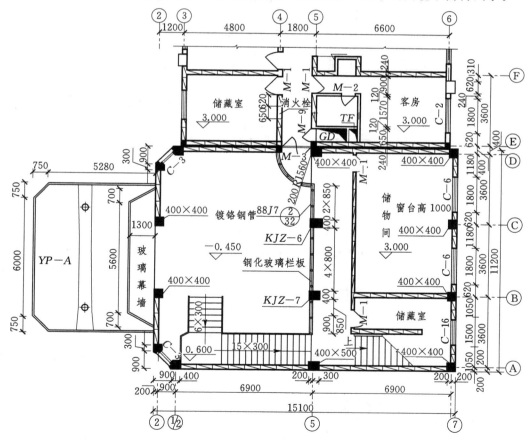

图 17-5 二层平面图

图 17-6 是三层平面图，由图可看出，楼梯间仍在西端。三层室坪高程为 6.600m，中间设有走廊，可通往东侧三层客房，因其室坪较东侧高 0.60m，故设有四级踏步（3×300）。走廊南侧是带有厨卫的套房；北侧布置了两间客房和一间贮藏室，其北阳台外就是从雨篷顶直升起来的玻璃幕墙。

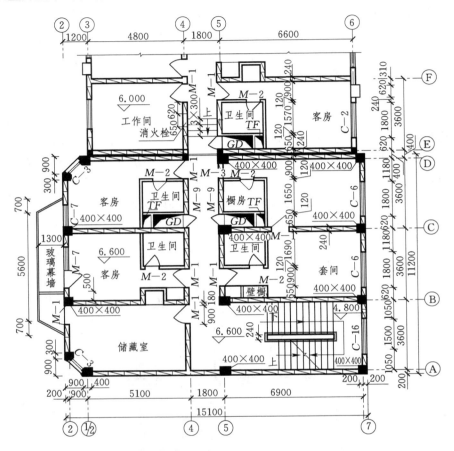

图 17-6　三层平面图

四层的平面布置与三层基本相同，只是东端的门通往东侧三层的楼顶，故未再给出。

第四节　建筑立面图

建筑立面图的任务是反映房屋的周观外貌，对于较复杂的形体常有正面、背面、侧面等视图，习惯上多以房屋的朝向来命名，如北立面图、南立面图；也有以立面图上两端轴线编号（从左到右）命名的，如图 17-7 为正立面（北面）图，也可称为①—④立面图。在各立面图中，正立面反映该建筑物的主要出入口，也是表达建筑造型最主要的一幅图。

一、图示内容

图 17-7 是接待楼的正立面图。为了突出接待楼，造型上使用如下装饰手段：

（1）楼顶增加了一圈女儿墙，墙顶为折线，其顶部标高 14.200m。

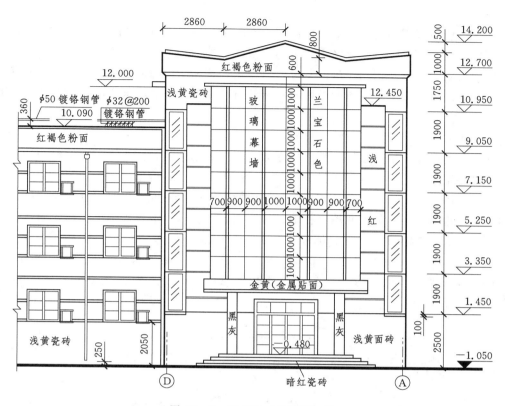

图 17-7 正立面（北立面）图

（2）北立面大面积外装玻璃幕墙，使其表面亮洁且富有现代气息。

（3）东北与西北都切去棱角（参看平面图），并安有采光的玻璃窗。

（4）作为宾馆，表面色彩以红褐与浅黄相配的暖色为基调，若接待厅幕墙仍用暖色，就会缺乏清雅、宁静的感觉，所以幕墙用了蓝色，同时，这种色彩与周围环境（绿色）也显得较为和谐。

（5）雨篷采用黑灰柱金顶，烘托出热烈、敬重的气氛。

立面图毕竟只能反映建筑物的外观，施工中的主要作用是对表面装饰的指示，如装饰结构的控制尺寸、色彩等。而这些非承重性结构物的构造与工艺，均需另附施工详图说明。

二、图示特点

1. 定位轴线

立面图中应画出两端的定位轴线与编号，以便与平面图对照阅读。如图 17-7 中北立面图，亦可称为Ⓓ—Ⓐ立面图。

2. 图线

立面图的线型要有层次，使图形更富表现力。通常屋脊、外墙等最外轮廓线用粗实线（b）；一般结构线如门窗洞、檐口、雨篷、台阶等用中粗线（$0.5b$）；构配件线如门窗扇、栏杆、雨水管和墙面分格线、引出线与尺寸线等用细实线（$0.25b$）；另外地坪线则用一条特粗的实线（$1.5b$），增强建筑物的稳定感。

3. 图例

作图时应注意图面的艺术效果，由于立面图的绘图比例小（通常与平面图相同），许多构配件线是不可能也不必要详细画出的。对于门窗等重复出现的细部结构，应画出一、两个作为代表，其他均用图例示出其位置与作用，总之应使画面的主题更为突出才好。

建筑立面多用文字说明指示外墙面装饰的材料和色彩，如浅黄瓷砖贴面、蓝色玻璃幕墙等。

三、尺寸标注

立面图的尺寸，主要注控制性的标高和一些主要结构的定位尺寸，而一般的细部如门窗、檐口、空调机、雨水管等，另有详图说明施工工艺，不需标注。

标注标高时，要注意区分建筑标高与结构标高。一般来说，装修后（含粉刷层）的表面标高，称建筑标高，如女儿墙、楼地面等；而未经装修（不含粉刷层）的表面标高，称结构标高。因所指的表面位置不同，读图时，应注意区分。

图 17-8 是该接待楼的南立面图。南立面是该建筑物的背面，是建筑立面图的补充。该图主要反映南墙上窗户的位置、标高以及雨水管等一些其他立面图无法表达的内容。

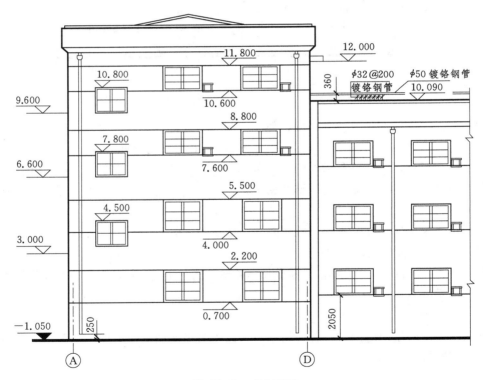

图 17-8 南立面图

第五节 建 筑 剖 面 图

建筑剖面图是采用过建筑物门窗洞的铅垂面剖切所得到的剖视图（习称剖面图），剖切的位置与形状应视建筑物内部结构而定。其主要任务是配合平面图和立面图共同表达室坪以上房内竖向的结构和构造，而室坪以下部分则另出基础详图（第十八章）。

一、图示内容

图 17-9 是接待楼的阶梯剖面图（剖切位置见底层平面图），基础墙由地面以下断开。由图可见：

（1）大门外雨篷是由两根立柱支撑的钢筋混凝土肋板。

（2）玻璃幕墙固定在 4 个由北墙外伸的钢筋混凝土平台上。底部平台与门楣成一个整体，中间两平台分别与三、四层楼的梁板相连，而顶部平台则与屋面梁板成一整体。

（3）大厅为一框架结构，室内三、四层楼板下有东西向的三根横梁，北边的两根梁与轴线④、⑤对应，三、四层走廊和南北客房的荷载大部分要由 KJZ-6 和 KJZ-7 立柱传到地基。

（4）楼梯间梯段的悬空端采用斜梁，称为梁式楼梯，另一端则固定在左右两侧的墙上。梯段的上、下端与楼层梁和平台梁相连，平台梁亦支承在侧墙上，这样楼梯的重量都传给了侧墙。另外，因底层后厅是空的，故二层楼梯间的内墙都直接坐落在梁 KJL-202上，经由框架柱 KJZ-3、KJZ-7（参见图 17-4 底层平面图）传至地基。

（5）女儿墙顶与屋顶的构造与标高，见详图 17-12 (b)。

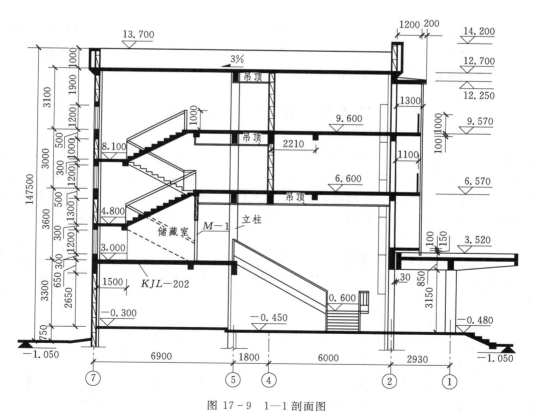

图 17-9　1—1 剖面图

二、图示特点

1. 定位轴线

习惯上只画剖面图两端的定位轴线与编号，以便与平面图对照说明剖视的方向。

2. 图线

剖到的轮廓线，如墙身、楼面、屋面、休息平台用粗实线绘制；可见的轮廓线，如内外墙轮廓、门窗洞、女儿墙压顶、楼梯及栏杆等用中粗线绘制，其他都用细实线绘制。

3. 图例

门窗仍以图例示出；材料符号与平面图相同（砖墙涂红，钢筋混凝土涂黑）。

三、尺寸标注

建筑剖面图除应注主要部位的标高，如各层楼（地）面、休息平台、门窗洞和雨篷的标高外，对剖到部位的高度尺寸也应同时注出。习惯上标三道尺寸：最外是室外地坪以上的总高尺寸，包檐式屋顶应注到女儿墙装饰后的压顶，挑檐式屋顶则注到檐口处屋面。中间的是层高尺寸，即各层楼（地）面之间的高差尺寸；里面的则是门窗洞的大小与定位尺寸。

房屋倾斜部分如屋面、散水、排水沟及出入口等，常用坡度来表明倾斜程度。图17-9中，屋顶坡度采用"3％"，下面加画半边箭头表示水流方向。

还应指出，建筑剖面图中的承力构件因图面尺寸小，常无法表达清楚，为了图面整洁、清晰，可仅按比例绘出其形状，而它们的构造、尺寸、工艺等，则另出详图，见第十八章。

上述平、立、剖面图是施工图中三个最基本的图样，应尽可能的布置在同一张图纸内，且符合"长对正、高平齐、宽相等"的投影关系；当不可能布置在同张图纸内时，它们的画图比例与相应的尺寸亦应相同。

第六节 建 筑 详 图

在平、立、剖基本视图中，因绘图比例所限，建筑细部不能如实表达，而建筑详图则是对基本视图的补充"说明"。房屋的构、配件中有相当一部分是定型产品，供设计者选用，这些构件在建筑详图中仅用特定符号表示其位置与作用；而对于形状复杂或制作上有专门要求的细部，则可放大比例（1：1～1：20）绘制细部大样图，简称详图。

一、图示内容

详图的表示方法，应视细部构造的复杂程度而定。有时，只需一个剖面图就可表达清楚（如墙身）；有时还需另加平面详图（如楼梯间、卫生间等）、立面详图（如门窗）或文字说明。

二、图示特点

详图的特点：一是比例大；二是图示详细清楚，尺寸标注齐全，文字说明详尽。

1. 详图索引符号

为了便于查阅图纸，在平、立、剖面图中常用详图索引符号指出所示构、配件的位置，用详图符号命名所画详图。按"国标"规定详图索引符号与详图符号标注方法如下：

详图索引符号：在平、立、剖面图中，用引出线（细实线）指出画详图的部位，在线的另一端用细实线画一直径为10mm的圆。引出线应对准圆心，并过圆心在圆内画一水平线，用阿拉伯数字在上半圆中注明该详图的编号，在下半圆中注明该详图所在图纸的编号，见图 17-10（a）。若详图就画在本图纸内，下半圆中不写数字而绘一水平细实线，见图 17-10（b）；若直接采用标准图，可在水平直径的延长线上加注标准图册的编号，见图 17-10（c）。当索引符号用于索引剖面详图时，引出线应画在剖切位置线的被视侧，如图 17-10（d）为由上向下看，图 17-10（e）为由右向左视，而图 17-10（f）为由下向上视。

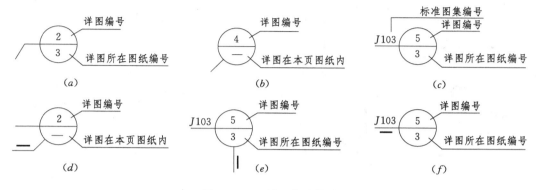

图 17-10　剖面索引符号

2. 详图符号

详图符号表示详图的位置和编号，该符号是直径为 14mm 的粗实线圆。详图若画在本图纸内，只在圆内用阿拉伯数字注明详图的编号；若不在本张图纸内，用细实线在符号内画一水平直径，上半圆中注写详图的编号，下半圆中注明被索引图纸的编号，见图 17-11。

图 17-11　详图符号

三、详图的阅读

（一）屋顶与檐口详图

一般民用建筑的屋顶与檐口，无需用过多的装饰，但应满足排水、保温的要求，其详图如图 17-12（a）所示。在屋顶按一定斜度铺设厚 95 预应力多孔板，以利屋面排水；板上作细石混凝土（内放直径 4、间距 200 的钢筋网片）和水泥炉渣隔热层；经水泥砂浆找平后，再作三毡四油防水层。在外墙身的顶部用女儿墙围住，并预留排水孔使屋面的雨水经天沟、落水管排下。因天沟是外悬式的钢筋混凝土构件，它必须与墙顶的圈梁作成一整体。

图 17-12（b）是该接待楼檐口的构造详图，为了取得某些装饰效果，将雨水管直接弯入女儿墙内，而圈梁作成外伸式，并预埋铁件 M3，使与外贴瓷砖的预制件（40 厚钢筋混凝土板）相连，并在上端用盖板封顶。至于排水、保温措施与民用楼房相似，这里就不再赘述。

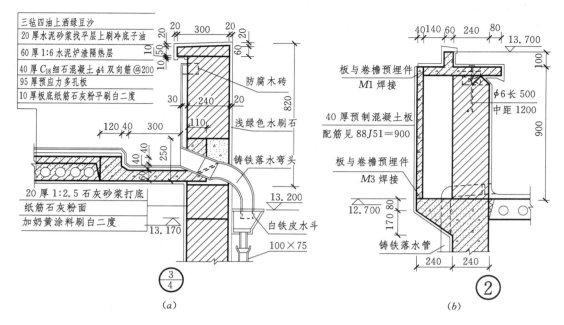

图 17−12　屋顶与檐口详图

（二）楼梯间详图

　　楼梯是楼房的垂直通道，它除了满足行走方便、通畅外，还必须坚固、耐用。目前民用建筑多采用预制或现浇的钢筋混凝土楼梯，它由梯段（踏步和斜梁）、平台（平台板和梁）及栏板（或栏杆）等组成。

　　楼梯间详图主要任务是表示其类型、结构形式、各部位的尺寸与装修，它是楼梯施工放样的依据，通常包括平面图、剖面图及踏步栏杆等详图。为了便于施工，最好集中布置在一张图纸内，且平面图、剖面图的比例应一致，以便对照阅读。尺寸大、结构复杂的楼梯应按建筑详图和结构详图分别绘制，并各自编入"建施"和"结施"中，而构造简单的楼梯，则可一次绘制，编入"建施"或"结施"均可。

　　1. 楼梯间平面图

　　（1）图示内容。楼梯间平面图与建筑平面图一样，只是剖切的水平位置不同。为了清楚的表示楼梯构造，剖切通常在休息平台以下（第一梯段）任一位置。楼梯间平面图也应分层绘制，对于高层楼房，当中间几层的梯段和踏步完全相同时，通常只画底层、标准层和顶层平面图。各层平面图应画在同一图纸内，且上下对齐，这样既便于阅读，又可省略标注一些重复尺寸。

　　（2）图示特点。

　　1）定位轴线：各层平面图中都应注出楼梯间的定位轴线。

　　2）图线：和建筑平面图一样，被剖到的墙、柱应用粗实线画出；被剖到的梯段，按"国标"规定，用一根45°斜折断线（细实线）表示。

　　3）剖面图的剖切位置应在相应的平面图中示出。

　　（3）尺寸标注。平面图中除应标出楼梯的开间、进深，梯段的定位尺寸及宽度，楼面与休息平台的高程外，梯段的长度多以踏面数乘以踏面宽来表示（如图 17 – 13 中的 $9 \times 300 = 2700$）。每梯段处都用带箭头的细实线示明上、下的方向，并注出该方向的步级数（踢面数）。

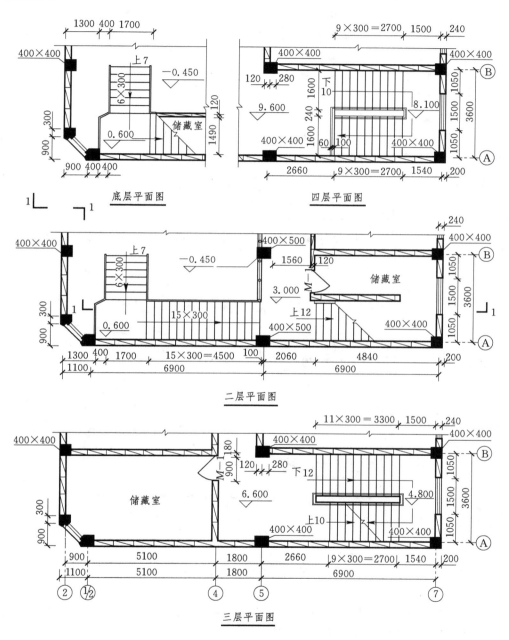

图 17 – 13 接待楼楼梯间平面图

图 17 – 13 是接待楼楼梯间各层平面图，一至二层楼梯的两个梯段全在前厅内，从二层经三层再到四层的楼梯，则位于同一楼梯间内。一层平面图的第二梯段下画有储藏室。二层平面图完整地画有一至二层的这两个梯段，第一梯段到休息平面共 7 个步级数，第二

梯段共 16 个步级数；同时还有二至三层第一梯段（剖切梯段）的局部和休息平台下的储藏室。三层平面图中，既画出三至四层第一梯段的局部，还画出该层下到二层的两梯段和休息平台的投影，剖切梯段与投影梯段间以 45°断开线分界；在四层平面图中，因其剖切面在四层楼面以上，所以画有安全栏板、下到三层的两梯段和休息平台，在楼梯口注有带"下"字的长箭头。

习惯上把休息平台下面的梯段称为第一梯段，以上为第二梯段。两梯段间的空隙，如图 17-13 四层平面图中的 240，称为楼梯井，是楼梯的悬空侧，应以栏板或栏杆围起来。

2. 楼梯间剖面图

图 17-14 是该接待楼内楼梯的剖视图，剖切方式如图 17-13 中二层所示，1—1 为一阶梯剖视。剖切平面通过大门洞后，转至一层向上的第二梯段、二（三）层向上的第一梯段及楼梯间的窗洞，并视向楼梯间的未剖切梯段。该图采用阶梯剖视，可配合建筑图表达玻璃幕墙的构造与局部尺寸，以扩大图纸的容量。

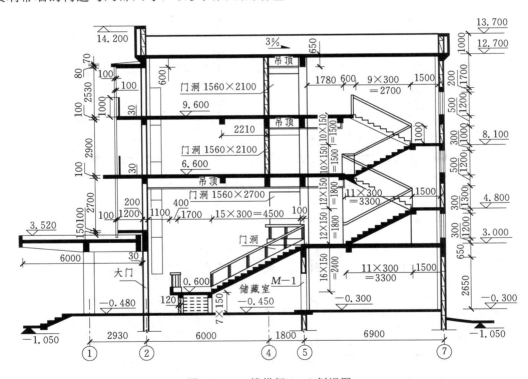

图 17-14 楼梯间 1—1 剖视图

（三）门窗详图

门窗按材料分为木门窗和钢门窗两类。一般都是预先绘好的各种规格的标准图，施工图中只要指明该图所在标准图集中的编号即可，只有为非标准图，才必须绘制详图。

图 17-15 是标准图集中定型二扇平开木窗 C_1 的详图，窗洞尺寸 1.2m（宽）×1.5m（高），其上部所设的"亮子"可绕顶部的铰链旋转半开。四边靠窗洞的窗框是其固定部分，水平向的横木依次称为上槛、中槛和下槛，而垂直方向的左右立木称为边框。窗扇是安装玻璃的活动部分，两侧的称为窗梃，上下的分别称为上冒头和下冒头，中间的横格条

叫做窗芯。因窗的外侧常受雨淋，所以，横向的构件，特别是中槛和冒头断面形状应设排除积水的滴水槽。

门窗的详图一般包括：立面图、节点详图、断面图以及五金表和文字说明。

（1）立面图。其任务是表示窗的外形、开启方式及方向、主要尺寸和节点索引符号等内容，绘图比例较小。立面图除轮廓线用粗实线外，其余均用细实线。

立面图的尺寸一般有三道，最外侧是窗洞的大小尺寸，应与建筑的平面图、立面图、剖面图一致；中间的是窗框的外包尺寸（成品尺寸）；最里侧是窗扇的大小尺寸（成品尺寸）。

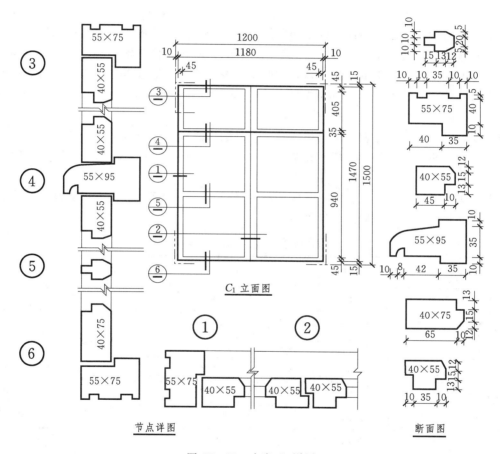

图 17-15　木窗 C_1 详图

（2）节点详图。习惯上将同一方向的节点详图连在一起，中间用折断线断开并分别注明详图符号，以便与窗立面图相对应。节点详图的比例要大，应能表示各窗料的断面形状、用料尺寸、安装位置和连接关系等。图中应标注窗料的断面尺寸，如 55×95 就是该料的外围尺寸。

（3）断面图（剖面图）。用较大比例画出不同窗料的断面形状和截口尺寸，以便下料加工。

第十八章 结构施工图

第一节 概 述

结构是构件的组合,任何构件都必须用材料制作,所以结构施工图也可以说是建筑施工图的材料和工艺化。按材料不同建筑结构可分为:砖石结构、素混凝土结构、钢筋混凝土结构、木结构、钢与塑钢结构等,其中应用最普遍的是钢筋混凝土结构。砖石或素混凝土不能承受较大的拉力,而钢筋混凝土结构,除能承受拉力外,与钢木结构相比,其防腐、防蚀、防火的性能好,且经济耐久,便于养护。

结构施工图的重点是表达承重结构及其构件的施工工艺。结构施工图通常包括:设计说明、结构平面图(如基础、楼面和屋面图)、承重构件详图(如板、梁、柱、楼梯)、基础详图等。

为了便于施工,房屋结构的主要构件都有代号,按国标规定,构件以其汉语拼音第一个字母确定其代号,常用构件代号见表 18-1。

表 18-1 　　　　　　　　常用构件的代号(GBJ 105—87)

名 称	代 号	名 称	代 号	名 称	代 号	名 称	代 号
板	B	梁	L	柱	Z	基础	J
屋面板	WB	屋面梁	WL	框架	KJ	基础梁	JL
空心板	KB	吊车梁	DL	框架柱	KZ	设备基础	SJ
槽形板	CB	圈梁	QL	框架梁	KL	雨篷	YP
折板	ZB	过梁	GL	梯	T	阳台	YT
密肋板	MB	楼梯梁	TL	楼梯板	TB	预埋件	M—

注 预应力钢筋混凝土的代号,应在构件代号前加注"Y—",如"Y—WB"表示预应力钢筋混凝土屋面板。

鉴于一般民用建筑钢木结构使用较少,为了节省篇幅,我们以钢筋混凝土结构作为本章的主要讲解内容。

第二节 钢筋混凝土结构图

混凝土具有良好的抗压能力,但抗拉能力却很差,因此,对于以混凝土梁、板、柱等构件,在它的受拉区需配置钢筋来承担拉应力。例如,在垂直压力的作用下,水平梁向下挠曲时,下缘纤维伸长(拉应力),上缘纤维缩短(压应力),所以,需要在下缘内配置钢筋，才能确保安全运用。实际工程中，梁板柱的受力情况很复杂，并不是总朝一个方向弯曲，钢筋的配置并不总在构件的一侧，经常是两侧都有。另外，由于施工的要求，通常应先把钢筋骨架绑扎坚固后，才浇筑混凝土。所以，在钢筋混凝土梁内，不是所有的钢筋都是受力筋（承受拉力），还有架立筋和箍筋，见图 18-1（a）。架立筋主要是组成钢骨架，而箍筋除固定受力筋外，还可起一些辅助受力作用。

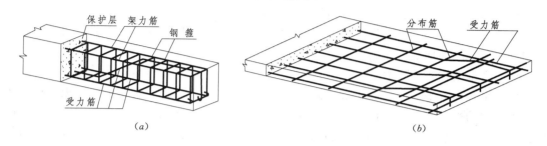

图 18-1　钢筋混凝土构件配筋示意图

图 18-1（b）是板内钢筋的配置，它比梁简单，通常没有架立筋和钢箍，而只是受力筋以及与受力筋正交、使受力均匀分布的分布筋两种。

为了保护钢筋（防蚀、防火），钢筋不能暴露在外，必须留有保护层，墙板的保护层厚为 10～15mm，重要的梁柱构件则不小于 25mm。常用的 I 级钢筋，又称为 3 号圆钢筋，其表面是光滑的，所以，在施工图中它的两端都设有弯钩，以加强与混凝土的结合，弯钩的形式见图 18-2。而其他一些硬钢筋（如Ⅱ、Ⅲ等）表面带有凸纹，施工不作弯钩。有关钢筋的符号见表 18-2。

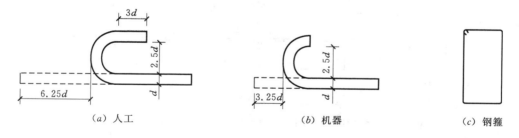

图 18-2　钢筋和钢箍弯钩

表 18-2　　　　　　　　　　　　　**常用钢筋符号表**

钢筋种类	符号	钢筋种类	符号
I 级钢筋（3 号筋）	ϕ	冷拉 I 级钢筋	ϕ^l
Ⅱ 级钢筋（16 锰）	Φ	冷拉 Ⅱ 级钢筋	Φ^l
Ⅲ 级钢筋（25 锰硅）	Φ	冷拉 Ⅲ 级钢筋	Φ^l
Ⅳ 级钢筋（44 锰₂硅、45 硅₂钛、40 硅₂钒及 45 锰硅钒）	Φ	冷拉 Ⅳ 级钢筋	Φ^l
Ⅴ 级钢筋（热处理 44 锰₂硅及 45 锰硅钒）	Φ^l	附：冷拔低碳钢丝	ϕ^b

钢筋混凝土结构图是房屋所有承重构件（梁、板、壳、柱、墙等）的施工工艺的总称，它包括：

（1）结构布置平面图：即显示各楼层构件位置和代号的平面图，必要时，图中还可以列出各种构件的类型和数量。

（2）结构详图：即每个构件的工艺详图（配筋图、模板图、预埋件图）。图中还应给出该构件的形状和相应的钢筋材料用量表。

另外，一些现场大面积整体浇筑的钢筋混凝土板（楼面或屋面）的工艺详图，也应像结构平面布置图那样统一绘制。

一、楼层结构布置平面图

楼层结构布置平面图是假想沿楼板面所作的水平剖视图，以表示该层梁、板、柱、墙等承重构件的平面布置。被楼板遮挡的梁、柱和墙用粗点划线或虚线画出；图中各构件都用国标中规定的代号标记，根据定位轴线和这些编号、代号就可了解各构件的位置和数量。此外，图中应将承重墙柱的断面涂深并标注尺寸。

图18-3是第十七章中接待厅三层的楼面结构布置平面图，除楼梯间（图上画有对角交叉线）外，其余部分是在一根斜对角线上并注有代号KJB—2，意思是框架板之二，框

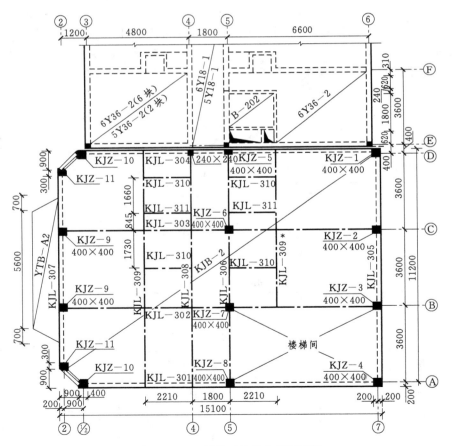

图 18-3　三层楼面结构布置平面图

架板是现场大面积整体浇筑的钢筋混凝土板。三层楼板的全部荷载将由一系列框架梁系 KJL（图中用粗点划线）承受，其中 KJL—301～KJL—304 为南北向通梁，KJL—305～ KJL—309 则为东西向通梁，KJL—309* 是为支承客房内卫生间和厨房的砖墙所作的东西向两跨短梁，KJL—310 和 KJL—311 则是为支承客房隔墙的单跨梁。

顺便指出，图中虽有四根梁（301、304、305 和 307）和外墙重叠，但墙重仍将由梁传给周边的框架柱（涂黑的矩形块，代号为 KJZ）和（东廊门）辅助柱（断面 240× 240）。

二、梁的配筋图

梁的配筋图通常由立面图、截面图组成，为了便于统计用量，编制施工预算，还需列出该梁钢筋材料表，表内应说明钢筋的编号、规格（符号和直径）、简图、长度、数量、总长和重量等。

图 18-4 是三层 KJL—309* 梁的配筋详图，它的立面图是将梁内的钢筋骨架，由南向北看画出来的。该梁的两端与南北通梁 KJL—302 和 KJL—304 相接，中间与通梁 KJL—303 相连，在轴线处示出各通梁的断面尺寸。从所示的剖面图可以看出，梁的断面尺寸为 200（宽）×400（高，含板厚），该梁比南北通梁小，又称为次梁，其长度以两轴线间的距离计，即 2×3600＝7200mm。由结构布置图可知，图示的虚线是客房内卫生间梁（310、311）板的投影。

在钢筋混凝土结构图中，要突出表现钢筋的配置情况，必须用粗实线和黑圆点分别表示视图上和剖切到的钢筋，构件的轮廓线则退居次位，用细实线画出。对于单个构件，编

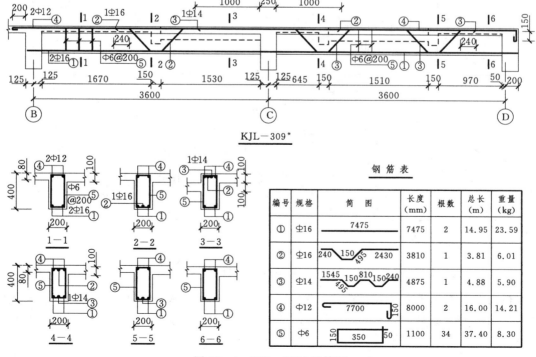

图 18-4　KJL—309* 配筋图

码的次序应先是受力筋（由粗到细），再是架立筋、箍筋和分布筋。为了使图示的配筋情况更清楚，对于那些按规律排放的钢筋（箍筋以及板内钢筋），不要逐一画出，而采用局部图示并标明间距的方法。

看清了梁板的关系后，就可以了解该梁的配筋情况。结合立面图、截面图和钢筋材料表可以看出：①～③就是该梁的受力筋，其中①是 2 根通筋，直径为 16 的 Ⅱ 级钢筋，分放在梁下侧的两角；为了兼顾支座处的反弯矩，②、③采用弯折筋，直径分别为 16 和 14 的 Ⅱ 级钢筋；④号是架立筋，直径为 12 的 Ⅰ 级钢筋；⑤号是箍筋，直径为 6，间距为 200 的 Ⅰ 级钢筋。

三、楼面板配筋图

图 18-5 是该接待厅三层楼面板的局部配筋图（即取南北向的三个梁格），代号 KJB—2 板是整体浇筑的。现浇楼板除应示出楼层梁、柱、墙的布置外，还需画出板的配筋，表明受力筋配置和弯曲情况，并标注钢筋编号、规格、直径、间距等，如图中的①φ8@150。在平面图的梁格中，每种规格的钢筋只画一根，并按其立面形状画在安放的位置。

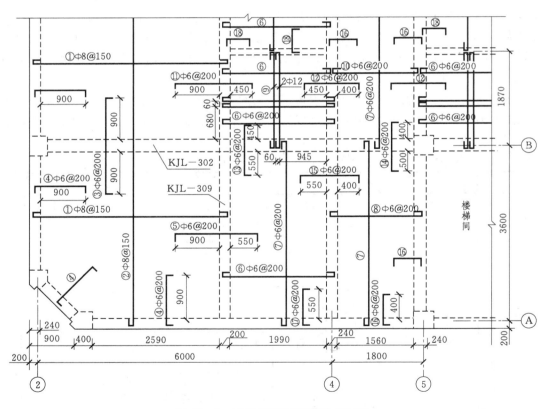

图 18-5　三层楼面板配筋图（局部）

板内都有方格布置的两组钢筋，通常跨距小的方向受力大，钢筋布置在外层，作为受力筋，如图 18-5 中的①、⑥、⑧号筋；在受力筋上面绑扎分布筋，如图 18-5 中的②、⑦号筋等。

如前所述，梁对板来说也像"支座"一样，当连续浇筑的板通过梁的地方，板上缘是受拉区，故图中凡与梁连接的地方（包括周边梁），都增加了布置在板上缘、垂直于梁且两头向下的直弯筋，如图18-5中的③、④、⑤等，这些钢筋称为支座筋。支座筋应注明自墙面伸入板内的长度，如图18-5中⑤号筋所示的尺寸900和550；可见，支座筋在梁两侧外伸长度并不相等，而周边支座筋只伸向一侧。至于这些伸入值的大小，通常应由力学计算确定。

相同的楼板，可只画一块，并在该楼板所使用的区间画一对角线，注相同的板号。

第三节 基 础 图

房屋底层室坪以下的部分称为基础，它是将房屋上部荷载传递给地基的地下结构。民用建筑的基础，通常都是人工开挖基坑后砌筑起来的结构物；地基的承载力越低，基础的底面积越大，为了改善基础与地基间的受力状况，在它们之间常增设垫层。

基础图包括基坑开挖图、基础平面图和基础详图，分别介绍如下。

一、基础的形式

基础的形式和埋置深度要根据上部荷载及地基的承载能力而定，常用的有条形基础和单独基础，参见图18-6。

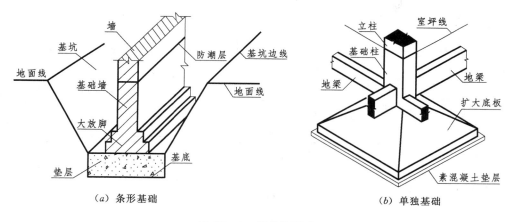

（a）条形基础　　　　　　　　（b）单独基础

图18-6 基础的形式

1. 条形基础

图18-6（a）是民用建筑最常用的基础形式，它随着墙体呈条形延伸，故称条形基础。从室内地坪±0.000到基础底面的高度称为埋置深度，埋入地下的墙称为基础墙；为适应地基的要求，同时也增加墙体的稳定性，基础墙下逐台扩大，称为大放脚。由于这种基础是砖石砌体，受到拉力容易开裂，故亦称为刚性基础。基底以下多用灰土或砂石作为垫层，一般也被视为基础的一部分，目的是改善砌体与基土的接触条件。垫层的底面称为基底，以下则为地基。

房屋四周界墙在室坪以下应设置防潮层，防止环境水侵蚀墙体。另外，基础上一般不允许布设孔洞，若有水、气管道必须穿过某处，那里的基础要逐台加深，使管道从砌置深度以下通过。

顺便指出，图 18-7 中剖面 27—27、28—28 基础间设有沉陷缝，这种情况下，由于左右两侧墙体结构不同、受力不同，基底尺寸也不同，图形就变得复杂了。

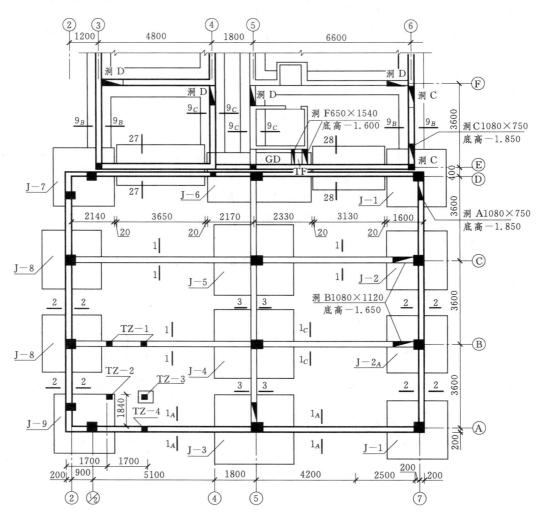

图 18-7 基础平面图

2. 单独基础详图

高层或大跨度房屋建筑的梁柱，多采用钢筋混凝土或型钢建造的框架结构，此时立柱除集中承受强大的压力外，还受水平方向的外力，则需用单独基础扩大基底面积，使外力分散后传至地基。为了保证混凝土的现浇质量，底板下也常铺碎石或素混凝土薄垫层。

单独基础的基础柱之间，须以纵横水平梁连成整体，这些梁称为地基梁或地梁，房屋底层的墙体就砌在地梁上。图 18-6（b）为接待厅立柱以下整体式扩大板基的轴测图。

二、阅读实例

基础平面图是房屋地面以下基础部分的平面剖视图，亦即用一个假想的水平面由底层室坪以下把房屋剖开，移去上层结构回填土后，所得的水平投影。它主要反映房屋基础的整体布置及其各类基础尺寸的相互关系。

图18-7是接待厅的基础平面图。图中涂黑的方块是该厅14个框架柱（KJZ），分别建立在12个单独基础上，其编号自J—1～J—9。因每个柱所承受的荷载不同，基础的底面积也不相同。其尺寸需在详图中分别给出；连接相邻基础的两条粗实线是框架结构的地梁，参见图18-6（b）。

图18-7中东南角边墙下开了洞A（1080×750），从洞底高程（-1.850）可知，它位于地梁顶上，是主楼内给水、排水、暖气管路的入室通道；由于一层、二层没有供水要求，所以给水管路进墙后即垂直向上而直至三层、四层。另外，沿周边墙内侧，自洞A向西再向北，还有三个洞穿过地梁上的砖墙，是给大厅一层供暖的通道。

地梁是连接相邻柱脚的钢筋混凝土横梁，也是框架结构中最下面一道水平梁，它位于大厅室内地坪-0.450以下1.2～1.4m，且直接建造在地基上。

连接各单独板基之间的地梁，通常多配置高强硬钢筋，图18-8给出了南北向1—1地梁（250×600，顶部高程-1.65）和东西向2—2型地梁（250×400，顶部高程-1.85）的断面配筋图，由于它们所配置的纵向钢筋，上、下都是3根，且是直径为18mm的Ⅱ级钢筋（16锰人字纹钢筋）；这种粗硬钢筋弯折困难，在梁内一般为直通筋。钢箍为普通光面圆钢筋，直径8mm，间距200mm。由于地梁的配筋形式较单纯，所以，只要有断面配筋图也就交代清楚了。

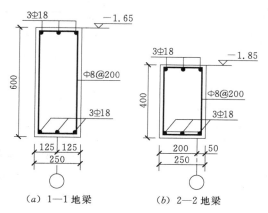

（a）1—1地梁　　　（b）2—2地梁

图18-8　地梁断面配筋图

图18-9是单独基础J—5的结构详图，它由立柱KJZ—5在室坪以下的延伸柱体（基础柱）和柱端的扩大底板两部分组成。由图可见，立柱断面为400×600，沿周边配置了12根Ⅱ级（16锰）竖向筋（受力筋），其中直径分别为25mm、22mm和20mm的钢筋①、②和③各4根。由于这种钢筋既粗又硬，所以固定它的箍筋也较多，除了周边均匀布设直径8mm的箍筋④（间距200mm）外，还增加了固定受力筋②的南北向加强箍筋⑤（间距200mm）和固定受力筋③的东西向加强箍筋⑥（间距400mm）。这12根受力筋的下端都带有直弯钩（加热后弯折），弯钩长250mm就是为了与底板内网格状（间距200mm）布置的直径为14mm的Ⅱ级（16锰）钢筋⑦、⑧焊成整体。

扩大底板在地基反力作用下，底板基脚会向上挠曲，也就是说，它的下缘受拉，故钢筋网应放在底部。由于地基反力的影响，从边缘向中心逐渐加强，故底板的厚度是边缘薄中间厚。为了确保板基的底面保持水平，在基坑的基土上还另设有素混凝土垫层。

另外，图18-9的立面图中还以虚线示出了两个方向地梁的顶部高程。

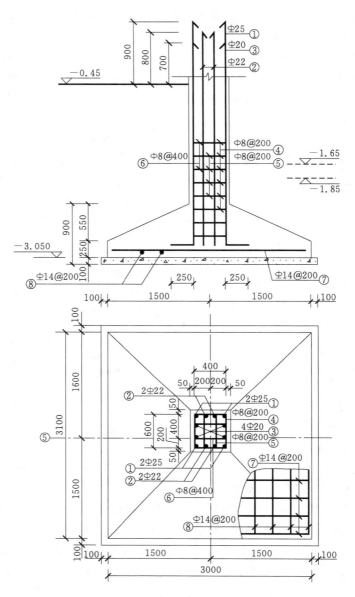

图 18-9　单独基础（J—5）详图

第十九章 设备施工图

第一节 概　述

　　民用建筑的设备施工图是在建筑物内外布置各种生活和卫生设备的施工详图，而关于设备的总体规划，则是在建筑设计中已经考虑和确定了的；同时，又因各种设备均有自己的特点，所以设备施工图要根据设备门类不同而分别绘制。例如，给水设备图要按建筑图中预留的水管通道画出配水管网和网上设备；而电气设备图则是在建筑图上进一步画出有关干、支线配电网、保护网及网上的电气设备。

　　由于设备图表达的是"网和网上的设备"，但组成网的线路（如管道、导线等）和设备（如水龙头、电灯等）都是外购成品，所以，无论哪类设备都没有必要按比例绘制其尺寸，而用图形或符号更为清楚。所以，读图之前，先熟识有关符号是很必要的。

　　顺便指出，各种设备都离不开工作物质（如水、电、气、脉冲信号等），那么，也就必然存在室内与室外工作物质的流通或交换，如将清洁水由室外输入室内，而将污浊水由室内排至室外，因此，设备施工图应有室内、室外之分。

　　为了不使内容过于庞杂，本章给水与排水设备施工图，以室内为主；而电气设备施工图，因室内部分过于单纯，故围绕一单元低压配电系统来讲述。

第二节　室内给水排水设备施工图

　　给、排水亦称上、下水，它是卫生工程的两个方面。给水包括从水源取水，经过净化输送至用户的全过程；而排水则是把各用户的废污水集中处理后，再排入江湖水体。但仅就某建筑而言，它只是网上的一个点；输入的是已净化的水，而排出的则是废污水。

　　对某建筑小区而言，给、排水施工图主要包括本区域内的主要管道总平面布置图、各幢楼的管网系统图、各楼层的管道平面图、某设备的安装详图和施工说明等。

　　下面，我们仅以楼房为对象，分别介绍管网系统图和楼层管道平面图。

一、管网系统图

　　管网系统图主要反映楼内管道系统的空间走向，各管段的管径、坡度、标高以及各附件的位置。当所需的供水量不大且供水点较分散时，多采用自下而上分支供水的方式，称下行上给式枝状管网，是最简单的供水网，如图 19-1 所示；而当需水量大且时间上又不均匀时，可在楼顶设一水箱，先把水送至水箱，再由水箱向下逐层给水，这种方式称上行下给式枝状管网。另外，如果将干管布置成环状，可以连接互补，则称环状网。

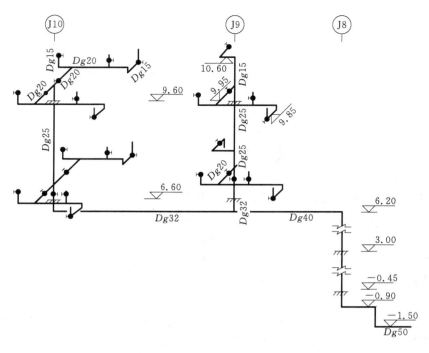

图 19-1　给水系统（J）图

一幢楼房的管道系统就其任务而言，可分为由楼外进入或由楼内排出的引入（排出）管、全楼公用的干管及各楼层用户专用的支管三类。为了节约用水，给水系统的引入管末端应安装水表，而楼内干、支管是否安装水表，当酌情而定。干管也称为主管，按其走向又有立管和横（水平）管之分。立管承担一单元各层用户的供水或排水任务，而横管则是连接立管间输水的横向管道。

给水管网中，管道的直径由所需的压力和流量计算确定；而排水管网中，为了不被堵塞，管径不能过细，干管通常不小于 100mm，且水平横管要有一定的纵向坡度。

1. 管网系统图的图示特点

（1）管网系统图应按其功能（给水或排水）分别绘制，这样可避免管道的重叠和交叉。

（2）给、排水管道系统均采用正面斜等测图表达，只画管网，不画建筑物。绘图的比例通常与管道平面图保持一致。

（3）系统图的管道以粗实线表示并在线的中间注大写字母以示其功能，给水管注"J"、污水管注"W"、热水给水管注"RJ"。网上的附件用图例表示。当交叉管道在图中重影时，应判别其可见性，即可见管道画成连续的，不可见的断开。

（4）为了表示管道和房屋的联系，管道穿过墙、梁、地面、楼面和屋面等构件处，用细实线示出其位置，并按轴测方向加绘剖面线。

（5）在管线旁标注管径，一般管道标注公称直径如 $Dg100$；无缝钢管标注外径和壁厚。凡有坡度的管段都应在管旁标出其坡度，如 0.3%，且以箭头示出下坡方向。

（6）管道的安装高程，给水系统以管中心线为准；排水系统则以管底为准。另外，图中还应注出室内外地坪、各层楼面和屋面的标高。

2. 管道系统图的画图步骤

（1）先画立管和立管上各楼层地面线、屋面线。

（2）分层画水平主管、支管及卫生设备等。

（3）标注各管段直径、坡度及标高和冲洗水箱的容积。

二、管道平面图

管道平面图是给、排水施工图的主要图样，它反映卫生设备、管道及其附件在室内的位置。楼房给排水设计程序，显然是先楼层、后系统，故各层管道平面图也是全楼管网系统图的基础。

1. 管道平面图的图示特点

（1）管道平面图应分层绘制。底层平面图以整幢房屋为对象，按规定该图应在建筑平面图的基础上绘制，图示的范围和比例也与建筑平面图相同。而其余各层的图示范围则允许简化，仅绘出管道经过的部分即可；管道布置相同的楼层，还可用标准层示出。

（2）平面图表示主要管道在室内的位置与水平走向，图中用粗实线画管道，用细实线画门窗洞、楼梯、台阶等房屋主要构件，其他细部和门窗代号等均可省略。

（3）管道及附件是定型产品，无需详细画出，只要在图中注明所用的管材和连接方式；而外购的卫生设备，则可用图例表明其种类、位置和作用，常用图例见表 19-1。

表 19-1 常用卫生设备的图例

名 称	图 例	名 称	图 例	名 称	图 例
给水管	——J	污水管	——W——	雨水管	——Y
热水给水管	——RJ——	管道立管	JL-1 ⊙ | JL-1	雨水斗	⊘YD ⊻
透气帽	↑ ⊛	法兰连接	┤├	承插连接	——→
水表井	——▶—	闸阀	⋈	截止阀	⋈ ┬
水表	⊘	水龙头	丁	洗脸盆	▭
淋浴喷头	○ ⌐	浴盆	▭	圆形地漏	⊘ ⌐
存水弯	⌇ └	污水池	⊠	自动冲洗水箱	⊐ ⊓
立式小便器	▽	蹲式大便器	▭	坐式大便器	◖

（4）只注房屋定位轴线间的尺寸、各层地面的标高。因卫生设备均沿墙靠柱敷设，故不标定位尺寸；由于管道长度是以安装实测尺寸为依据的，所以图中也无需标注。

2. 管道平面图的画图步骤

（1）先画底层管道平面图，再画其他各层平面图；画每层管道平面图时，应先画房屋轮廓和卫生设备，再画管道，最后标注尺寸、标高和写文字说明等。

（2）房屋轮廓的画图步骤与建筑平面图一样，先画轴线，再画墙身、门窗洞等主要构件。

（3）先用圆圈示出立管位置，再画引入（排出）管，最后按流向画横、支管和卫生设备等。

三、读图举例

下面以第十七章讲述的接待厅为例，说明给、排水施工图的阅读方法。

一座楼房的室内给水、排水设备图包括管道系统图（即管网轴测图）和各楼层管道布置平面图两个方面。前者是总体，后者是局部，读图时应以系统图和底层布置图为主。

图 19 - 1 是该接待厅的给水管网的轴测图，图中高度方向为 OZ 轴方向，而 OX 和 OY 轴究竟以哪个垂直画面，则可按图示的效果来定。

该接待厅一层、二层没有供水要求，故室外引水管从东南墙角下的洞 A（图 18 - 7）引入室内后，直接由立管送至三层楼板下，用横管（安装高程 6.20m）送至三层的管道井，再向上分为两支，给三层、四层供水（楼面高程 6.60m、9.60m）。可见，该厅采用的是下行上给式枝状网。

图 19 - 1 中除了标出各层楼面高程和主要水平管段的安装高程外，管线旁还注有各管段的公称直径（Dg）。管道采用镀锌钢管，并以丝扣连接。垂直干管（立管）的上方，所标 J8、J9、J10 字样，是给水系统（J）立管的编号。顺便指出，因热水给水系统（RJ）的图示内容与给水相同，故略去。

图 19 - 2 是该接待厅的排水管网的轴测图。楼房内的排水系统都是自上而下布置的，

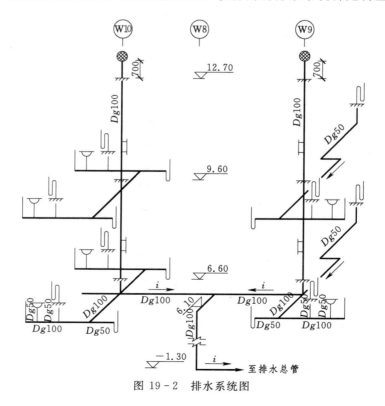

图 19 - 2 排水系统图

其绘制与标注与给水系统大致相同。因污水容易使管道阻塞，且有一定的腐蚀性或臭气，故连接卫生器具和大便器的水平横管，其管径不小于100mm，且有一定的纵向坡度。另外，排水立管顶部应设通气管并伸出楼顶，且管端安通气帽或铅丝球。

图19-2中编号W8、W9和W10为排水立管。污水通过立管W9、W10、横管（$Dg100$）、支管从三层客房的楼板底部（高程6.10m）流入设在大厅柱（KJZ—6）内的立管W8，直接落至一层地面以下（高程—1.30m）。应该指出，立管布置在接待大厅的立柱内，使检修困难，故这种布置并不理想。

图19-3是接待厅三层管道平面布置图。由图可见，管道平面图和系统图不同，要将同一层上的给、排水系统同时表示出来，管道编号J（给水）、RJ（热水给水）和W（污水）。

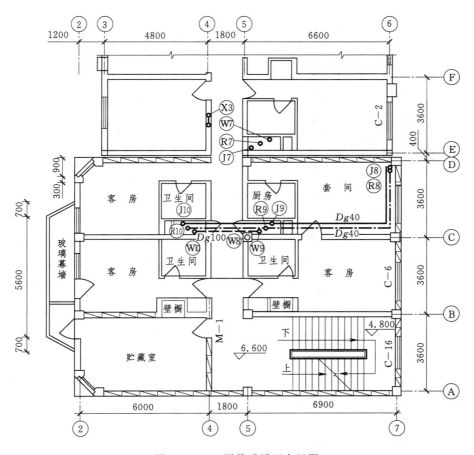

图19-3 三层管道平面布置图

需要指出，由于图19-3和19-4已被缩小，图线密集，为使图示清晰，避免系统间的管道"打架"，特将给水、热水给水和污水三种管道分别以粗实线、粗点划线和粗虚线表示；图中的小圆圈表示立管的平面位置，用引出线标出其编号。至于管道是在该层楼板的上面还是下面，可参看有关系统图。

一般来说，楼层的管道平面图主要表达横管的位置与走向，而该层各用水点（如厨房、卫生间厕所等）的支管平面布置，因比例过小不必示出，需另出详图表示。

图 19-4 是接待厅三层客房的给、排水详图。客房是套间，在管道井的两侧分设有厨房和卫生间。厨房内只有一个洗涤池，由冷水管 $Dg15$、热水管 $Dg15$ 供入，由污水管 $Dg50$ 排出；卫生间内有浴盆、洗脸盆、坐式大便器和地漏，其废水都进入三层楼板下的横管（$Dg100$），再排至立管 W8。图 19-4 中标注有管道的直径、安装高程及其穿墙的位置，另以符号示出主要卫生设备的位置。

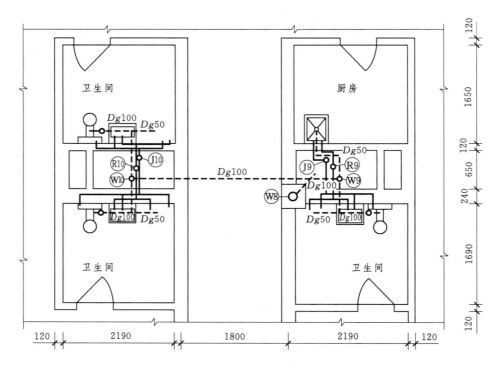

图 19-4　三层客房给、排水详图

第三节　水 泵 房 设 备 图

给、排水系统依靠水泵才能正常运转，因此，泵房是整个工程的动力中心。泵房布置图是泵房设计的总图，它主要表达：

（1）建筑物的组成、形状和大小。

（2）工作条件：有关的水位、流量及水文地质条件。

（3）泵房内主要设备、管道系统的组成及位置。

图 19-5、图 19-6 所示是某临河建造的沉井式取水泵房平面图及剖视图。沉井是一个底部嵌入河床、四周和底部封闭的圆筒，其顶面就是水泵安装间的底板，图示标高 20.00m。泵房则是以沉井的基础继续向上建造直至洪水位以上的筒状建筑物。由剖视图 1—1 可以看出，由于河道水位变化于 23.50～37.00m 之间，所以以检修水泵的平台高程取为 39.50m（井筒的顶部）。检修时，通过在环形轨道（高程 44.00m）上运动的吊车（图

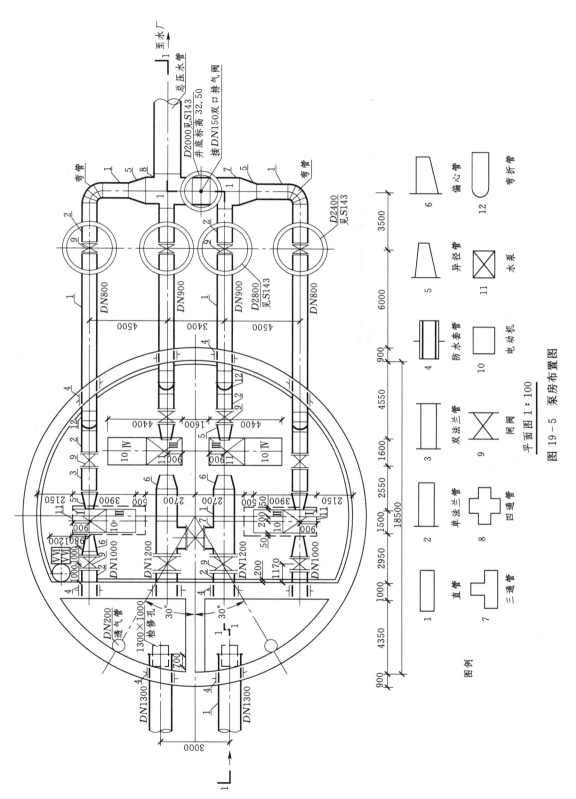

图 19－5 泵房布置图

333

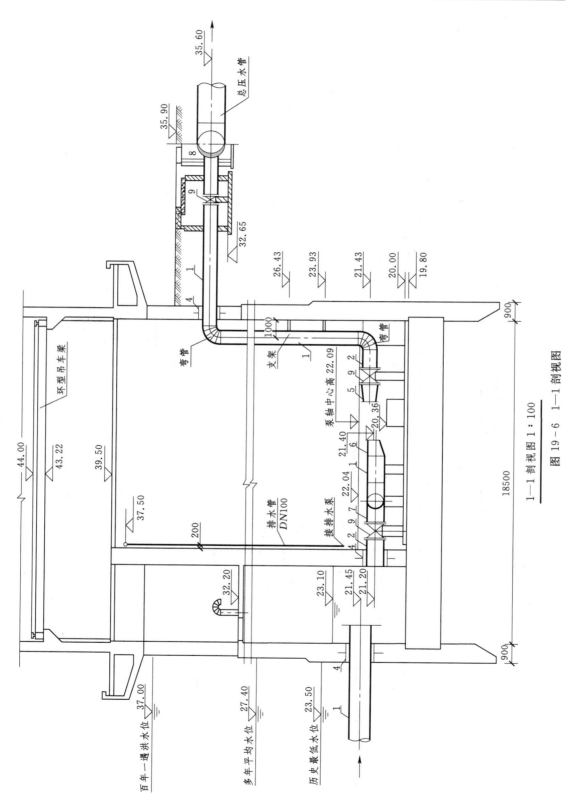

1—1 剖视图 1 : 100

图 19 - 6 1—1 剖视图

中未示），将水泵的部件提升到平台上。

泵房设备图的重点是主管道系统，为了清楚起见，配套的机电设备按型号不同，分别以罗马数字Ⅰ、Ⅱ、Ⅲ、Ⅳ标出，而阀门、法兰等以图例示出其位置和作用，均不必详细绘制。图中集水井处，还配有两套用以排除渗水和积水的排水泵和电机（Ⅴ、Ⅵ）。

由平面图和1—1阶梯剖视可以看出，该主管道系统组成如下：

（1）进水管（直径1300mm）共2条，其高程低于历年最低水位23.50m，故河水可自流进入泵房的沉沙隔厢。隔厢中的水位随河水位的变化而不同，水泵的最低工作水位是23.10m。

（2）吸水管与水泵共4套。吸水管的一端是嵌套在隔墙内，为了减少沉井的内径，水泵在平面上交错布置，吸水管的长度两两相同，各管均安有水泵停机或检修时用的闸阀。为了减少能量损失，管道的尺寸一般都比水泵进出口大，所以要用异径管道衔接；为了确保检修某一条进水管或清理沉沙隔厢时，不降低泵站的供水能力，居中的两条吸水管上增设了三通管和相应的控制阀。

（3）压水管共4条，水泵出水侧接有直径为800mm、900mm的压水管各2条；其中，1—1剖面所示的中间两条（$D=900$mm），经竖管和90°的弯管将高程由22.09m升至35.60m。全管道两处安有闸阀，紧接水泵的低位阀，可防止开机或停机时管中水倒流，也可起控制单机流量的作用；而管道末端闸阀井中的高位阀，则是该管道的检修阀。

（4）总压水管1条。4条支管在35.60m高程处合并成1条总管，将水送至水厂。在总管前设有排气阀，以免管内存留气体而影响水泵的正常工作。

第四节　电气设备施工图

建筑工程中的电气设备施工图（电气图）常由配电系统接线图、配电总平面布置图、电气照明平面布置图、防雷接地装置敷设图以及保护计量接线图等组成。本节只介绍有关电气图的表示方法、常用图形符号、文字符号等读图基础知识。

一、建筑工程常用的电气设备及图形符号

1. 常用电气设备

民用建筑的用电负荷容量不大，多用10kV以下电压级配电，常用的电气设备有电力变压器、低压配电屏、配电箱、熔断器、空气开关、插座、照明灯具、灯用开关等。为了经济合理又安全可靠地利用电能，电气设备必须重视产品质量，合理选择，并按电气设计图中的要求和规范进行安装和管理。所以，电气图是设备订货、施工安装、运行管理的重要依据。

2. 图形符号

电气图常用图形或文字符号来表达设备的型号、规格、数量和安装的敷设方式。现从国家标准GB4278规定的电气符号中摘出民用建筑常用符号列入表19-2、表19-3中，仅供读者参考。

表 19 - 2　　　　　　　　　　　　　电气工程图的图形符号

序号	符号	说　明	序号	符号	说　明	序号	符号	说　明
1	▬	动力配电箱	16	☉	局部照明灯	30	1　2	单极单控开关：1 一般；2 暗装
2	▬	照明配电箱	17	⚲	拉线开关	31	1 ─── 2 ─── 3 ─── 4 ───	导线及根数：1 单根；2 双根。3 三根；4 四根
3	◣	多种电源配电箱	18	⋈	吊扇			
4	⊗	灯的通用符号	19	⚲	吊扇调速开关	32		导线引上、引下；导线由上（下）引来；导线引上并引下；由上（下）引来并引下（上）
5	◬	探照型灯	20	╱	刀开关			
6	◬	配照型灯	21	╱	空气开关			
7	●	球形灯	22	▭	熔断器			
8	⊖	安全灯	23	╱	跌开式熔断器	33		有接地极接地线
9	⊖	壁灯	24	╱	熔断器式开关	34		无接地极接地线
10	⊗	防水防尘灯	25	▸◂▭	避雷器	35	───	事故照明线
11	⊘	花灯	26	○○	变压器	36	1　2	双极单控开关：1 一般；2 暗装
12	⊢	单管荧光灯	27	1　2	单相插座：1 一般；2 暗装			
13	⊟	三管荧光灯	28	1　2	带保护接地插座：1 一般；2 暗装	37	1　2	三极单控开关：1 一般；2 暗装
14	⊢5⊣	五管荧光灯	29	1　2	三相带接地插座：1 一般；2 暗装	38	1　2	单极双控开关：1 一般；2 暗装
15	⌒○	弯灯						

由表 19 - 2 可以看出，电气工程图形符号没有比例与尺寸的规定，设计者可按所绘图幅的大小自选图形尺寸，以图面清晰美观为准。

电气图中除用图形符号表示设备外，还用文字符号说明设备安装方式、敷设部位、设备型号、规格和数量，参见表 19 - 3。

例如：图中导线标注为 BV—（4×6＋1×2.5）VG. ϕ25. A. Q 时，其含义如下：

BV——铜心塑料绝缘线；

（4×6＋1×2.5）——四根截面为 6mm²，一根截面为 2.5mm²，同时说明配线系统为 TN—C—S；

VG. ϕ25——导线穿管为硬塑料管，管径为 25mm；

A. Q——导线穿管沿墙暗敷设。

表 19 - 3　　　　　　　　　　　　　　　　　电气工程图的文字符号

序号	符号	说　明	序号	符号	说　明	序号	符号	说　明
相序	A	A 相为黄色	导线敷设部位	L	沿梁敷设	照明箱		$\dfrac{b}{c}$ 或 $a-b-c$
	B	B 相为绿色		Z	沿柱敷设		a	设备编号
	C	C 相为红色		Q	沿墙敷设		b	设备型号
	N	中线为白色		P	沿天棚敷设		c	设备功率，kW
	PE	保护地线黑色		D	沿底板或埋设	照明灯具标注		$a-b\dfrac{c\times d}{e}f$
常用电气设备	B	变压器	线路敷设部位	CP	瓷瓶柱敷设		a	灯数
	DL	断路器		CJ	瓷夹敷设		b	灯具型号
	G	隔离开关		S	钢索敷设		c	每盏灯的灯泡数
	ZK	自动空气断路器		QD	铝皮卡敷设		d	灯泡容量，W
	RD	熔断器		CB	槽板敷设		e	安装高度，m
	DK	刀开关		G	穿钢管敷设		f	安装方式
	LH	电流互感器		DG	穿电线管敷设	灯具安装方式	x	线吊式
	YH	电压互感器		VG	穿硬塑管敷设		L	链吊式
	FZ	避雷器	照明灯具	J	水晶底罩灯		G	管吊式
	DX	动力配电箱		S	搪瓷雨伞罩灯		B	壁装式
	MX	照明配电箱		W	碗形罩灯		D	吸顶式
	M	明敷设		P	乳白玻璃平板罩灯		R	嵌入式
	A	暗敷设		T	圆筒形罩灯		Z	座灯头式

二、配电系统图

配电系统图是表达某工程配电和用电设备的连接顺序及配电方式的图样。通常用电气图形符号，按配电总箱、分箱、开关设备实际连接顺序绘制，并用文字符号表示出各设备型号、规格、敷设方式；各配线端标出计算功率、相序及允许电压降。系统图包括：

（1）供电电源的电压、主变压器型号、低压采用的保护接地接零方式。

（2）配电屏、配电箱、计量箱的型号、接线、所用开关型号和计算容量。

（3）干支配线型号、规格、敷设方法、相数、相名及分类编号。

（4）计量要求的表计型号、规格。

图 19 - 7 为某学院配电系统图，由图可以看出，10kV 高压电源经变压器（SL$_7$—400/10/0.4）降至 0.4kV 后，通过总配电室（PGL$_2$—27），再分别输至教学区、实验楼和住宅区的配电箱。图中以住宅楼配电箱（XRM$_8$—31—6）向 3 号住宅楼 3 单元 3 层接线为例，反映该区的配电情况。配线入户处有重复接地，接地电阻 $R \leqslant 4\Omega$，入户后分成三线，即 TN—C—S 系统（工作中线与保护接地线分开）。

各分箱型号为 XXRP—2306/M，箱内开关为 DZ$_{12}$，计量箱为 XRJ—2101。每回分支导线型号为 BV—4×3 型（铜心塑料绝缘线），导线穿管直径为 15 的硬塑管，沿墙暗设。

三、电气平面图

1. 总平面图

电气总平面图在工程总平面图上直接绘制：用图形符号表示电气设备的布置位置，

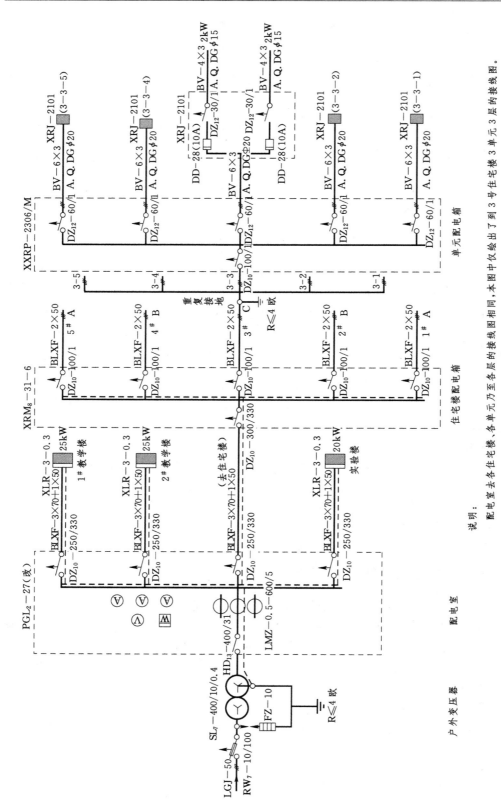

图 19-7 配电系统图

说明：

配电室去各住宅楼，各单元万至各层的接线图相同，本图中仅绘出了到 3 号住宅楼 3 单元 3 层的接线图。

粗、细实线分别表示干、支线，短斜线表示导线的根数。

总平面图中应包括以下内容：

1）总进线方向、配电室位置、干线走向、杆位、型号及规格。

2）各支线的走向、杆位、型号及规格。

3）室外敷设电缆、暗线、穿管、电缆沟的位置及与其他设施的交叉点。

4）室外照明布置、路灯的连接相序及容量。

5）建筑物的进线位置。

2. 室内照明电气设备平面图

建筑物内的用电设备、照明灯具、配电导线、电源插座都用图形符号、文字符号注在建筑平面图上。当各层的设备及布置相同时，只画标准层平面图，但当各层建筑相同，设备用电、照明要求不同时，应分层绘制电气平面布置图。电气平面图中包括：

（1）各楼层、房间的进线方位，电源总箱及分箱的位置、编号，导线引上、引下的位置。

（2）室内电气设备、照明灯具、灯用开关、电源插座等的位置与定位尺寸。

（3）配电导线及穿管走向，导线根数、型号、规格、敷设部位，线路的分类、相序和编号。

1）凡平面图中无法表达的，如线路穿墙体沉陷缝和穿楼板处的工艺要求，配电箱的安装和做法，通常是用局部详图表示，同时辅以文字说明或引用的标准图号。

2）用表格示出该层所需材料用量。

图 19-8 为某教学楼的四层照明平面布置图，按用电要求，它是以照明和电源插座为主的。由图可见，房间照明采用 31 只 YG_{11}—ZB 型双管 40W 日光灯，其平面定位尺寸已在图上示出（如 1000、2320、1590、3180 等），一个开关控制两个灯。灯管采用链吊安装，距地 2.5m。室内还装有单相双极、三极双联插座，为嵌墙暗装式。走道上装有 7 只 MX_{721-1} 型 60W 圆球白炽灯。

灯用配线由三楼引上，经 4-1 号配电箱配出三路：a 相给南侧房间及走道照明灯供电；b 相给北侧房间照明灯供电；c 相给插座供电。灯用线为两根 BV—4 型塑料绝缘铜芯线，沿墙穿钢管暗设；插座配线为三根 BV—4 型导线（将工作零线和保护接地线分开）。

图中还示出了电话插座（TP）的位置，电话电缆由二层引上。

四、防雷工程图

民用建筑防雷的主要措施是接地。对于雷电活动频繁地区或高层建筑物防雷接地网则应考虑得更为完善周到。防雷工程图也是电气工程图的一个重要组成部分，除防雷网本身外，通常也把室内其他有接地要求的电气设备接地装置与防雷网相连通。

防雷网一般由两部分组成：

（1）接闪装置是由接闪器（避雷带、网、针）和引下线组成。民用建筑多用避雷带、避雷网防直击雷、感应雷。接闪器用直径为 8mm 镀锌圆钢或厚度不小于 4mm 的镀锌扁钢制作，沿女儿墙、屋脊、楼面板敷设，保护网孔一般不小于 8～10m。沿建筑物四周人不常去的地方作引下线，每隔 30m 设一根，每幢房屋不少于两根，引下线与接地体相连。

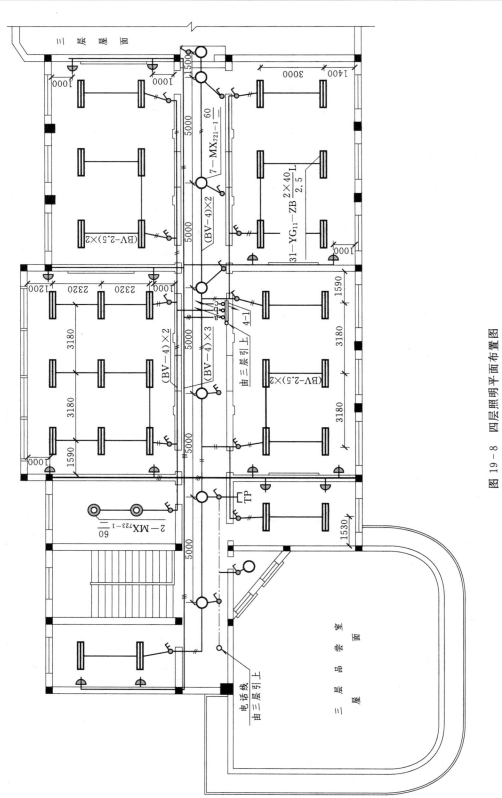

图 19 - 8 四层照明平面布置图

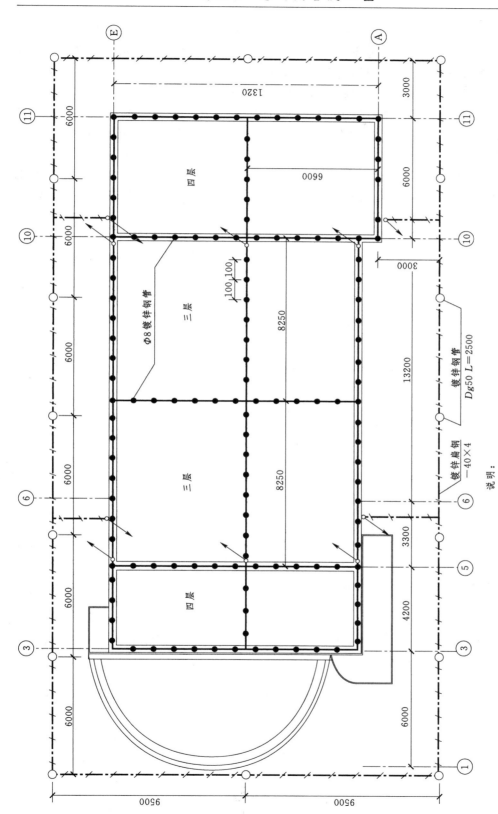

图 19-9　防雷接地装置图

说明：

1. 避雷带沿女儿墙、楼面板敷设，四根引下线及避雷带支座的作法见全国通用电气安装图集中 D562。
2. 接地极间距不小于 5 m，接地电阻 $R \leqslant 10\Omega$，其作法见全国通用电气安装图集中 D563。

（2）接地装置采用长 2.5m，直径 50mm 的镀锌钢管作垂直接地体，厚度不小于 4mm 的镀锌扁钢作水平接地体及接地连线，埋深 0.8m，构成整体装置。一般沿建筑物四周敷设，距墙体 3～5m，或选一个土壤电阻率较低的地区敷设。图中应画出接地极、水平接地体敷设的位置，并用文字说明引用标准图号和施工的方法及要求。

图 19‑9 为某实验楼的防雷接地装置图。由图可以看出，该楼采用明设避雷带进行直击雷和感应雷保护。避雷带沿楼顶女儿墙及层面楼板敷设，采用直径为 8mm 镀锌圆钢，每隔 1m 设一支座（图中用小圆点示出其位置和尺寸）；用不同粗细的接地线示出水平接地体和垂直接地体及其定位尺寸。用 4 根引下线与接地体相连，作法见全国通用电气安装图集中的 D562。接地装置采用垂直接地体和水平接地体沿建筑物四周布置，作法见 D563。

参 考 文 献

[1]　中华人民共和国行业标准. SL 73—95 水利水电工程制图标准 [S]. 北京：中国水利水电出版社，1995.

[2]　方庆，徐约素. 画法几何及水利工程制图 [M]. 第 2 版. 北京：人民教育出版社，1983.

[3]　苏宏庆. 画法几何及水利工程制图 [M]. 修订本. 成都：四川科学技术出版社，1986.

[4]　朱福熙. 建筑制图 [M]. 第 3 版. 北京：高等教育出版社，1993.

[5]　许松照. 画法几何与阴影透视（下册）[M]. 北京：中国建筑工业出版社，1986.

[6]　西安交通大学. 机械制图（上册）[M]. 陕西：西安交通大学出版社，1976.

[7]　华中工学院等九院校. 机械制图 [M]. 北京：人民教育出版社，1979.

[8]　西北工业大学. 画法几何及机械制图（上册）[M]. 陕西：陕西科学技术出版社，1995.

[9]　徐炳松，宫冶平. 画法几何及机械制图（上册）[M]. 北京：高等教育出版社，1986.

[10]　中华人民共和国国家标准. 房屋建筑制图统一标准 [S]. GB/T 5001—2001. 北京：中国计划出版社，2001.

[11]　侯军. 建设工程制图图例及符号大全 [M]. 北京：中国建筑工业出版社，2006.